数据驱动的棉纺质量智能控制技术

邵景峰　李　丹　著

西安交通大学出版社
XI'AN JIAOTONG UNIVERSITY PRESS

图书在版编目(CIP)数据

数据驱动的棉纺质量智能控制技术/邵景峰,李丹著. —西安:西安交通大学出版社,2022.8
ISBN 978-7-5693-2675-8

Ⅰ.①数… Ⅱ.①邵…②李… Ⅲ.①数字技术-应用-棉纺织-质量控制 Ⅳ.①TS111.9-39

中国版本图书馆CIP数据核字(2022)第113903号

书　　名　数据驱动的棉纺质量智能控制技术
　　　　　SHUJU QUDONG DE MIANFANG ZHILIANG ZHINENG KONGZHI JISHU
著　　者　邵景峰　李　丹
责任编辑　崔永政
责任校对　魏　萍
封面设计　任加盟

出版发行　西安交通大学出版社
　　　　　(西安市兴庆南路1号　邮政编码710048)
网　　址　http://www.xjtupress.com
电　　话　(029)82668357　82667874(市场营销中心)
　　　　　(029)82668315(总编办)
传　　真　(029)82668280
印　　刷　西安五星印刷有限公司

开　　本　720 mm×1000 mm　1/16　　印张　11.625　　字数　226千字
版次印次　2022年8月第1版　　2023年4月第1次印刷
书　　号　ISBN 978-7-5693-2675-8
定　　价　69.80元

如发现印装质量问题,请与本社市场营销中心联系。
订购热线:(029)82665248　(029)82667874
投稿热线:(029)82668133
读者信箱:xj_rwjg@126.com

前　言

近年来，整个棉纺过程中的工艺、设备等数据以前所未有的速度增长，使得传统的棉纺质量预测与控制方法（如基于模糊数学的模型）难以精确表达纤维属性与纺纱质量之间的关系，不利于棉纺过程智能制造的实现。因此，如何从这些海量数据中提取对纤维属性与纺纱质量关系表达有益的知识，做到棉纺过程质量的科学分析与预测、智能挖掘与学习，是实现棉纺企业生产过程质量的可控性和可追溯性的关键。但问题是，目前市面上真正介绍有关棉纺质量智能控制的学术专著甚少，亟待介绍与棉纺过程智能质量控制与管理方法相关学术专著的问世，为棉纺乃至整个纺织智能制造的实现提供理论依据和技术支撑。

本书内容包括我国棉纺行业的发展现状与挑战、棉纺生产过程的数据采集与处理、质量预测与控制、智能质量控制等，是一部比较全面揭示棉纺企业从订单、工艺到计划、生产、加工等流程中多源异构数据集成度低下、知识关联缺乏、质量控制困难的瓶颈问题及原因，展示棉纺企业在"中国制造 2025"战略下通过设备互联、生产数据智能采集、生产过程智能控制，进而通过棉纺各个工序之间的数据"输入-输出"关系，实现半成品或成品质量在线控制，促进棉纺企业落实"中国制造 2025"战略的学术专著。

其中，第 1 章主要分析棉纺行业的发展现状、行业政策及环境，以及棉纺企业实现智能制造的必要性和亟待解决的问题；第 2 章主要介绍棉纺生产过程业务动态建模，包括业务建模、网络基础管理原则以及基于多 Agent 的管理体系建模；第 3 章主要介绍棉纺生产过程设备与设备、设备与系统智联技术，包括棉纺设备之间的通信互联技术以及集成管理方法，阐述棉纺过程数据的采集、处理方法、统一表示以及多源异构数据的融合方法；第 4 章主要介绍棉纺生产过程系统与系统智联技术，包括面向棉纺过程的网络化集成管理体系、系统资源集成建模、基于 Hadoop 的数据存储体系、基于多 LED 的棉纺过程控制和数据组织算法、基于数据学习和驱动的棉纺过程质量预测与控制方法等；第 5 章主要介绍棉纺工艺管理及智能设计方法，包括棉纺生产工艺文件的准备、编制与管理方法，阐述棉纺企业产品设计工艺性分析、工艺设计方案的优选；第 6 章主要介绍棉纺过程质量智能控制模型、方法及技术，包括棉纺质量不确定因素辨识、棉纱质量与棉纤维关系、棉纺过程质量预测、智能控制技术等；第 7 章进行了总结。

本书可作为纺织高校信息管理与信息系统、计算机科学与技术、纺织工程等专业的参考书目，同时也可供从事棉纺企业生产管理及信息化的相关管理人员、技术人员以及对棉纺企业信息化感兴趣的读者进行参考。

由于著者水平有限，加之棉纺质量智能控制技术和方法还在不断丰富和发展阶段，本书中难免有疏漏和不妥之处，欢迎广大读者批评指正。

著者

2021 年 5 月

目　录

第1章　我国棉纺行业发展现状

纺纱最初用手工，后来逐渐应用简单工具，如纺专、纺车。1758年出现罗拉式翼锭细纱机，1770年又出现珍妮细纱机，1774年创造出三滚筒梳理机，1779年发明了走锭细纱机，约在18世纪末叶，才有了并条机和粗纱机。棉纺工程的机械化是先从细纱机开始的，所以细纱机有时也称纺纱机。而细纱以前的工序，统称为前纺，包括开清棉、梳棉、并条、粗梳、粗纱等，依原棉的纤维长度、含杂率和成纱品质要求等组成不同的前纺工艺。前纺加工之前，必须先进行原料选配。细纱以后的加工，有络筒、并纱、拈线、摇绞等。

1.1　棉纺行业概述及分类

1.1.1　棉纺行业概述

棉纺过程，即将棉纤维加工成为棉纱、棉线的纺纱工艺过程。这一工艺过程也适用于纺制棉型化纤纱、中长纤维纱以及棉与其他纤维混纺纱等。棉织物吸湿性能好，价格低廉，且棉纺工序比较简单，所以在纺织工业中占首要地位。

1.1.2　棉纺行业分类

(1)棉纺行业用品按用途可分为衣着用纺织品、装饰用纺织品、工业用纺织品三大类。

① 衣着用纺织品包括制作服装的各种纺织面料以及缝纫线、松紧带、领衬、里衬等各种纺织辅料和针织成衣、手套、袜子等。

② 装饰用纺织品在品种结构、织纹图案和配色等各方面较其他纺织品更要有突出的特点，也可以说是一种工艺美术品。装饰用纺织品可分为室内用品、床上用品和户外用品。其中，室内用品包括家居布和餐厅浴洗室用品，如地毯、沙发套、椅子套、壁毯、贴布、像罩、纺品、窗帘、毛巾、茶巾、台布、手帕等；床上用品包括床罩、床单、被面、被套、毛毯、毛巾被、枕芯、被芯、枕套等；户外用品包括人造草坪等。

③ 工业用纺织品使用范围广，品种很多，常见的有篷盖布、枪炮衣、过滤布、筛网、路基布等。

(2)棉纺行业用品按生产方式不同分为线类、带类、绳类、机织物、针织物、纺织布等六类。

①线类:纺织纤维经纺纱加工而成纱,两根以上的纱捻合成线。

②带类:窄幅或管状织物。

③绳类:多股线捻合而成绳。

④机织物:采用经、纬两向纱线相交织造而成的织物。

⑤针织物:由纱线编织成圈,并相互串套连接而形成的织物。

⑥纺织布:即纺织面料,按照织造方法可分为纬编针织面料和经编针织面料两大类。

1.2 棉纺行业发展现状

在 2016 至 2020 年,受到环保政策以及中美贸易战的影响,我国棉纺企业的数量从 20 201 家下降至 18 344 家。在这期间,对棉纺企业而言既要面临产品需求的不足,又要面临棉花价格的不确定性和生产成本的快速上涨,致使棉纺企业的信心受挫,甚至在 2017 至 2020 年期间我国规模以上棉纺企业的营业收入和利润始终处于一种持续下滑状态。这一状态直到 2021 年才得以改变(整个棉纺企业的营业收入为 51 749 亿元,同比增长 12.3%,并实现利润 2 677 亿元,同比增长 25.4%),这得益于我国在国家层面出台的一系列刺激纺织品出口的政策。

目前,对棉纺行业的发展现状而言,受我国国储棉政策、进口棉花配额发放制度等相关棉花政策以及由此带来的国内外棉花价格差等的影响,我国棉纺企业处于一种内忧外患之中,尤其是对一些中小企业而言,其影响更甚,主要表现在环保不达标、招工困难、设备落后、制造水平偏低、国储棉竞拍观望气氛浓厚等方面。

因此,从环保角度看,在环保高压下,中小型棉纺企业由于难以拿到足量的排污许可将导致发展受限,甚至可能因资金有限难以更新和长期维护设备,导致环保不达标而陆续破产,这完全利好了棉纺行业的龙头企业。

从招工角度看,招工难、劳动力短缺是制约棉纺企业高质量发展的最大问题。据研究结果表明:职业发展空间受限是导致诸多高层次人才、大学生甚至青年人不愿在棉纺企业工作的主要原因;同时,据另一项统计结果表明:一个中小型棉纺企业职工的平均学历是高中,这意味着一个企业最多有 2～3 个本科学历的职工。

从设备角度看,随着"中国制造 2025"在棉纺企业的逐渐落地,我国的大型棉纺企业(比如山东魏桥、江苏大生、安徽华茂等)的设备、生产技术乃至车间智能化程度等,均处于数字化、智能化阶段,即"关灯生产""无人车间"基本实现。然而,对一些中小型棉纺企业(尤其是西部地区的企业)而言,因受资金、技术、人才的制约,其规模偏小、设备滞后、智能化水平偏低。

从制造水平看，在我国棉纺企业大力发展“数字化纺纱车间”的进程中，据统计近75%的国内企业基本实现了“机器换人”，达到了用工仅需15人每万锭，构建了智慧工厂，实现了生动还原工厂内设备及工艺流程、物理工厂与数字工厂实现虚实交互、工厂设备运行状态线上可视化等，由此通过工业大数据、物联网、人工智能等技术，整合了棉纺企业现有信息系统的数据资源。

从国储棉竞拍看，随着国储棉投放时间的延长，预计棉花价格将逐渐平稳，而且与国际棉花价格差也将会稳定下来，这完全有利于棉纺企业的生产，与此同时预计我国纱布产量也将保持同比微幅增长。

从中长期来看，随着纺织技术的进步和市场对棉纺产品品质档次的要求，棉纺企业对棉纤维原料的长度、细度、成熟度、整齐度等主要指标的要求越来越高。因此，只要全产业链科学发展，完全可以生产出满足市场需求日益增长的棉纺织品，最终向着纺织强国迈进。

1.3 棉纺行业政策及环境分析

在疫情之下，我国棉纺行业的发展可谓困难重重，不仅需要应对国际地缘政治所引发的外部环境的变化，还需要应对需求收缩、供给冲击、预期转弱等内部环境的影响，更需要克服人工成本上涨、限电限产以及十年最高棉价对市场造成的波动等各类影响企业生产经营的直接压力与困难。

这几年，疫情给我国棉纺企业带来挑战的同时，也带来了重大发展机遇，具体从政策、环境两方面来分析。

从政策角度看，2022年4月21日，工业和信息化部、国家发展和改革委联合发布的《产业用纺织品行业高质量发展的指导意见》明确指出：到2025年规模以上产业用纺织品企业工业增加值年均增长6%左右，3至5家企业进入全球产业用纺织品第一梯队。科技创新能力明显提升，行业骨干企业研发经费占主营业务收入比重达到3%，智能制造和绿色制造对行业提质增效作用明显。2021年6月11日，中国纺织工业联合会发布的《纺织行业“十四五”科技、时尚、绿色发展指导意见》明确指出：重点突破自动络筒机、全自动转杯纺纱机和喷气涡流纺纱机等关键单机，纺纱质量在线检测系统，棉条、细纱等自动接头机器人，研制自动络筒机、转杯纺纱机、喷气涡流纺纱机的关键基础零部件等。2021年12月，中国棉纺织行业协会发布的《棉纺织行业“十四五”发展指导意见》明确指出：深入实施创新驱动发展战略，打造棉纺行业技术策源地，围绕智能制造、新型纱布生产加工、测配色及染色、环保上浆、区域工业大数据等15个领域开展重点攻关与技术推广，补齐产业链短板技术，强化行业关键技术优势，加大基础研究投入，带动棉纺行业先进制造、智能制造、绿色制造能力逐步达到国际领先水平。可见，无论从国家层面还是从行业层面，相关指导意见、政策等均明确要求我国的棉纺企业通过相关新兴技术的运用来大力推进智能制造和绿色制造，并通过科技创新实现企业的高质量发展。

从环境角度看，《2023－2028年中国棉纺织工业发展预测及投资策略分析报告》中，明确指出：近年来随着人工成本的快速增长，棉花种植成本不断上升，纯棉产品越来越贵，加上国家现行的棉花调控政策，使棉纺企业的发展空间受限。这意味着我国棉纺企业不仅要将成本优势转向技术优势，更要向现代管理方式转变，努力促进企业自主创新发展，能力不断提高，从而达到追求技术与品牌，效益与效率的和谐发展。据中国棉纺织协会的数据统计结果表明：2021年棉纺企业主要经济指标同比增长明显，亏损面持续收窄。而且，2021年全年营业收入累计同比增长18.43％，利润总额累计同比增长25.66％，出口交货值同比增长14.73％，企业亏损面14.49％，较2020年同期收窄13.08个百分点。

可见，我国棉纺企业的科技创新仍面临诸多的困难，亟待通过国家相关政策的扶持和行业协会的指导，来提升企业的内在驱动力，方可实现自主创新。

1.4 棉纺行业竞争格局分析

棉纺行业一直以来都是我国重要的支柱产业，特别是改革开放后发展迅速，生产和出口急剧增加，取得了历史性的巨大成就。但是进入20世纪90年代中期后，我国棉纺行业就步入异常严峻的困难时期，这种现象与我国棉纺行业的国际竞争力相关。但是，棉纺行业作为最早进入竞争的行业，开始受到一系列问题的困扰，棉纺行业已成为我国制造业中持续亏损时间最长、亏损面和亏损额最大的行业，并随着时间的推移而日趋严重。中国棉纺行业升级速度缓慢，妨碍了棉纺工业劳动生产率和纺织品质量档次的提高。纺织品和服装出口的增量优势弱化，出现波动甚至负增长，主要因为我国的纺织品服装出口仍以中低档的产品为主，技术含量不高，中国纺织产品附加值一直偏低。

棉纺行业是中国的传统工业，由于环境的限制，物质水平低下，高新技术落后，中国的棉纺行业在技术方面缺乏创新，中国棉纺行业的技术水平与国际技术水平相差甚远，欧美国家依据这点向中国的纺织品实施技术壁垒，限制中国的出口。近年来，我国相当数量的传统优势产品频繁遭遇国外技术壁垒，出口纷纷受阻，有的甚至被迫退出了市场。

随着国际分工的不断深化、高科技的突飞猛进，如果不提高我国棉纺产品的高新技术含量，我国棉纺行业将失去国际市场上的竞争力。对于中国棉纺行业来说，产品的开发能力与开发深度的差距是棉纺行业缺乏竞争优势的重要原因。

高新技术在棉纺行业中的广泛运用，大大提高了纺织服装产品的质量和附加值，使得纺织服装贸易进一步向高档优质的方向转变，使以往价格和数量的竞争正向质量和技术的竞争转变。

1.5 棉纺行业发展问题概述

目前,我国棉纺行业主要存在以下问题。

1.5.1 棉纺行业产能问题

伴随着行业产能的增加,我国棉纺行业也出现了很多的问题。第一,尽管产能增加,但大多数企业仍无利经营,这主要是因为各企业的生产规模差异较大,且以中小企业为主,使得棉纺行业整体抵御市场风险的能力较弱,利润受损。第二,国内棉纺行业产能一直处于过剩状态,企业开工率不足。在产能过剩的背景下,新建设的产能必然面临市场销售和盈利能力的巨大挑战,行业洗牌在所难免,而原材料价格的大幅波动将加速洗牌的过程,后期的产业集中度将提高,开工率不足的中小企业将面临倒闭或者被收购的命运。

1.5.2 棉纺行业产业链问题

(1)上游棉花价格波动较大。棉花价格的不稳定仍是目前棉纺行业的首要问题,在棉花价格的大涨大跌行情中,受影响最大的是大量处于低端的中小企业,这些企业抗风险能力偏弱,许多企业停工或半停工,江浙一带的小型织布企业中已有大约 1/3 的企业"放假",还有约 1/5 的小厂商已经开始卖机器,一些情况稍好的企业则在"咬牙硬撑",这部分企业之所以不敢轻易停工,主要是因为停工后很难在短时间内再招到工人,货源和销售渠道都会受到影响。

(2)下游服装行业出口量下降,行业利润减少。服装产业是棉纺行业产业链的最末端,不仅实现纺织商品的供给,也是回收资金、实现产品价值、保证产业链正常运转的重要一环。近年来,国内服装品牌的增长速度较快,大批量生产降低成本的考虑使得服装企业对产品创新有所忽略,服装行业同质化竞争严重。而由于欧美经济的疲软,我国出口至该地区的服装数量明显下降,同时全球经济疲软、劳动力成本上升、原料价格波动剧烈、人民币升值的压力压缩着行业利润,服装企业不得不扩大非洲和东盟等地的市场份额,同时加大国内市场的营销力度,试图通过新的市场份额的增长来填补市场缺口。

1.5.3 棉纺行业融资问题

我国的棉纺行业以中小企业居多,"融资难""融资贵"成为行业内众多企业面临的问题。在纺织工业联合会进行的调研中,"融资"已经超越"订单"成为企业普遍反映的第一难题。在现行体制下,中小企业存在信用缺失,诚信系统不完善,容易产生拖欠和不还贷等问题，银行为了防范风险，不愿贷款给中小棉纺企业。在当前棉纺行业景气指数下滑的形势下，这种情况更加突出。

1.5.4 棉纺行业出口问题

通过棉纺行业分析报告了解到，近年来，棉纺行业出口遇冷主要是受到国际市场需求低迷、东南亚棉纺行业竞争和国内原材料成本上涨的影响。美国、日本和欧盟仍然是我国棉纺织品的主要出口市场，但受到欧债危机的“蝴蝶效应”，使得国际市场对棉纺行业需求低迷。中国在欧洲和美国及其他发达经济体的棉纺织品市场份额出现下降的趋势。在低端棉纺织品市场上，我国的棉纺企业同东南亚国家进行价格竞争，目前，东南亚国家棉纺企业借助其在原材料以及劳动力成本等方面具有的比较优势，同中国棉纺企业竞争国际市场份额。

可见，近年来我国棉花价格居高不下，国内外原材料价格差的扩大给中国的棉纺企业带来了高原材料成本的压力，商业订单大量减少，中小规模企业因缺乏订单而限制生产，甚至关门。受国内高价棉花影响，中国棉纺织品出口的价格优势不断被削弱，最终影响到棉纺行业的出口。

针对以上问题，未来我国棉纺行业应围绕科技发展和可持续发展两个主题，在科技进步、产业升级、结构调整、品牌建设、市场开拓以及效益提升等方面加大力度。棉纺行业发展的重点是努力提高产品的档次、质量，提高先进装备的水平，提高劳动生产力，加快淘汰高耗能设备，走智能化、低消耗、可持续绿色发展之路，利用科学管理模式提高企业效益，实现产业有序转移，促进区域协调发展。

1.6 棉纺企业实现智能制造的必要性

纺织工业是典型的传统制造业。随着德国“工业 4.0”，以及“中国制造 2025”的提出，我国纺织工业同样面临纺织制造信息化的强烈需求。然而我国棉纺企业因普遍存在工艺设计、纺织过程控制、生产管理之间的数据断层，各工序流程集成度低，设备互联困难，严重制约了棉纺企业的生产效率和产品的质量保障。因此通过技术创新，探讨纺织智能制造的相关方法和技术，意义重大。

1.6.1 纺织强国战略

由中国工程院多位院士牵头的《我国纺织产业科技创新发展战略研究(2016—2030)》报告中指出，目前我国纺织产业已经发展成为总量规模世界第一的产业，面对世界新科技革命和新产业革命、日益严峻的资源环境问题挑战，以及我国在 2020 年建成小康社会、发展战略性新兴产业等的重大需求，纺织产业必须加快创新驱动、转型升级，再上由大转强的新台阶。

针对这一需求，由中国工程院院长周济院士和朱高峰院士担任组长，组织50多位院士和100多位专家共同参与研究的《制造强国战略研究报告综合卷》中，明确提出了我国跨入制造业强国行列的“三步走”战略目标，并提出实现制造强国必须遵循的“创新驱动、质量为先、绿色优化、人才为本”的发展方针，以及实现实时制造强国战略的8项战略对策，同时提出要牢牢坚持发展制造业不动摇，要加紧研究制定“中国制造2025”，作为动员全社会建设制造强国的总体战略，加快打造中国制造升级版，为我国在2025年迈入世界制造业强国行列提供科学指引。而纺织产业作为制造业的重要组成部分，“中国制造2025”纺织更应当仁不让。

国务院颁布的《十大产业振兴规划》，提出振兴纺织产业必须以自主创新、技术改造、淘汰落后、优化布局为重点，推进结构调整和产业升级，巩固和加强对就业和惠农的支撑地位，推进我国纺织工业由大到强的转变。然而，我国的纺织产业结构仍未摆脱粗放型的规模扩张模式，封闭式管理、产业链不完善、产品竞争力低下等长期积累的结构性矛盾依然突出。因此，必须尽快研发具有我国自主知识产权的纺织工艺智能设计系统、智能制造技术以及面向全流程的生产管理系统。

随着德国工业4.0的提出，我国在2015年两会中提出的“中国制造2025”也已上升为国家战略层面，这更引发了我们对纺织制造业的进一步思考。如果说工业1.0的主要标志是以纺织机为代表的机械技术的进步(蒸汽机、纺织机)，工业2.0由电气化技术引起(如福特的大规模生产线)，而工业3.0则强调自动化控制技术，那么工业4.0则要偏重制造业的信息化(数字化、网络化、智能化)，更重视学科和技术的交叉融合。西方也常称其为“再工业化”，其核心是制造业数字化。那么，我国纺织制造业作为制造业的重要组成部分，从某种意义上可能连工业3.0还没有完全达到，处于“工业2.5”的位置。我国棉纺行业运行的整体技术装备水平与世界先进水平相比仍有较大差距。纺机装备制造业的机电一体化和智能化水平亟待提高，比如棉纺织设备中无梭织机、自动络筒机仅占25%和21%，而发达国家在90%左右；化纤行业现有生产能力中20世纪90年代以前的技术装备仍占很大比重，设备平均能源单耗比国外先进水平高77.5%，新型大容量生产技术和设备仍依赖进口。

1.6.2 来自发达国家和发展中国家的双重挤压

主要来自发达国家和发展中国家的双重挤压，同样迫切要求我国棉纺行业转型升级。

(1)美欧日发达国家的挤压。在经历了深刻影响全球的金融危机后，美欧日等发达国家普遍认识到还是要重视实体经济，要重视制造业，要重视制造业的信息化。2012年6月美国总统奥巴马宣布了“先进制造业伙伴计划”，表明要振兴美国的制造业，重视劳动密集型产业。同时，德国提出的工业4.0，同样也表明了对制造业的重视。

(2)东南亚发展中国家的挤压。由于我国原材料成本、人工成本的上升，我国不少的纺织业已向东南亚发展中国家转移，导致我国出口创汇能力减低，同时动摇了我国纺织业大国的地位，业已危及我国国家的经济安全。因此，纺织产业的技术转型升级已迫在眉睫、刻不容缓，必须尽快通过以信息化技术为载体的棉纺行业的转型升级，来重点探讨实现棉纺行业的集成制造方法和技术，使其迈向高端制造。

1.6.3　人口红利消失

所谓人口红利，是指一个国家在人口转变特定阶段产生的，适龄劳动人口占总人口较大比重，相对富余的劳动力资源支撑经济增长的人口现象。棉纺行业作为一个传统的劳动密集型制造行业，在推动国民经济增长和解决就业问题方面作出了重要贡献，而且一度成了地方经济发展的支柱产业，这其中人口红利的贡献功不可没。但是，近几年国内产业结构调整和新型产业的不断涌现，对我国纺织产业的人口红利优势带来了巨大的冲击，出现了“补偿性”缺工、企业招工难的问题。这其中的原因在于：第一，高温、高湿、高噪的工作环境，过低的工资待遇(人均不到2 000元)，沉重的企业负债，迫使人口红利消失；第二，我国棉纺企业实际上存在着更深层的“结构性”缺工现象，根本原因在于技术含量过低的重复的、繁重的体力劳动，严重影响了员工的劳动积极性。

2013 年 8 月，西安工程大学在安徽华茂集团针对用工难的问题进行了调研，共发放问卷 1 540 份，收回 1 540 份，回收率为 100%，重点从职业生涯规划、薪酬管理、人际关系管理、企业文化、绩效管理等 5 个方面设计问卷，分析了一线员工流失的因素及比例，如表 1 - 1 所示。

表 1 - 1　影响一线员工流失的因素及比例

影响因素	比例
职业生涯规划	36.37%
薪酬管理	21.86%
人际关系管理	21.00%
企业文化	11.52%
绩效管理	9.25%

调研结果充分表明：棉纺企业核心竞争力缺失的主要原因在于，个人职业发展空间受到了较大程度的限制，导致工作满意度直线下降。这迫切要求纺织制造技术升级换代，转变这种劳动密集型的制造模式。

由此可见，通过信息化技术的进步推动制造业的大力发展，实现我国由制造业大国向制造业强国的转变。因此，在“中国制造 2025”战略下，传统的纺织制造业更是迫切需要抓住机会，通过技术创新和方法创新，向智能制造迈进。

1.7 棉纺行业智能制造发展需求

我国棉纺行业作为传统制造业还处在以劳动密集型为主的模式中，对劳动力资源、成本的依存度较高，科技创新能力较弱，核心技术和产品品牌缺乏优势，产业利润率偏低，处于产业链前端和价值链低端。传统产业从劳动密集向技术密集、智能制造转变，自动化、信息化、智能化是发展方向。积极推进棉纺行业智能制造，加强技术经济性分析，进一步提高劳动生产率，是棉纺行业调整升级发展的重要措施。因此，提高全棉纺行业企业的劳动生产率，加速行业技术进步，推进智能制造，是提升我国棉纺行业竞争力的必由之路。

1.7.1 棉纺企业智能制造实现的挑战

我国作为世界第一制造业大国，正面临着发达国家高端回流和发展中国家低端吸纳的前后夹击。劳动力成本不断上升，人口红利减弱，刘易斯拐点的影响逐步显现。

我国劳动力结构的变化对行业影响加剧。2013 年国家统计局在新闻发布会上公布了一组数据，2012 年我国 15～59 岁的劳动年龄人口比重首次下降，同时，劳动年龄人口的绝对数减少了约 345 万人。我国人口年龄结构的改变以及老龄化进程的逐步变化，凸显出我国劳动力结构的变化趋势、经济结构调整和行业发展所面临的现实。同时，区域发展差距缩小，我国东部及沿海经济发达地区对劳动力资源的依赖使行业的压力日益增大，新生代劳动者的价值观、择业观对传统劳动密集型产业的影响又使劳动力资源压力不断增大。

棉纺企业的生产现场如图 1-1 所示。

图 1-1 棉纺企业的生产现场

大规模批量生产方式不断受到挑战，个性化、定制化生产方式将加速成为发展趋势。企业将运用互联网技术展开网络协同模式组织生产，更快地对个性化需求作出反应，确立企业核心竞争优势。企业生产方式将由少品种、大批量生产的刚性自动化生产流程向多品种、变批量的柔性自动化综合生产流程方向发展。

制造业企业服务链延伸的重要性不断提高，需要从主要提供产品制造向提供产品和服务来实现转变。发展个性化定制服务、网络精准营销、在线服务支持、产品全生命周期管理等现代企业运营方式，对企业传统运营方式形成挑战。例如：企业价值链体系由提供具体产品向提供整体解决方案系统转变，由提供具体设备向提供整个系统集成总承包服务体系转变。

在微笑曲线理论的价值链中，企业的研发和市场处于微笑曲线的两端，在整个价值链中起着决定性的作用。微笑曲线中间段的标准化生产、低成本流程化管理，在企业获取竞争优势中发挥着重要作用。智能制造模式下，通过互联网贯穿整个价值链，深入、广泛地参与到企业价值创造、传递、实现等各个环节，为客户创造价值，为企业实现价值，为用户提供定制化服务和个性化产品。价值链前端的研发设计由用户参与个性化和定制化需求设计，订单将由用户直接向企业下达，价值链后端的传统意义上的市场销售会有所弱化，因此整个价值链微笑曲线将会变得平坦。

借鉴德国工业强国发展道路，在完成工业1.0、工业2.0基础上，同时在基本实现工业3.0的条件下，提出工业4.0的发展战略，具有串联式发展的特点。我国制造业，特别是作为传统制造业的棉纺行业，面临着产业工业化、信息化基础差异较大，企业间发展基础和差异较大的现实，棉纺行业尚处于工业2.0和工业3.0并行发展的阶段，照搬工业4.0的模式是不现实的。因此，需要结合国情和实际，走自己的制造强国之路。

1.7.2 棉纺行业智能制造的推进方向

具有连续化、多工序流程生产特点的传统劳动密集型棉纺行业，具有较高程度的专业化分工和专业协作要求，连续化生产和生产原料的特点要求生产环境达到一定的标准。从棉纺行业多年来不断推进技术进步的发展历程看，清梳联技术、自动络筒技术的发展和推广应用量相对较大，而细络联、粗细络联技术的发展和推广应用相对滞后，特别是粗细络联技术，在我国棉纺行业中尚处于起步阶段。在实现智能制造方面，自动络筒系统是棉纺行业应用最多、收效最好的技术，是人和机器人协调型单元生产式组装系统的成功应用。同时，运用自动化、智能化技术，棉纺行业在不同工序实现自动换卷、换筒、落纱、清洁、自调匀整、信息监控、废棉处理自动打包、空调自动调节控制等技术，围绕提升质量、控制成本、提高劳动生产率，都有一定的应用。物联网、ERP等现代信息技术在企业运营和价值链管理中也得到一定的使用。但围绕我国棉纺行业总体发展和建设看，行业工业化和信息化两化融合、自动化和智能化的总体水平还较低，不同企业间的基础和发展差异较大。

棉纺企业现代化生产车间如图 1-2 所示。

图 1-2 棉纺企业现代化生产车间

棉纺行业应减少对劳动力资源、劳动力成本的依存度，大力提高劳动生产率，走高效、品质、技术的内涵发展道路，加快信息化、网络化建设，加快智能制造，加强工业机器人在棉纺行业应用的技术经济研究。国家《“十四五”规划和二○三五年远景目标纲要》及《纺织行业“十四五”发展纲要》要求，棉纺行业迫切需要以科技引领支撑行业创新，助力我国棉纺行业高质量发展。棉纺行业工业化生产方式主要采用少品种、大规模、批量生产和多品种、快速定制化生产方式。在棉纺行业技术进步的基础上，对棉纺行业推进自动化、信息化智能制造，加强技术经济性研究，进一步提高劳动生产率，应加快在以下几个方面的研究和推进。

(1)提高各工序机械设备的自动化、智能化水平，对棉纺行业推行多品种、快速定制化生产方式的企业具有更重要意义。如加强不同工序换卷、换筒、落纱、清洁、接头等工艺操作的自动化和智能化技术；部分工序、生产环节采用工业机器人作业等。

(2)加强各工序自动化、智能化的连接。如加强清梳联、精梳准备与精梳联、粗细络联等环节的自动化、智能化技术，不断提高连续化流程生产的劳动生产率。

(3)加强各工序自动化、智能化连接的工艺配套。如加强输送、搬运、生产环境清洁、包装等环节的自动化、智能化技术，实现各工序间物料智能化输送与分配。

(4)提升棉纺行业信息化管理水平。应用传感技术、网络技术，加强各工序和全系统在线检测、质量预测、自动监控、自动控制的体系建设，通过应用大数据，实现对产量、质量、能耗、效率、管理的有效监控，建立起适应快速定制化生产方式的高效产供销信息化体系，使网络信息技术在全流程和产业链综合集成应用。

案例：

日前，国家工信部发布了 2016 年智能制造试点示范项目公示名单，此次公示项目共计 64 个，纺织相关项目共 3 个入选，分别为宁波慈星股份有限公司申报的“针织品智能柔性定制平台试点示范”，浙江报喜鸟服饰股份有限公司申报的“服装大规模个性化定制试点示范”，泉州海天材料科技股份有限公司申报的“纺织服装网络协同制造试点示范”。

此前，工信部印发了《关于开展智能制造试点示范 2016 专项行动的通知》，并下发了《智能制造试点示范 2016 专项行动实施方案》。该实施方案部署了 2016 年的具体工作。将聚焦制造关键环节，在符合两化融合管理体系标准的企业中，在有条件、有基础的重点地区、行业，特别是新型工业化产业示范基地中，选择试点示范项目，分类开展离散型智能制造、流程型智能制造、网络协同制造、大规模个性化定制、远程运维服务 5 种新模式试点示范。

无锡经纬纺织科技试验有限公司的棉纺数字化车间如图 1-3 所示，自数字化车间投运后，基本没有出现人员流动。数字化车间里的成套设备把多个传统工序通过自动化、连续化、数字化技术集成为一个智能化的整体进行管理，各项生产工艺数据实现自动采集分析。在数字化车间的基础上，企业还将加大研发投入，研制无人值守的纺织机械，进一步实现夜间“黑灯工厂”的梦想。

图 1-3 棉纺数字化车间

宁波慈星股份有限公司是一家主要从事电脑针织机械的研发、生产和销售的企业，其主要产品包括电脑针织横机和电脑无缝针织内衣机。慈星股份 2015 年年报显示全年实现营业收入 7.5 亿元，同比下降 1.83%；实现归属于上市公司股东净利润 1.03 亿元，同比增长 129.49%。公司董事长兼总经理孙平范表示，公司对未来作了整体规划，主业有望回暖，“机器人+互联网”打开成长新空间。

报喜鸟服饰开创的“基于 O2O 的全渠道个性化定制及智能化生产项目”，是为顺应消费者个性化、时尚化的需求，提升消费者的购物体验和服务而投巨资着力打造的。早在 2014 年下半年，报喜鸟开始布局工业 4.0 智能化生产，通过近两年的规划、实施、试运行，第一条智能化生产线已经改造完成。通过工业 4.0 智能化生产，报喜鸟成功克服了服装个性化生产存在的品质和生产效率降低的瓶颈，率先实现了“个性化缝制不降低品质，单件流生产不降低效率”这一服装定制的最高生产目标，为大力发展私人量体定制业务提供了强有力支撑。

泉州海天材料科技股份有限公司以创新思维打造满足消费者个性化需求的时尚梦工厂，建立网罗世界各地优秀设计师的互动平台，对纺织服装产业链各个环节进行数字化、智能化改造升级，从推式生产销售模式转变为拉式模式，形成一个集消费者、设计师、面料商、辅料商、智能工厂及智能化销售终端于一体的完整的纺织服装供应链闭环体系，在新材料领域打造“互联网+服装纺织”企业的样本。

1.7.3 “互联网+”对棉纺生产模式的影响

从产业形态看，随着互联网技术与纺织产业的加速融合，互联网技术深度应用于纺织产业链中的各个环节，将加快纺织智能制造的发展；从创新模式看，棉纺行业的创新载体由单个企业向跨领域、多主体的创新网络转变；从组织形态看，棉纺企业生产小型化、智能化、专业化特征日益突出。

纺织产业的设计和制造环节与用户需求联系紧密，在“互联网+”时代企业利用互联网资源开放共享的特点，实现基于互联网的按需设计与制造，在棉纺企业生产经营过程中利用互联网的“开放、合作、共赢”的理念，以与用户共创价值为核心理念，通过开放网络平台，众多分散的生产者和消费者个体实现广泛、实时、频繁的交流互动，充分激发社会创新潜力，有效满足消费者个性化需求。远程设计定制则源于传统行业研发设计模式的网络化创新，即远程设计、异地下单、按需制造。在这样的生产模式变革下，我们可以清晰地看到，制造业正在发生以下三大转变。

(1)如图1-4所示，生产由集中向分散转变。规模效应不再是工业生产的关键因素，工业生产的基本模式将由集中式控制向分散式控制转变。

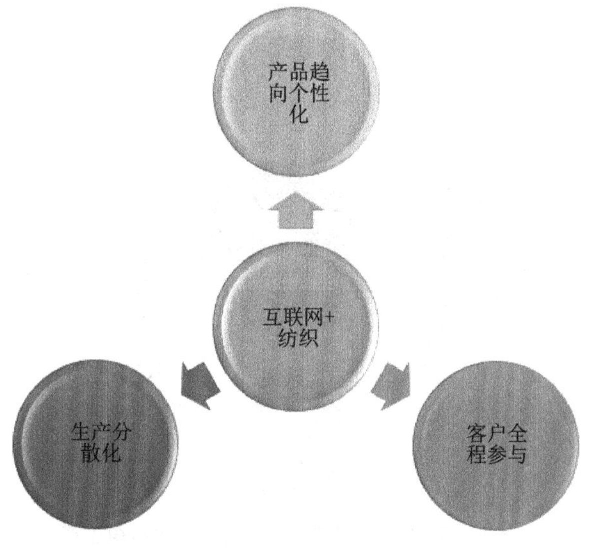

图1-4 “互联网+纺织”的变革

(2)产品由趋同向个性转变。未来,产品都将完全按照个人意愿进行生产,极端情况下,将成为自动化、个性化的单件制造。

(3)客户由需求导向到全程参与转变。客户不但出现在生产流程的两端,而且广泛、实时参与生产和价值创造的全过程。

1.7.4 “中国制造 2025”战略对棉纺智能制造过程的导向

中国工程院院士俞建勇分析认为,从我国工业经济的现状来看,提升智能化制造水平,首先应该从发展智能化装备入手,研发基于信息化架构下的智能化与数字化高端纺织装备设计技术平台,开展纺织装备的人因工程工业设计,实现各工序生产设备的数字化智能控制,各种纺织品及设备的在线自动检测和设计的数字化以及生产营销管理产业链全过程的数字化智能管理,进而促使我国纺织产业实现智能制造,通过生产过程的柔性化和智能化,提高劳动生产率、节能降耗水平,建立创新的、高效的、智能的产业系统。

在“互联网+”战略及《中国制造 2025》的指导下,纺织智能制造首先应从发展智能化装备入手,最终形成终端需求(定制需求)、智能产品、智能工厂、智能物流的完整链条。

《中国制造 2025》已经明确提出要加快纺织等行业生产设备的智能化改造,提高精准制造、敏捷制造能力,“中国制造 2025”战略下的纺织生产如图 1-5 所示。近年来,随着连续化、自动化装备、生产过程在线监测在棉纺行业的不断应用,棉纺行业在智能化提升方面已取得了实质进展,但要实现棉纺行业全流程数字化控制、自适应控制、完成人工替代,仍需从以下几个方面着手大力加强。

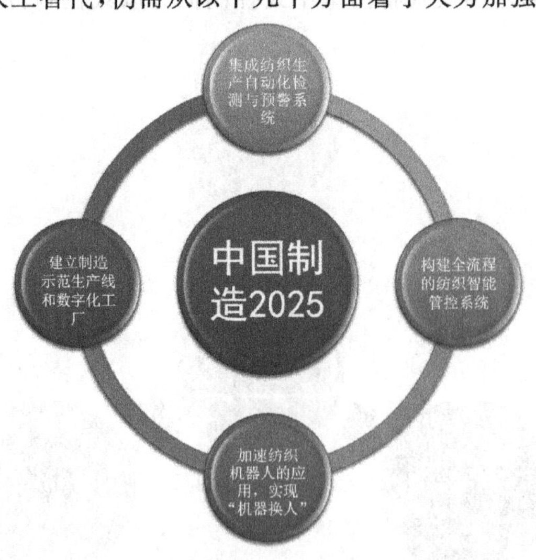

图 1-5 “中国制造 2025”战略下的纺织生产

(1)集成纺织生产自动化检测与预警系统,提升纺织产品的质量。

随着棉纺企业的不断发展,棉纺企业的产品生产越来越趋向于品种的多样化、生产周期的短期化、生产流程的快速化。这些变化都对棉纺企业的管理能力尤其是质量管理能力提出了更高的要求。降低生产成本、提高产品质量是棉纺企业普遍关心的问题,自动化技术、计算机技术及网络技术的快速发展为传统的纺织工业提供了良好的技术支持,以基于数据的质量分析预测算法及自动化控制技术为基础构建纺织自动化检测与预警系统对提升纺织产品的质量具有重大意义。

提升工业产品的质量被列为《中国制造 2025》的九大任务之一,对于棉纺行业来说,加快纺织生产质量控制与检测、预警,也是纺织强国建设的重要方面。通过科技进步、技术创新、工艺可靠、标准严格、控制严谨、装备先进等方面提升纺织产品质量和品质,并为产业用纺织品最终产品的开发提供积极支持,确立质量品质的一致性和可靠性。

(2)不断优化纺织制造流程,构建全流程的纺织智能管控系统。

在当前全球经济复苏、国内经济增速趋缓、成本增加、劳动力紧缺、环境压力增大的形势下,今天的棉纺企业依然是一个综合的大型加工车间,这种发展模式已经不适应现在以细分化为主导的经济发展模式了,因而使得棉纺企业的进一步发展举步维艰。

随着制造业的发展,为了解决这种现状,将会继续加大纺织生产自动化水平的提升,实现智能化生产设备及机器人的应用与普及,未来的纺织车间将会成为无人操作车间,车间里只有机器人和智能化设备进行生产,企业在生产之前设计好工艺流程和标准,通过计算机程序就可以实现,并且通过这些智能设备与智能网络的拓展降低企业的单位产品成本,建立生产、管理、销售、财务一体化的高效运转系统,将智能化生产渗透到企业的每一个环节。

(3)加速纺织机器人的应用,实现“机器换人”。

目前在纺织生产中,工业机器人的应用已经具备一定基础。棉纺织生产具有多工序、连续化的特点,专业化分工和专业协作程度较高。多年来,棉纺行业在各工序提高机械设备自动化、智能化水平,实现不同工序间的连续化、自动化生产。其中,自动络筒系统是棉纺行业应用最多和最有效的技术,是人和机器人协调型单元生产式组装系统的成功应用。同时,棉纺行业在不同工序自动换卷、换筒、落纱、清洁、自调匀整、信息监控、废棉处理自动打包、空调自动调节控制等方面,围绕提升质量、控制成本、提高劳动生产率,应用自动化、智能化技术。

(4)建立能制造示范生产线和数字化工厂。

分步骤建设智能制造示范生产线和数字化工厂,包括智能化纺纱示范生产线,从纺丝到产品包装的智能化长丝生产线,全流程数字化监控的印染示范生产线,智能化服装和家纺示范生产线等。整合供应链、设计、生产、销售相关的全部环节,建立如图 1－6 所示的纺织智能化生产线及数字化车间。

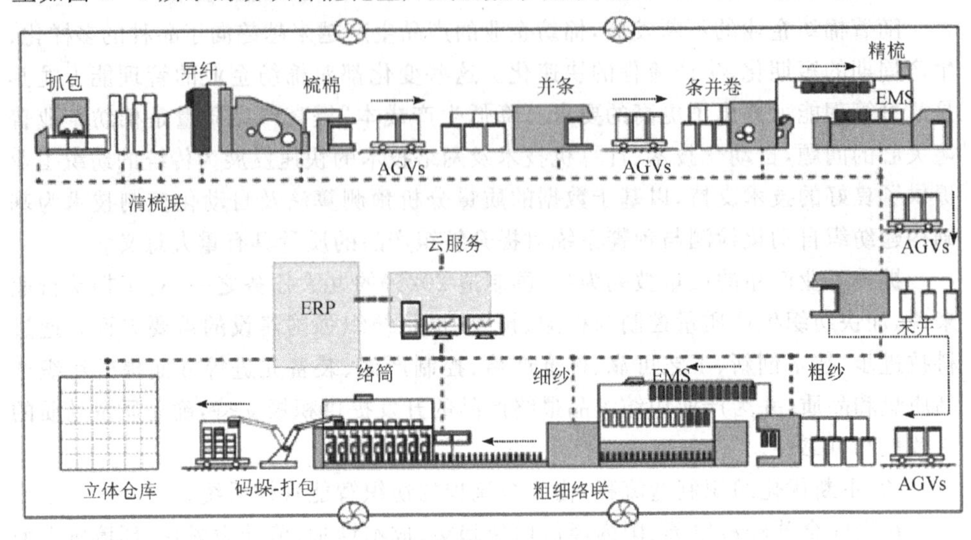

图 1－6　纺织智能化生产线及数字化车间

“互联网＋纺织”在产业链中主要涵盖研发设计的网络化、生产过程的自动化和智能化、管理过程的数字化、营销环节的电子化、产业物流的现代化五个部分，通过两化深度融合让互联网技术应用到纺织服装企业生产经营各个环节，提升企业市场竞争力。如何激发“互联网＋”对纺织服装产业的创新驱动作用，智能制造将是主要目标。

提升智能化制造水平，打造智慧纺织是产业面临的新机遇。智能制造的终极目标是实现智慧制造，是立足于个性需求的快速反应、个性化定制、准交快交系统，是立足于“互联网＋”，以互联网技术嵌入产业的系统集成。它贯穿三个层面：一是生产过程智能化，二是基于工业互联网的云工厂，三是产品智能化。

应用信息化技术改造和提升纺织工业是纺织产业的重要发展方向。作为典型的高新技术，信息化技术近年来在棉纺行业得到较快发展，已经融入纺织产业链的各个环节，对于棉纺企业提高生产效率、产品质量、营销水平，产生了明显的促进作用。

我国纺织工业的产业链配套齐全且衔接紧密，从原料到最终消费品，产业链中不同的细分领域对信息化的需求各不相同，因此，重点是要因行业而异、因需求而异、因发展阶段而异，有针对性地推动纺织信息化向纵深发展。为此，需要结合棉纺企业具体车间的设备、生产工艺流程进行关键技术的研发工作。

(1)加强数字化、网络化的纺织技术及数字化纺织装备的研究。我国纺织业应适应纺织加工装备及工艺技术继续向自动化、连续化、高速化、信息化，以及高效、智能、节能、模块化应用方向发展，加强数字化纺织技术及数字化纺织装备与网络化制造技术研究,研发有效的信息分析工具,以自动、智能和快速地发现大量数据间隐藏的依赖关系,并从中抽取有用的信息和知识,从而为工艺优化及产品质量的提高提供依据,进而发展数字化高端纺织装备。

(2)加快研发数字化智能染整技术。随着工业化进程的加快,人与自然协调发展成为当今时代发展的重要理念。棉纺行业作为传统的生产制造行业,需要适应节能、环保、高效的印染工业可持续发展的方向,加快研发可靠的染整检测技术、染整系统的智能适应性与优化技术、模拟自然的环保型染整技术以及数字化智能化染整技术等。

(3)加速研发集 CAD、CAM、CAPP 和管理营销网络为一体的通用平台。要适应数字化与智能服装技术、数字化纺织管理和商贸技术的发展,加快研发与行业发展相关联的物联网、云计算、智能化技术,促进可穿戴智能纺织品技术快速发展,构建适合纺织各个细分行业的 ERP 系统,纺织行业电子商务平台,服装企业集 CAD、CAM、CAPP 和管理营销网络为一体的棉纺企业生产通用系统平台,如图 1-7所示。

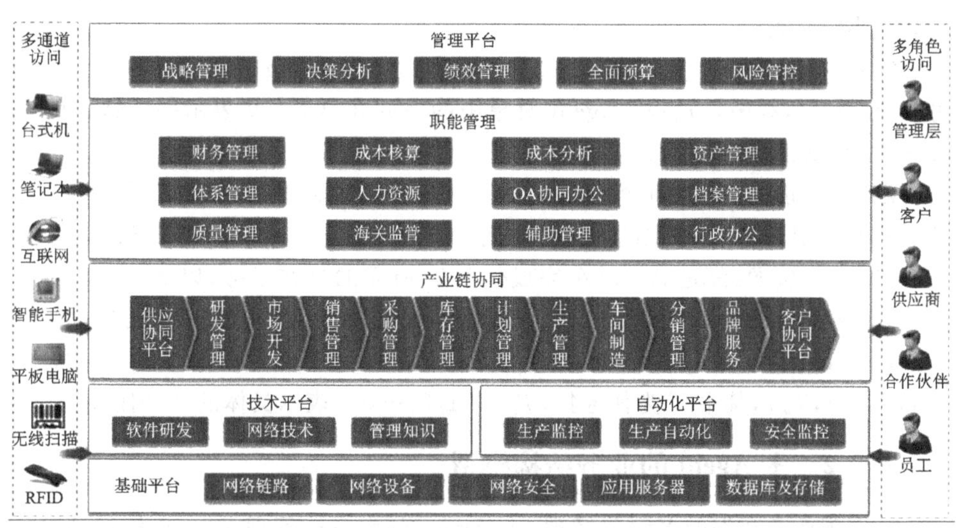

图 1-7 棉纺企业生产通用系统平台构架

第2章　棉纺生产过程业务动态建模

2.1　多 Agent 的业务建模

2.1.1　问题描述及定义

一个 Agent 结构由多个 Agent 对象组成，形成集合 $N=\{A_1, A_2, \cdots, A_n\}$，需要完成的任务为 T，其中，每个 Agent A_i 根据自身的能力 X_i 和系统资源 R_i 去执行需要完成的任务为 T_i，当单个 Agent A_i 无法完成任务时，由多个 Agent 通过相互间的协作完成。

定义 1　对象：$A=\{A_1, A_2, \cdots, A_n\}$，其中 A 为所有 Agent 组成的一个 Agent 对象，$A_i(i=1,2,\cdots,n)$ 表示 Agent 对象中的 Agent 成员，N 表示一个特定的 Agent 对象，则存在 $N \subseteq A$。

定义 2　能力：按照每个 Agent A_i 完成任务的性能，将能力定义为 $\boldsymbol{X}=\{\boldsymbol{X}_1, \boldsymbol{X}_2, \cdots, \boldsymbol{X}_n\}$，其中 $\boldsymbol{X}$ 为 n 维能力向量空间，$\boldsymbol{X}_i(i=1,2,\cdots,m)$ 表示第 i 维能力向量。

定义 3　资源：满足 Agent A_i 完成任务 T_i 所需的外在事务，以 $S_i=\{S_1, S_2, \cdots, S_n\}$ 表示，通过资源 S_i，Agent 可被其他 Agent 所调用和协调完成任务。

定义 4　任务：需要 Agent 解决的问题称为任务 T，根据问题域的性质，$T=\{T_1, T_2, \cdots, T_m\}$，其中 T 为任务集，$T_i(i=1,2,\cdots,m)$ 表示具体的某个任务。

2.1.2　多 Agent 的业务结构模型

为实现业务数据的多元化管理，将 Agent 分为系统管理 Agent、执行 Agent、人机界面 Agent、数据接口 Agent 以及对象管理 Agent，其中系统管理 Agent 主要对系统用户对象、系统运行参数、系统安全性以及其他 Agent 间的通信进行协调和管理；人机界面 Agent 主要负责人机交互操作，为系统用户提供基础服务；数据接口 Agent 主要负责各类系统数据的操作、外部数据的导入导出操作以及各类数据报表的打印操作；对象管理 Agent 主要面向各个数据操作对象进行管理。多 Agent 的整理车间业务管理结构如图 2-1 所示，在结构的组织形式上与车间的业务管理流程相匹配，其中，上层为系统级 Agent，中间层为对象管理 Agent，底层则为生产执行级 Agent，而且根据需要可将执行级 Agent 分为源数据 Agent、目标数据

Agent、初始化 Agent、查询 Agent、统计 Agent、分析 Agent 等，通过多 Agent 间的相互协作完成系统管理 Agent 分配的任务。其工作原理如下所述。

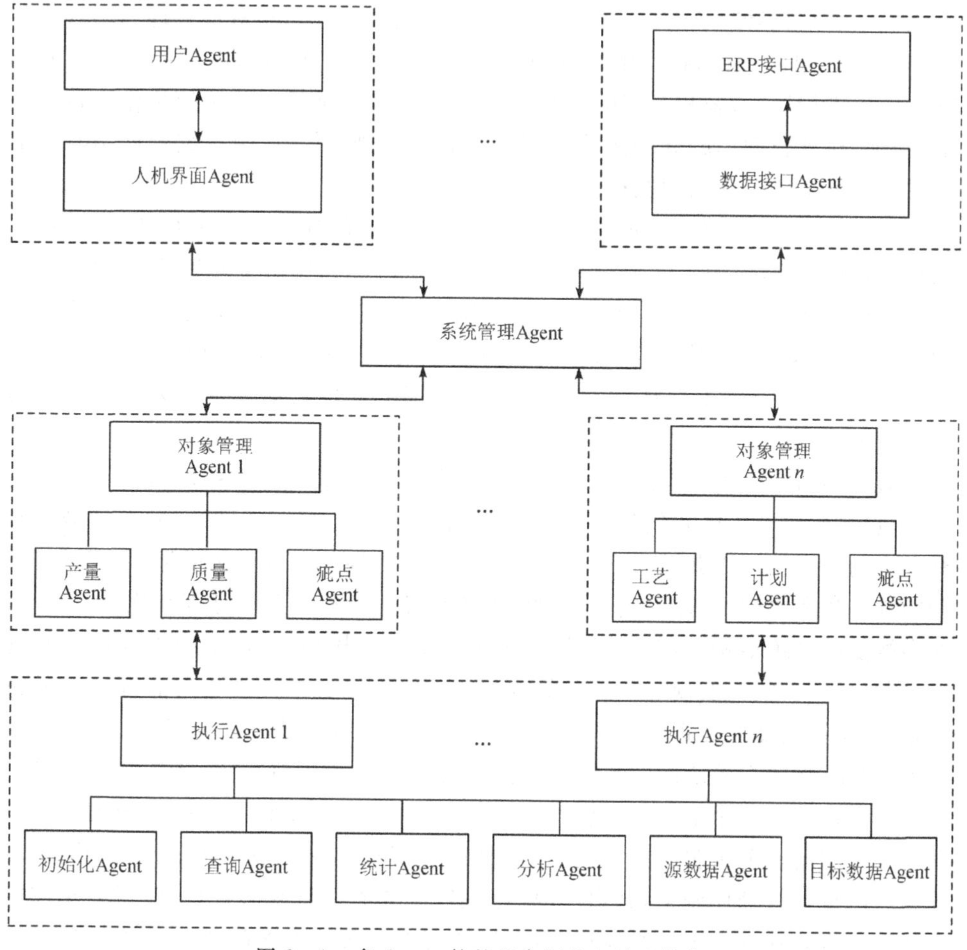

图 2-1　多 Agent 的整理车间业务管理结构

首先，系统管理 Agent 对人机界面 Agent 或数据接口 Agent 的任务来源进行安全性判断，并对用户的使用权限进行验证。若验证通过，则调用执行 Agent，执行 Agent 首先启动初始化 Agent，对系统变量进行初始化，否则，提示错误。

其次，系统管理 Agent 对执行 Agent 的执行能力和执行 Agent 所需要的数据资源进行分析，并根据执行 Agent 的能力对任务进行细化，使其形成源数据 Agent、目标数据 Agent，以及查询 Agent、统计 Agent、分析 Agent 等个体 Agent，并按照个体 Agent 的功能为它们分配细化后的任务，与对象管理 Agent 建立消息通信。

再次，对象管理 Agent 在接收到消息后，对个体 Agent 的任务进行分析，查询它们所需要的系统数据资源和任务，并结合执行 Agent 判断个体 Agent 能否完成分解后的任务。若各个体 Agent 能满足完成任务的条件，则对象管理 Agent 发送消息机制给系统管理 Agent，由系统管理 Agent 作出决策，给对象管理 Agent 和执行 Agent 分配任务计划，并由执行 Agent 调度各个体 Agent，由个体 Agent 对拥有的任务进行执行，经相互间的交互机制实现与对象管理 Agent 的协作和资源共享；否则，对象管理 Agent 向系统管理 Agent 发送错误信息，使系统管理 Agent 撤销或终止整个任务计划的执行。

最后，由对象管理 Agent 对个体 Agent 所完成的任务进行组合和分析，并上报系统管理 Agent，由系统管理 Agent 对所完成的任务作出决策和任务流的优化。

根据上述工作原理，多个体 Agent 间的执行过程可用一种关系模式 Q 来表示，令 $Q=(A,O,R)$，其中：A 表示所有 Agent 的集合；O 表示操作集合；R 表示关系集合，且 $R=A\cup(A\cup O)$，Q 将构成一个无向图，它的点集由 $A\cup O$ 组成，而边集由关系 R 组成。

通过棉纺企业生产车间的生产管理流程的分析，其业务数据均以品种信息为主轴，贯穿于每个工序和任务中，以及各个生产车间的每道工序中，并在地域上具有一定的分布性。因此，要构建既通用又具有特殊性的系统结构模型，实现系统数据的统一化和集中式管理，则必须对业务工作流程进行规范化处理和优化，设计一种多智能的系统结构，构建一种多 Agent 的系统结构模型，使系统中的所有数据以品种信息为中心，实现品种工艺数据、生产数据、业务管理数据等相互间的有机整合，并采用功能和数据复制型冗余策略，达到系统数据的集中式管理。主要原因如下：首先，将整个系统的业务管理功能划分为工艺数据管理、生产执行过程管理和生产参数管理三个部分，通过相互之间的协作来完成整个生产过程的管理，并借助相互之间的业务逻辑联系，将整个系统的管理功能封装成一个 Agent；其次，在棉纺厂的现行管理体制下，其生产部门众多、业务流程复杂的特点，使得各车间的生产管理方式缺少一定的行业标准，在生产管理方面自成体系，导致各个车间的生产管理系统在结构上各异，在数据库管理系统的实施上相互异构，这为局域网内构建生产数据共用共享的信息平台存在一定的技术难度，然而，Agent 的自治性、社会性等特征为实现复杂、庞大的业务管理结构提供了强有力的抽象工具和解决方案；再次，为了提高整理车间的工作效率，从根本上降低劳动力成本，必须使系统具有强大的统计与分析功能和良好的人机交互界面，从而方便厂级生产管理者作出正确决策，并使各个生产车间加强生产过程的管理，而 Agent 的自治性、主动性等智能性特征为满足这些要求提供了条件。

因此，将 Agent 技术应用到棉纺企业生产车间的业务管理过程中，既可以充分利用 Agent 的特点，满足车间生产管理的需要，并通过多 Agent 间的相互协调，加强整个系统的数据管理，又可以保证整个数据库系统数据的正确性和一致性，优化整个业务管理流程，更好地为用户提供方便快捷的人机交互界面，加强各个车间的业务协作，便于系统的实现，故在结构上是完全可行的。

2.2 多 Agent 的集成管理体系

针对现有棉纺企业管理信息系统、生产智能控制系统等中数据孤立、不能通用，以及各个车间、部门之间业务数据不能共享的现状，利用.NET 分层架构，构建了一种多 Agent 的生产管理模型，开发了一种基于局域网的生产管理系统。对系统设计方案的可行性、多 Agent 间的相互协作关系，以及系统的目标、主要功能及特点进行了详细阐述，并利用多机通信技术、TCP/IP 技术、存储过程、正则表达式和 RBAC96 模型理论，在 VC 环境下对异构数据库的集成、数据的处理措施，以及系统的安全性进行了详细设计。同时，利用.NET Framework、DLL 动态链接库等技术，对设计过程中遇到的三个技术难点，即网络管理、数据接口开发、系统数据备份策略进行了详细设计，并对系统的网络拓扑结构、工作流程和优点进行了介绍。结果表明，系统的成功应用，实现了棉纺企业整个生产管理过程的网络化，显著提高了工作效率，有效解决了企业在生产管理过程中数据孤立、共享性差的问题。

2.2.1 网络集成管理的原则

在集成管理系统的设计过程中，针对网络管理这一技术难点，主要采取了两种措施：一是采用软件设计的方式让服务器以独占方式工作，以加强网络的管理；二是从硬件层的角度去加强网络的管理。在采用软件方法方面，数据的传递存在两种方式，即阻塞方式和非阻塞方式，其中，在阻塞方式下，收发数据的函数在被调用后，整个过程要等到数据传送完毕或者传输过程出错后才能返回，这样被阻的函数会不断调用系统函数来保持消息循环的正常进行，直至这个循环退出为止；而在非阻塞方式下，收发数据的函数被调用后，它须立即返回，并且当数据传送完成后，会给系统发出一个消息成功的提示，避免用户因等待时间过长而终止整个收发过程，以防止网络瓶颈。在系统软件设计过程中，为了保证整个网络环境的流畅性和数据传输过程的稳定性，尤其是在数据量比较大的情况下，主要采用了非阻塞方式，当有多个客户端用户同时访问系统服务器时，需服务器以独占形式工作，当有其他客户端用户试图连接服务器进行同样的操作或传输同种类型的大文件时，则服务器应及时给相应的客户端用户反馈一个信息，从根本上保证了因竞争网络资源而出现相互等待的现象，而且从根本解决了客户端用户因长时间的等待而试图关闭或退出操作，使得消息循环正在运行，但系统程序的操作可能被关闭，当函数从系统的动态链接库中返回时，主程序已经从内存中删除的情况，导致系统的不稳定和网络资源的浪费。

在系统网络拓扑结构的设计过程中，为保证整个网络资源的合理利用，以及整个系统的安全和稳定性，从系统硬件的角度考虑，尽可能地配置性能良好的硬件防火墙，能有效地保证整个网络环境的安全性，并合理地防止外部不安全因素的访问，尤其是在这种 C/S 和 B/S 相结合的模式结构中，应用硬件防火墙显得尤为必要，因为它能将所有安全措施（如口令、加密、身份认证等）配置在防火墙上，可以比较彻底地过滤掉不安全的服务，并保护服务器免受病毒和不合法用户的攻击。这样，在服务器端进行具体的安全设置时，首先将与服务器连接有关的系统用户名、口令及使用权限等进行潜入，然后对访问服务器的用户权限进行安全性验证，以防止未经授权的客户端连接服务器，以及非法用户进行系统数据的访问和交互，但对于已验证通过的客户端用户而言，在进行系统数据的传输时，还要进行数据的严格过滤，以保证系统数据的正确性和一致性。其次，为了提高系统体系结构中服务器的数据交互能力，以及与中间层车间监控系统的消息通信效率，硬件防火墙也可对连接系统服务器的用户并发数或连接数进行限制，以保证系统服务器的正常运行，同时，当服务器处于“忙碌”状态时，通过硬件防火墙和服务器端的管理系统，可自动给其他准备连接服务器的用户一个提示信息，以保证整个网络的畅通和提高系统数据的访问效率，并解决因合法用户长时间的等待而终止系统服务所带来的网络资源浪费。

2.2.2 基于多 Agent 的管理体系建模

通过棉纺厂生产管理工作流程的分析，其业务数据均以品种信息为主轴，贯穿于每个工序和任务中，以及各个生产车间的每道工序中，并在地域上具有一定的分布性。因此，要构建既通用又具有特殊性的系统结构模型，实现系统数据的统一化和集中式管理，则必须对生产管理工作流程进行规范化处理和优化，设计一种多智能的系统结构，构建一种多 Agent 的系统结构模型，使系统中的所有数据以品种信息为中心，实现品种工艺数据、生产数据、业务管理数据等相互间的有机整合，并采用功能和数据复制型冗余策略，达到系统数据的集中式管理。

在多 Agent 的生产管理系统结构模型中，为实现业务数据的多元化管理，将 Agent 分为系统管理 Agent、执行 Agent、人机界面 Agent、数据接口 Agent 以及对象管理 Agent 五种，其中系统管理 Agent 主要对系统用户对象、系统运行参数、系统安全性以及其他 Agent 间的通信进行协调和管理；人机界面 Agent 主要负责人机交互操作，为系统用户提供基础服务；数据接口 Agent 主要负责各类系统数据的操作、外部数据的导入导出操作以及各类数据报表的打印操作；对象管理 Agent 主要面向各个数据操作对象，除涉及同一层次的其他对象管理 Agent 信息外，还包括对象内部的生产执行过程 Agent 的信息。多 Agent 的生产管理系统的结构如图 2-2 所示，在结构的组织形式上与生产管理的业务流程相匹配，其中，上层为系统级 Agent，中间层为对象管理 Agent，底层则为生产执行级 Agent，而且，根据需要可将执行 Agent 分为源数据 Agent、目标数据 Agent、初始化 Agent、查询 Agent、统计 Agent、分析 Agent，通过多 Agent 间的相互协作完成系统管理 Agent 分配的任务。

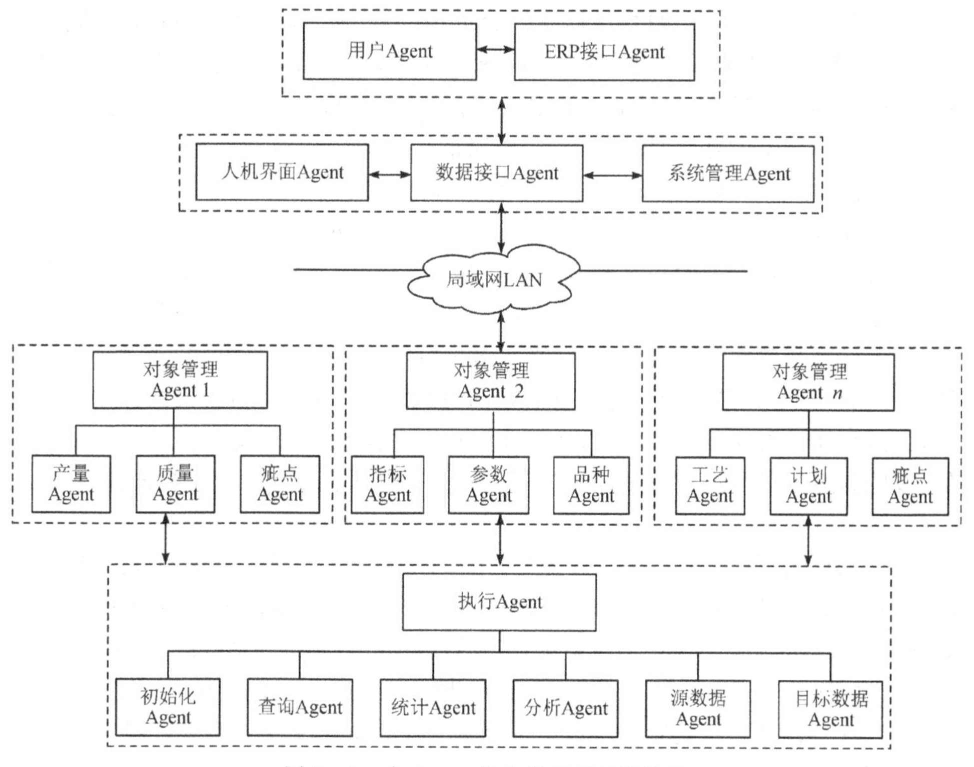

图 2-2　多 Agent 的生产管理系统结构

根据上述多 Agent 系统框架的功能定义，将整个系统任务的调度过程采用动态招标投标的方法进行，其调度算法的具体构建过程如下。

(1)在每月初，借助制造执行系统从 ERP 系统中自动读取各车间的计划任务 Task，经细化处理后，分配给车间的相应智能控制系统。在此过程中，系统管理 Agent 调到车间 Agent，由车间 Agent 根据车间机台的工作能力，对接收到的计划任务 Task 进行判断，若具有执行任务 Task 的能力，则启动资源 Agent、调度 Agent，转入执行步骤(2)；否则，反馈信息给系统管理 Agent，并释放车间 Agent 所拥有的系统资源。当然，这种机台工作能力的判断是以机台的已有工作能力为前提，并通过新旧计划任务的对比而抉择得出。

(2)当调度 Agent 被调动后，其根据计划任务 Task，开始调动任务 Agent 和资源 Agent,由任务 Agent 根据当前生产计划的工艺要求,对任务 Task 对应的每道工序进行详细分析,并计算出各 Agent 在每道工序上的运行时间和所需资源。由资源 Agent 分配工序中每个 Agent 所需要的系统资源。当然,这个过程由资源 Agent 根据每个 Agent 的工作能力而进行动态的分配。当每个 Agent 获得了系统资源后,相互间通过消息机制进行通信,并协同工作。

(3)当任务 Task 开始执行时,系统管理 Agent 将启动监控 Agent,由监控 Agent 对整个计划任务 Task 的执行情况进行在线监控,以保证整个执行过程得以顺利进行。其中,监控 Agent 主要用于监控资源 Agent 的具体使用情况。同时,在监控过程中,还需对计划任务 Task 按照诸如最短加工时间(SPT)、最小空余时间等规则进行排序,以最大程度上使系统资源达到最优化。

(4)在计划任务 Task 执行过程中,单个 Agent 可向完成当前工序的资源 Agent 提出资源申请,同时将这种操作上报监控 Agent,由监控 Agent 调用资源 Agent,由资源 Agent 根据当前完成工序的工作时间、工作开始时间进行搜索时间链表,以反馈可利用的时间段。此时,当有多个资源 Agent 可完成同一工序时,则由监控 Agent 调动任务 Agent,由任务 Agent 按照招标、投标方式,根据计划任务目标、当前车间计划任务执行现状、车间计划任务分配情况,以及资源 Agent 的投标值,按照制造过程所用资源最优化的原则,选取可利用的时间段作为最佳资源 Agent。

(5)在计划任务 Task 执行过程中,当监控 Agent 遇到有申请资源的任务 Agent 时,首先监控 Agent 判断任务 Agent 的申请是否存在资源冲突问题。若无,则按照申请,由监控 Agent 上报系统管理 Agent,由系统管理 Agent 动态分配系统资源。当任务 Agent 获得了系统资源后,则进行下一工序的投标,并重复步骤(4)、步骤(5);否则,系统管理 Agent 发出消息,由监控 Agent 调动任务 Agent 去执行下列步骤。

①监控 Agent 根据车间计划任务的执行情况和调度情况,首先,按照制造过程中系统任务排序最优化的原则,为各个任务 Agent 提供合适的系统资源,以解决资源竞争问题;其次,按照中标任务 Agent 的申请方案,进行动态分配其工作所需资源。当各中标 Agent 获得系统资源后,进行下一个工序的投标;而对未中标任务 Agent 而言,则继续当前工序的投标,并重复执行步骤(4)、步骤(5)。在这个过程中,当存在无法完成任务 Task 的请求时,则由监控 Agent 调动任务 Agent 去执行步骤②;而当有全部任务被完成的请求时,则执行步骤(6)。

②当某一计划任务 Task 在执行过程中无法正常执行下去时,可由车间 Agent 上报监控 Agent,由监控 Agent 上报系统管理 Agent,最后由系统管理 Agent 对其所拥有的系统资源进行判断,并对任务的执行过程作出分析,让其优先级提至最高级,重复执行步骤(4)、步骤(5)。若当前某一计划任务 Task 已是最高级,则需将

该计划任务撤销，并释放各个任务 Agent 所拥有的系统资源，待日后处理。当然，还需对其他计划任务所对应的任务 Agent 继续执行步骤(4)、步骤(5)。

(6)当工序中的计划任务完成后，各个任务 Agent 将传递消息给监控 Agent，由监控 Agent 对整个计划任务的调度过程进行检查，并检测整个过程是否存在未处理任务。若存在未处理任务时，则将其按照紧急任务处理，并将其优先级提到最高，插入车间资源调度时间链表中。若这种方法无法满足未处理计划任务的执行要求，则由监控 Agent 将其结果上报给系统管理 Agent，由系统管理 Agent 按照计划任务的执行过程，重新分配系统资源，让其重新执行步骤(1)～(7)。如果所有的计划任务均已顺利执行完成，则直接执行步骤(7)，并释放所有任务 Agent 拥有的系统资源。

(7)监控 Agent 反馈整个计划任务的调度结果给系统管理 Agent，由系统管理 Agent 作出决策，并向系统提示最佳决策结果值。

采用多 Agent 的业务管理模式，其优势在于，一方面，棉纺厂的生产管理系统的业务管理工作不仅与每个生产车间的产量、质量、台账、疵点数据信息，以及每个生产车间的生产执行过程密切联系，还直接决定着每个车间的生产计划、利润成本核算，以及每个职工的切身利益，这样，整个业务管理模型既要保证业务流程的规范化，以实现车间管理系统与其他车间乃至棉纺厂生产管理系统、ERP 系统的有效信息集成，建立生产工艺、业务数据、生产数据的共用共享，又要考虑生产管理的统一化，对整个系统的业务数据实现统一的管理，促进棉纺厂信息化的快速发展；另一方面，这种业务管理模型，有利于多 Agent 间的数据交流和消息通信，以提高信息的集成度，加强生产过程的管理。

2.3 棉纺系统资源集成建模

棉纺系统资源集成建模主要分为组织结构建模、业务过程建模、业务功能建模、棉纺数据建模，如图 2-3 所示。

(1)组织结构建模。组织结构建模提供对企业的组织机构建模的功能，为企业的组织机构的重组提供支持。

(2)业务过程建模。业务过程建模将采用工作流管理思想来为企业进行业务流程改造提供图形化的辅助工具。

(3)业务功能建模。业务功能建模基于元数据与应用字典库，提供强大的二次开发能力。支持用户定义表、业务实体、实体关系和引用关系、业务组件与表单，并支持在这些对象间建立联系，使完全能满足用户的个性化需求。

(4)棉纺数据建模。根据棉纺生产过程，用户可在系统中定义业务对象数据，在数据表中定义字段属性，根据不同业务内容进行棉纺数据定义。

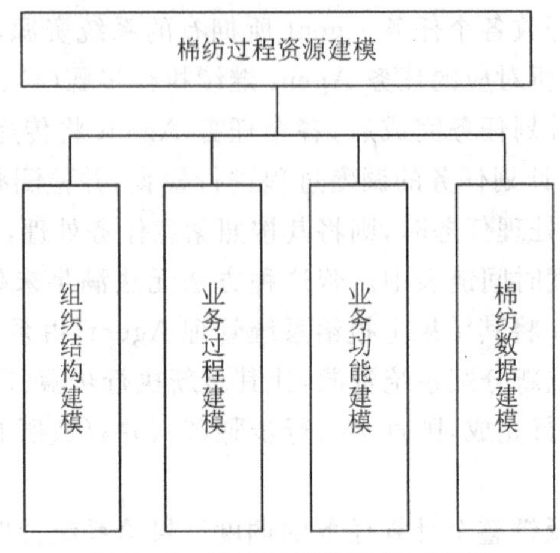

图 2-3　棉纺系统资源集成建模

建模过程主要是实现异构数据库的有效集成，对棉纺企业生产集成化监控系统而言，是实现整个系统正常运行的基本要求，因为系统的主要目标就是把棉纺企业中已经存在的监控系统、信息管理系统等异构数据库集成起来，在此基础上，建立一个异构数据信息共享平台，实现信息和资源的共享共用，以及企业内部多用户对异构数据库的透明访问。在该系统中，异构数据库的集成不需要物理的集成，而是实现共用信息的有效链接，这种集成与数据链接并不影响各个局部数据库中的数据，各个监控系统继续保持高度自治性，即在实现数据共享的同时，每个车间的监控系统数据库都保持原有的特性，即可在车间内部实现生产数据的远程在线监测，以及数据的网上录入及打印，而在系统有效集成后，需要系统用户拥有合法权限后，可在局域网环境下，通过集成化监控系统对这些数据库里的数据进行查询、统计操作，否则，不允许访问，真正实现了生产数据的共享和局域网内的透明操作。

目前，关于异构数据库集成的技术相对较多，最常用的主要有联邦数据库技术、中间件技术、数据仓库技术等三种，它们在异构数据库的集成方面各有千秋。总体来讲，数据库的集成技术目前发展得相对成熟，已经很好地解决了现实中存在的问题。但对棉纺企业而言，实现多个异种数据库系统的互联和数据共享共用，并不容易，因为在信息建设方面，在棉纺行业目前还没有形成一些行业标准，甚至企业内部、车间与部门之间很难实现报表格式、数据命名的统一管理，所采用的信息系统、生产监控系统之间存在一些亟待解决的问题。

鉴于异构数据库集成技术的异同点，结合棉纺企业信息化建设方面的实际要求，为集成化监控系统提出了设计思路：在不影响各个部门原管理系统正常运行的前提下，首先，对各个车间的监控系统、企业的信息管理系统、部门的工艺管理系统的原有数据格式、数据库结构、字段命名规则进行深入研究，找出相互之间的异同点，进行冲突消除；然后，在企业的信息中心建立中央数据库，用于集成各部门的数据。

在中央数据库中，为企业提供各个车间、部门生产管理所需的统计、分析基础数据，通过系统中数据信息的有效集成，为领导的管理、统计、分析操作提供良好的基础数据。这样，在系统的网络结构中，车间监控系统的数据库被视作子数据库，将自己的变化量同步生成临时表，记录子数据库变化的表以及变化的信息，并将变化信息向中央数据库上传，当中央数据库接收到子数据库的变化量后，进行更新。同时，为保证全局数据的一致性，需要将变化的信息，向其他相关的子系统发送，并更新子系统的数据库。

第3章　棉纺生产过程设备与设备、设备与系统智联技术

3.1　棉纺设备智联技术

3.1.1　设备互联拓扑结构

根据系统功能需求，上位机智能控制系统一方面需要实现车间各类机型生产数据的实时采集、过滤、校验、处理、计算以及存储等操作，另一方面，对客户端用户的合法性和系统数据库操作进行管理，在保证整个系统中所有生产数据正确性的同时，需要确保整个系统数据库的安全性和一致性，并对已处理的生产数据进行实时显示和终端更新，满足远程客户端用户对生产现场的实时在线监测，以及满足多客户端用户的并发操作，为此，为缓解车间主服务器的负荷，实现智能控制系统的分布式管理，在局域网环境下，构建了一种集散式的网络体系结构，如图3-1所示。

系统体系结构监控系统由上位机、下位机和客户机三部分构成，其下位机由现场的监测器组成；上位机是监控中心的服务器。系统的整个工作流程：首先由下位机监测器（Monitors）对所有机台对象（Objects）的运转状态（YZZT）、停机状态（TJZT）、前罗拉脉冲（QLLMC）、长度脉冲（CDMC）、锭翼脉冲（DYMC）、皮辊停机次数（PGTJCS）、断条停机次数（DTTJCS）等生产数据进行采集，并进行初步处理和存储，然后通过现场总线传输到远程监控中心的服务器（Monitor Server），中心的服务器对接收到的生产数据进行校验、处理、计算和显示，然后将这些数据保存到监控信息数据库（Monitoring Control Information Database，MCIDB）的临时表（Temp Table）中，而多个客户端通过LAN和监控中心的服务器建立连接，从MCIDB的临时表的Tempyield表中检索实时生产数据在界面上进行显示，同时通过客户端可实现生产参数的网上录入、生产报表的打印等。

（1）监测中心服务器。监测中心服务器主要向各个监测器发送监测命令，并采集、处理、存储各监测器回送的生产数据，并对监测器进行管理和控制，完成生产数据的统计、分析和各类报表的打印。

（2）监测器。监测器主要接收监测中心服务器发送的各种控制命令，则其按照指令要求对并粗车间的各种机台对象的生产数据进行实时采集，并经数字滤波处

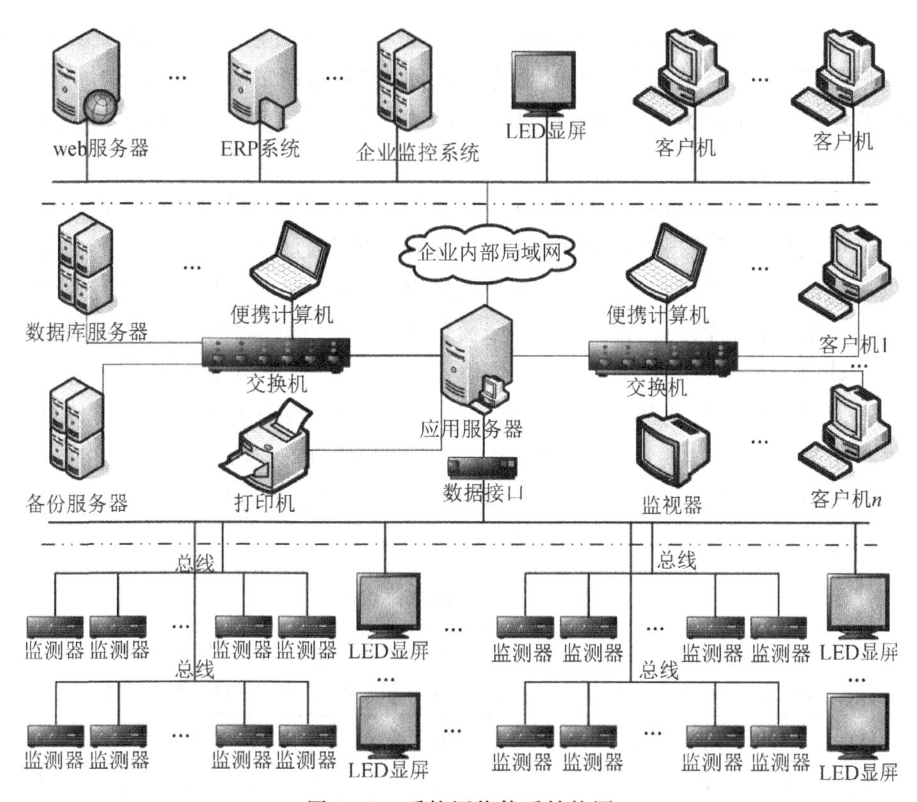

图 3-1 系统网络体系结构图

理后,尽可能地将一些干扰信息从有效生产数据中过滤,然后将这些有效数据按日期、班次顺序存储在监测器的寄存器中,最终通过串口、网络等方式发送到监测中心服务器上。监测对象:每个机台的生产元素(Element),包括前罗拉脉冲、长度脉冲、锭翼脉冲、皮辊停机次数、断条停机次数等。

(3)客户机(Clients)。客户机主要用来向监测中心服务器的监控系统提供诸如品种月计划(PZYJH)、轮班信息(LBXX)、机台信息(JTXX)、生产日计划(SCRJH)、端口信息(DKXX)、组岗信息(ZGXX)、产量指标(CLZB)、质量指标(ZLZB)、指标系数(ZBXS)等生产参数,最终由服务器端的监控系统对客户机的各项生产参数和控制命令进行分析,再发送到相应的远程下位机,其监测器接收到生产参数或控制命令时,对指定的机台对象进行监控,从而实现了生产管理网络化,达到了异地办公的目的。

3.1.2 普适通信协议帧设计

棉纺生产过程具有多机型、多品种、多车间,车间地理位置分布不规则的特点,使得同种机型可能分布在不同车间,一个车间可能拥有多种机型,同种机型生产的产品品种可能不同，而且同种机型的生产厂家不同、新旧程度不同，导致其产量的脉冲信号、停机信号的采集点和计数方式不同，若要实现车间各类机台生产数据的实时监测，则可能要为每种机型设计相应的监测器和专用通信协议，否则生产数据的正确性很难保证。

由于一部分新型机台有通信接口，并配备了相应的通信协议，需配备相应的转换电路可实现生产数据的采集，还有一部分机型虽有通信接口，但是生产商并没有提供通信协议，需开发相应的监测器和通信协议，更有一部分机台既没有通信接口也没有通信协议，即使设计了监测器和通信协议，其产量脉冲信号、停机信号的采集点和计数方式不同，其监测器和通信协议也不能通用，如果针对不同的串口采用不同的协议与对应监测部件进行通信，可以很好地解决问题，但是给系统硬件的后期维护带来了不便，加之在工业现场往往不同机型的机台混放在一起，采取这种方法不利于系统的拓展和升级，为此，自定义了一种通用通信协议，如表 3 - 1 所示，利用单串口多协议的通信方法很好地解决了此问题，结果表明，方案是可行的。

表 3 - 1　普适通信协议格式

0	1	2	3	4	5	6	…	11～15	16	17
STX	YS	MD	ST	ID	OP	PR	…	DATA	和校验	ETX

表 3 - 1 中，STX 为报文起始符，YS 为机台唯一标识，MD 为传输的机台类型，ST 为正文开始符，ID 为通信端口中监测器的唯一地址标识码，OP 为报文操作符，PR 为报文操作命令，DATA 为数据区，ETX 为报文结束符。上位机与监测器之间传输的所有数据均为十六进制的 ASCII 码形式，其中 STX、ETX 分别表示 05H、0DH。YS 的取值范围由 00H 到 0FH。和校验是 2 个十六进制 ASCII 码，其值为从 STX 开始到数据区 DATA 所有数据求和的最后两位，主要用来校验数据监测器回送的数据是否正确。

图 3 - 2 所示为棉纺设备互联体系结构，在上位机与监测器构成的主从式多机通信系统中，整个通信过程都由上位机发起，当上位机开始采集监测器中的生产数据之前，首先向监测器发送一帧地址信息，当相应的监测器接收到地址帧后，将其与本地地址进行比较，判断是否一致，若与本监测器地址相符，则回送通信成功的应答信号，并进入通信状态，否则，继续监听上位机上的指令。当成功建立通信机制后，上位机自上而下向监测器发送机台生产计划参数(包括机台所在组岗、机型、品种号数、班次、日期、端口、监测器 ID 等)，当监测器收到指令后自下而上回送机台的生产数据(包括机台停机次数、停机时间、当班产量、轮班产量等)，然后上位机对采集到的生产数据进行校验，将校验成功的数据进行保存和终端显示。在这种网络模式下每个监测器都具有唯一的地址与其对应，不会监听其他监测器对上位机的响应，更不会对其他监测器产生错误的响应。

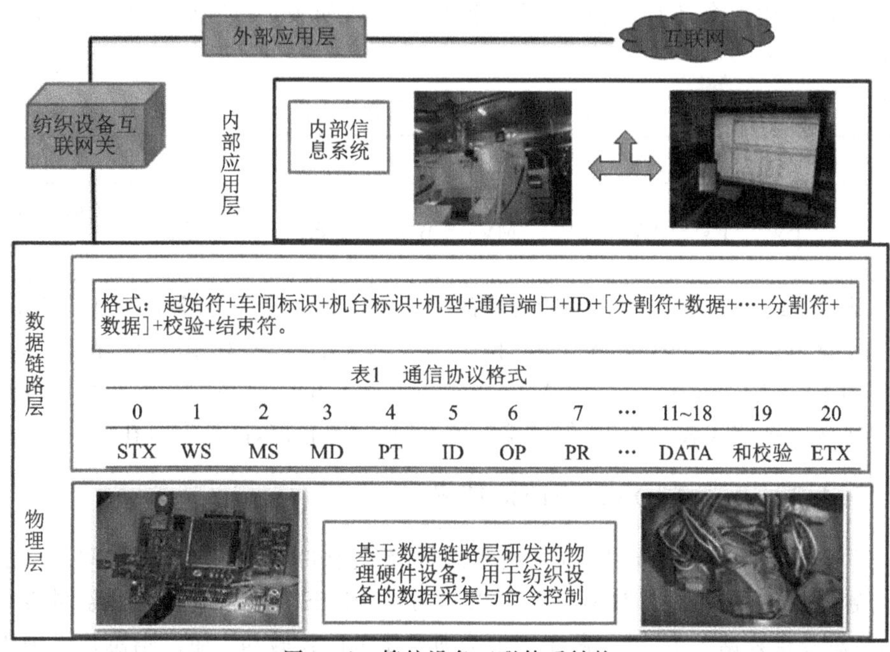

图 3-2 棉纺设备互联体系结构

为了在一个通信串口上连接多个织机监测器，需要为每一个监测器规定一个地址代号，读取不同数据时由指令中的参数代号来标识，不同的参数代号表示读或写不同的参数名称。其中，读指令格式如表 3-2 所示。

表 3-2 读指令格式

字节数	0	1	2	3	4	5	6	7
含义	地址代号	地址代号	52H（表示读）	参数代号	0	0	CRC校验码	CRC校验码

读指令的 CRC 校验码为要读的参数代号×256＋52H＋ADDR，ADDR 为监测器地址参数值，CRC 为以上数按整数加法法则相加后得到的余数，低字节在前，高字节在后。

写指令的 CRC 校验码为要写的参数代号×256＋43H＋要写的参数值＋ADDR，写指令格式如表 3-3 所示。

表 3-3 写指令格式

字节数	0	1	2	3	4	5	6	7
含义	地址代号	地址代号	43H（表示读）	参数代号	写入数低字节	写入数低字节	CRC校验码	CRC校验码

无论是读指令还是写指令，监测器都会返回如表 3 - 4 所示的 10 个字节的数据。

表 3 - 4 监视器返回指令格式

字节数	0	1	2	3	4	5	6	7	8	9
含义	PV	PV	SV	SV	MV	WS	参数值	参数值	CRC 校验	CRC 校验

表 3 - 4 中的 PV、SV 以及所读写的参数值均为整数格式，各占 2 个字节，MV 占一个字节，WS 占一个字节，CRC 校验码占 2 个字节，共有 10 个字节。CRC 校验码为 PV＋SV＋(WS×256＋MV)＋参数值＋ADDR，按整数加法相加后得到余数。每两个字节代表一个 16 位的整型数，低位字节在前，高位字节在后。

3.1.3 基于 Pcomm 的通信技术

为了能够正确接收数据，在开始通信时，系统软件与设备监测器之间使用了数据包帧协议的方式，整个数据包分为 25 个字节，头三个字节为发送给监测器的地址码，然后是数据字节，最后两个字节为所有字节的校验和。生产信息化管理软件先发送 3 个字节的地址码，然后再发送整帧数据，如果不是管理软件所选择的织机监测器，它不予响应，则把所需的数据返还给管理软件，但管理软件要判断数据包校验和正确与否来决定监测器返回的数据包是否正确，如果正确，生产信息化管理软件会把数据存入数据库，否则提示错误返回。通信流程如图 3 - 3 所示。

由于多串口专用通信函数库 Pcomm Library 提供了串口控制、数据接收、数据传送、串口状态查询、中断控制、其他、文件传输等七类的 52 个函数，所以对串口通信涉及以下四个处理过程。

(1)打开一个要通信的串行端口。

sio_open (port);// port 为要打开的通信端口

(2)配置串口。

sio_ioctl (port, B38400, P_NONE | BIT_8 | STOP_1); //设置串口波特率，奇偶校验位、数据位、停止位

sio_RTS(port, 1);//流控制函数，打开 485 总线

(3)通过串口收发数据。

sio_write (port, "ABCDE", 5); //向发送缓冲区写入数据

sio_read (port, ibuf, length); //读出接收缓冲区的数据

sio_RTS(port, 0);//流控制函数，关闭 485 总线

(4)关闭串口。

sio_close (port); //关闭串口

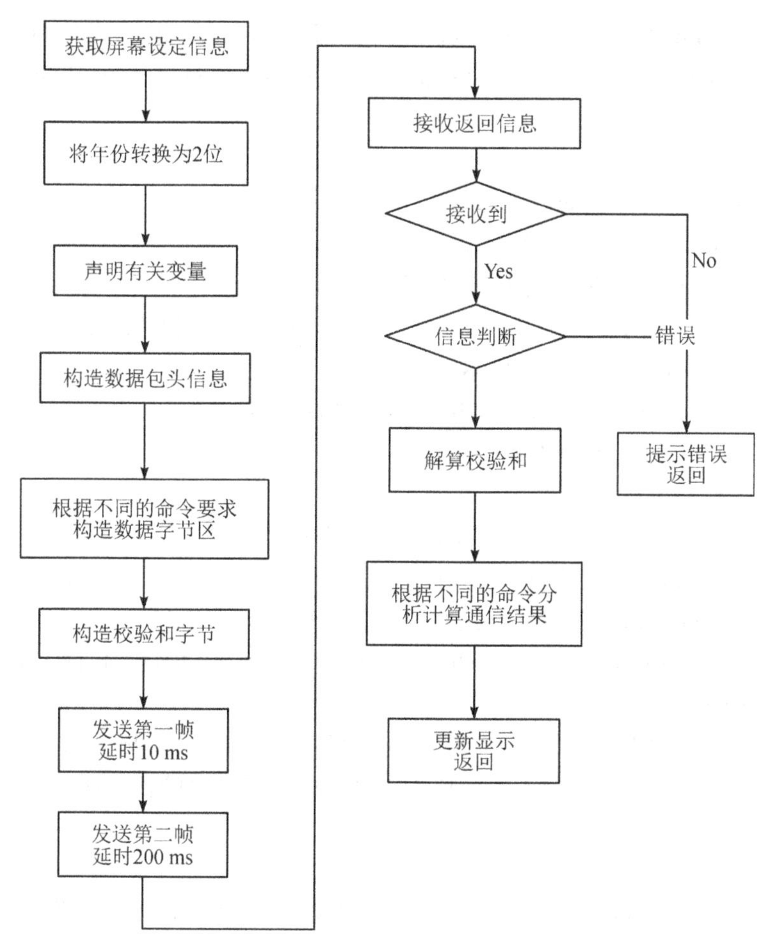

图 3-3 通信流程

由此,通信编程中两个重要的成员函数的实现代码如下:

```
//读命令的通信子程序
int CDCSComm::ReadCommunicate(int port, int baud, int address, int command)
{
    unsigned char outbuffer[8];//保存要发送的数据
    unsigned char inbuffer[10];//保存要接收的数据
    outbuffer[0] = address + 0x80;//地址代号;准备要发送的数据
    outbuffer[1] = address + 0x80;//地址代号
    ……
    UINT sum = command * 256 + 0x52 + address;//要读的参数代号×
    256+52H+ADDR
```

```
    unsigned char crcl = sum & 0x00FF;//sum%256;//低字节
    unsigned char crc2 = ((sum & 0xFF00)>>8);//(sum/256)%256;
    //高字节
    ……
    int ret=sio_open(port);
    if(ret! =SIO_OK)
        return 13;//打开串口失败
    sio_ioctl (port, 12 ,0x00 | 0x03 | 0x04); //设定通信参数,发送一帧数据
    Sleep(10);//延时 10 ms
    ret = sio_baud ( port, baud);//设置通信波特率
    if (ret ! = SIO_OK)
    Sleep(30);// 延时 30 ms
    ret=sio_write (port, (char * )(outbuffer), 8);
    Sleep(200);//延时 200 ms
    int len=0;//用以保存接收的字节个数
    len = sio_read (port, (char * )(inbuffer), 10);//向读端口读入 10 个字节
    ……
    sum = PV + SV + WS * 256 +MV + value + address;//PV+SV+
    (WS×256+MV)+参数值+ADDR;目的是计算返回值校验和
    ……
    sio_close(port);//关闭串口
    m_returnVal = value; //将读到的数据赋值给通信类的共有成员变量
                            m_returnVal
}
//写命令通信函数
int CDCSComm::WriteCommunicate(int port, int baud, int address, int
command, int paraValue)
{
    unsigned char outbuffer[8];//保存要发送的数据
    unsigned char inbuffer[10];//保存要接收的返回数据
    outbuffer[0] = address + 0x80;//地址代号
    ……
    outbuffer[5] = (paraValue/256)%256;//写入数高字节
    short sum = command * 256 + 0x43 + paraValue + address;
    //要写的参数代号×256+43H+要写的参数值+ADDR
```

```
    unsigned char crcl = sum%256;//CRC 校验码低字节
    ……
    ret=sio_open(port);
    if(ret! =SIO_OK)//设定通信参数,发送一帧数据
    sio_ioctl (port, 12 ,0x00 | 0x03 | 0x04);//设定串口的发送参数
    Sleep(10);// 延时 10 ms
    ret = sio_baud ( port, baud);//设定发送的串口波特率
    ret=sio_write (port, (char * )outbuffer, 8);//向端口写 8 个字节的数据
    Sleep(120);//延时 120 ms
    int len=0;
    len = sio_read (port, (char * )inbuffer, 10); //接收 10 个字节的返回值
    if (ret ! = SIO_OK) {
        return 30;//波特率设置失败
    ……
    crcl = sum%256;//校验和低字节
    crc2 = (sum/256)%256;//校验和高字节
    if (crcl ! = inbuffer[8] || crc2 ! = inbuffer[9])
    {
        sio_close(port);
    }
    sio_close(port);//关闭串口
    m_returnVal = value; //将读到的数据返回程序
}
```

该程序实现了生产信息化管理软件和织机监测器的串行通信。

3.1.4 基于 Winsock 的异步通信

在棉纺过程设备的互联中,要保证整个生产执行过程的正确运行,生产数据的共用共享和网络化管理,必须使车间的服务器与各客户端之间实现合理有效的数据通信。在每月初,通过主服务器,从厂级 ERP 系统中读取生产工艺数据,然后将这些工艺品种信息进行细化,使其形成机台品种日计划,再将机台品种日计划按照厂级领导制定的生产管理指标,将其分配到相应的组、岗和机台,最后正式投入生产,并进行生产过程的监控和数据分析,同样,通过权限级别较高的客户端,也可实现生产工艺参数的网上录入、细化、分配和更新。这样,为了到达车间主服务器和客户端之间实现正常的通信和数据交换,在 VS2019 开发环境下,两个进程间的主要通信模式采取客户/服务器(Client/Server Mode)模式。因为在局域网内两个进

程间的通信完全是异步的，既不存在父子关系，又不共享内存缓冲区，因此需要一种机制为通信的进程间建立联系。在 MFC 中 MS 为套接口提供了相应的类 CAsyncSocket 和 CSocket，CAsyncSocket 提供基于异步通信的套接口封装功能，而 CSocket 则是由 CAsyncSocket 派生，提供更加高层次的功能，可将套接口上发送和接收的数据和一个文件对象(CSocketFile)关联起来，通过读写文件来达到发送和接收数据的目的，而且有利于系统的实现和软件编程，通过 MFC 类可以不考虑网络字节顺序和较多细节，其创建 CAsyncSocket 对象的函数原型为 BOOL CAsyncSocket::Create(UINT nSocketPort = 0, int nSocketType = SOCK_STREAM, long lEvent = FD_READ|FD_WRITE|FD_OOB|FD_ACCEPT|FD_CONNECT|FD_CLOSE,LPCTSTR lpszSocketAddress = NULL)，用于创建一个本地套接口，其中 nSocketPort 为端口号，nSocketType 为协议族，SOCK_STREAM 为有连接的服务，lpszSocketAddress 为本地的 IP 地址。

面向连接的套接字的系统调用时序图如图 3-4 所示，客户端向服务器端发出数据请求，当服务器接收到请求后，对相应的数据请求进行处理并接受，然后按照客户端的要求回送数据，此时，客户机可以读取数据。整个通信过程结束后，客户机和车间主服务器通过调用 closesocket( )函数关闭套接字上的所有发送和接收操作，撤销套接字并且中断连接，释放占有的资源。

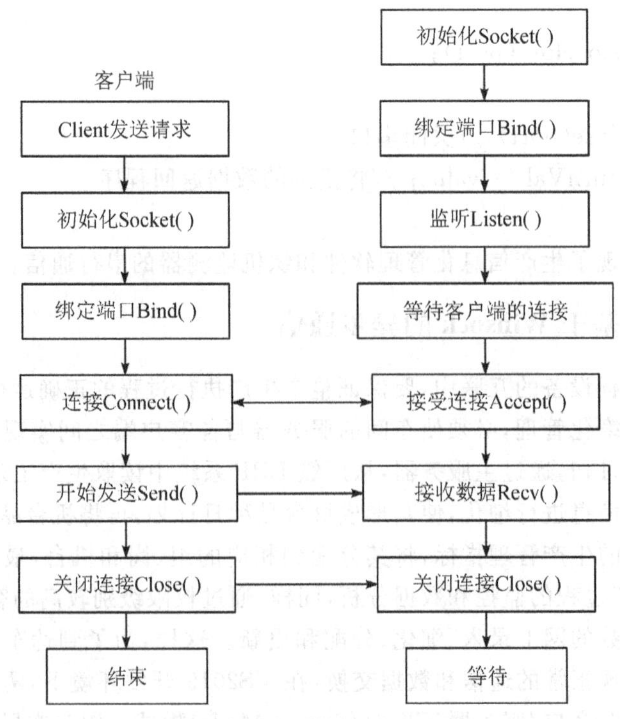

图 3-4　面向连接的套接字的系统调用时序图

具体的通信过程包含以下几方面。

(1)通过 MFC 向导创建一个 SeverSock,将其设置为异步非阻塞模式,并为它注册各种网络异步事件,与自定义的网络异步事件进行相关联。

(2)初始化服务端 Socket。调用 WSAStartup( )函数,进行初始化,其相关代码如下所示:

```
BOOL ret = WSAStartup(MAKEWORD(2,2), &wsaData);
```

(3)创建服务器端套接字。调用 socket( )函数创建一个套接字,返回套接字句柄。若调用失败,则返回 INVAL ID_SOCKET。

```
ServerSock = socket(AF_INET,  SOCK_STREAM, IPPROTO_TCP);
if(ServerSock  ==  INVALID_SOCKET) {
MessageBox("创建套接字失败!");
closesocket(ServerSock);
WSACleanup( );
return  FALSE;
}
```

(4)绑定服务端端口。利用 bind( )函数将套接字绑定到一个端口上。

```
sockaddr_in  shaoaddr;
shaoaddr. sin_family = AF_INET;
shaoaddr. sin_port = htons(8021); //设定端口号
shaoaddr. sin_addr. s_addr = 0;
if(bind(ServerSock,(struct sockaddr * ) & localaddr,sizeof(sockaddr))==
SOCKET_ERROR) {
closesocket(ServerSock);
WSACleanup( );
return  FALSE;
}
```

(5)服务端监听。Socket 利用 listen( )函数设置服务器监听客户端的请求。

(6)收发数据。MFC 提供了 CSocketFile 类专用于保存 Socket 接收到的数据。采用 CSocketFile 类接收,采用这种方式需定义一个 CSocketFile 类对象,两个 CArchive 类对象,其中一个用于接收,另一个用于发送。代码如下:

```
m_pFile = new CSocketFile (this);
m_pArchive In = CArchive (m _pFile, CArchive: :load);
m_pArchiveOut =CArchive (m_pFile, CArchive: :store);
接收数据时采用 Serialize ( 3 m_pArchive In);
```

(7)关闭套接字与 winsock 注销。服务端和客户端可以通过调用 closesocket( )

函数关闭套接字上的所有发送和接收操作，撤销套接字并且中断连接。同时，winsock 服务的动态链接库在使用结束后，应用程序必须调用 WSACleanup( )函数将其注销，并释放分配的资源。

用同样的方法在客户端监控软件中建立一个客户端应用程序，并进行初始化，但不需要将套接字设置为监听模式。

3.2 棉纺设备数据采集技术

设备数据采集技术作为集成化管控的基础，在整个棉纺企业智能制造过程中发挥着重要的作用。为此，根据棉纺企业生产车间设备的实际生产特点，在网络环境下构建了一种较通用的系统体系结构，并对系统设计过程中的数据采集技术进行了详细设计，同时利用多线程技术对数据采集过程进行了优化，以实现棉纺生产过程中设备生产数据的“一处采集、多处监测”。

3.2.1 数据采集装置研发

数据采集装置主要接收监测中心服务器发送的各种控制命令，则其按照指令要求对并粗车间的各种机台对象(Objects)的生产数据进行实时采集，并经数字滤波处理后，尽可能地将一些干扰信息从有效生产数据中过滤，然后将这些有效数据按日期、班次顺序存储在监测器的寄存器中，最终通过串口、网络等方式发送到监控中心的服务器(Monitor Server)上。监测对象(Objects)：每个机台的生产元素(Element)，包括前罗拉脉冲(QLCLMC)、长度脉冲(CDMC)、锭翼脉冲(DYMC)、皮辊停机次数(PGTJCS)、断条停机次数(DTTJCS)等。

为此，基于无线传感器技术、光电技术，研发了如图 3－5 所示的面向棉纺设备的数据采集器，实现了棉纺设备运转状态、生产数据、视频数据的无线采集及存储。

数据采集装置主要由 89C51 单片机及其外部的输入电路、掉电监测电路、通信芯片、EEPROM、看门狗电路、日历组成。

输入电路把织机的打纬、断纬、断经、边停、其他停信号转变为脉冲信号，送到单片机输入口；掉电监测电路监测织机的断电，以便记忆掉电时间；通信芯片的作用是实现电平的转换和信号的远程传送；EEPROM 的作用是分区存储各班的数据；看门狗电路的作用是在系统受到干扰时使系统复位；日历即电子表，可精确计时、定时。

数据采集程序主要由主程序、T0 中断程序、INT0 中断程序、串行中断程序及一些子程序组成。

主程序：对系统初始化，设定日历的闹钟时间，允许系统的中断，巡回查询织机故障信号的状态，有故障时调子程序进行故障处理，返回后继续查询。

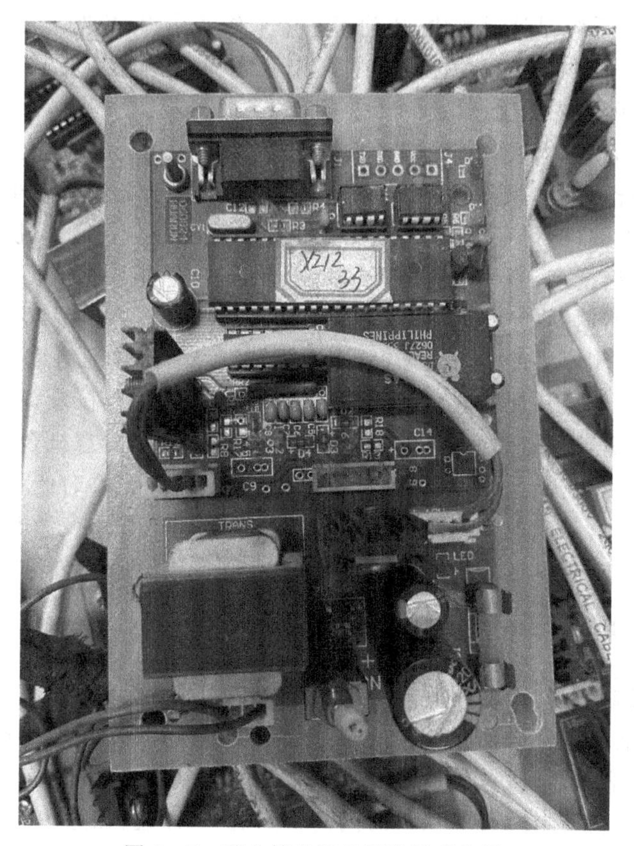

图 3-5 面向棉纺设备的数据采集器

T0 中断程序：定时器 T0 设为计数工作方式，计数溢出中断，打纬脉冲数单元值累加。

INT0 中断程序：换班时间到，或加时时间开始与结束，时钟通过 89C51 的 INT0 引脚向 89C51 申请中断，在 INT0 中断程序中调用判班次区号的子程序，根据班次区号，保存班产量等数据。在织机断电时，掉电监测电路通过 INT1 引脚申请中断，在 INT1 中断程序中置位掉电标志和保存掉电时间，在织机通电时根据掉电标志及掉电时间妥善处理掉电班的数据。

串行中断程序：设串口工作方式 3，即多机通信方式，并处于接收状态，SC0N 中的 SM2 位设定为 1。

3.2.2 轮询数据采集技术

为了使接收到的数据得到及时处理和系统响应其他用户的并发操作，在系统开发过程中利用 Visual C ＋ ＋. NET 的 Windows API 串行端口通信编程技术和多线程技术，在系统设计过程中，创建了一个工作者线程（数据采集主线程）和多个用户界面线程，将数据采集功能写成了工作者线程，让其在后台自动运行，循环不间断地采集监测器中的生产数据。

数据采集流程：当系统正常启动后，首先创建一个机台信息数据链表，然后从机台信息表中检索所有有效的机台信息，将其封装在此链表中，再启动工作者线程，根据链表中的机台信息开始与监测器建立通信机制。在通信过程中，上位机给监测器群发通信指令，当相应监测器收到指令后，按照指令格式回送应答信息，而上位机按监测器返回的应答信息来判断通信是否成功，如果成功，再发送一帧指令，正式采集监测器中的生产数据，监测器收到指令后将数据信息回送到上位机串行口缓冲区，上位机从缓冲区内读出数据，同时对数据进行校验，将校验成功的数据存入双向产量数据链表中，否则，提示错误。当采集完所有机台的生产数据后，首先根据链表中的机台、品种信息和生产数据对数据库中临时产量表中的数据执行更新操作，然后从表尾开始对链表中的数据执行先给显示变量赋值后清空指定位置数据的操作，直到链表中的数据清空为止，则完成了一次循环采集。

3.2.3 基于 STL 的数据缓存技术

在智能控制系统中，常出现多个客户端用户对数据库中的同一张数据表进行并发访问，或者某一用户对系统中的多张数据表进行访问，或同一个系统功能需要访问多张数据表等，导致其他用户对某一数据表的访问，被数据库管理系统加锁，不得不进入等待队列中，使其很长时间得不到响应，而且，在这些操作中，有些是并发的，有些是重复的，但都不同程度地加重了车间主服务器的负荷，使其时刻处于忙碌的工作状态，尤其访问量较大时，容易引起网络瓶颈和用户请求很长时间得不到响应。故在系统设计过程中，提出的解决方案是，利用 ADO. NET 技术，首先为数据库访问建立一个配置文件，用以记录数据连接字符串，在每次对数据库进行操作时，由相应的系统功能模块调用配置文件，即可实现对数据库的读写操作，避免了数据库的多次重复链接，很好地解决了网络瓶颈，满足了多用户的并发访问。

鉴于数据采集过程占用主服务器 CPU 更多的时间片，使其始终处于忙碌状态，容易导致系统不稳定，从而破坏机台实时生产数据的正确性，尤其是遇到交接班时间，多项并行操作任务同时到达，更容易造成主服务器处于忙碌状态，进一步破坏生产数据的原子性。为此，在系统设计过程中，提出的解决方案是：应用了 STL 技术，为数据采集过程创建一个数据链表，将所有有效机台对象进行封装，使得整个数据采集过程在数据链表 List 中进行，并非实时进行数据库的读写操作，既保护了生产数据的正确性，又缓冲了 CPU 的 I/O 操作，从而提高了客户端用户检索数据库的效率，解决了网络瓶颈问题。

3.2.4 基于多线程的数据采集技术

完成一次数据采集的过程如下：

(1)监测器实时不间断地对机台生产数据进行采集，并进行滤波、校验、计算和存储。

(2)上位机监控系统以广播的形式向所有的下位机监测器发送一帧地址帧。

(3)所有的监测器接收到地址帧数据后，打开并分析协议报文，开始与本地的地址帧进行比较，若与本地地址帧相同，则回送一帧数据命令给上位机监控系统，使两者之间建立正常的通信机制，否则，回送一帧错误信息。

(4)上位机监控系统开始对回送信息进行校验、分析、计算后，同样，发送一帧采集数据的命令给专用监测器，开始采集中转单片机系统中的生产数据，而监测器以一对一的方式回送生产数据。

(5)上位机监控系统对回送的生产数据进行校验、分析、计算后存入数据链表和数据库的临时表中，并用最新的生产数据刷新界面数据。

由此，当监控系统正常启动后，首先在内存中开辟一块空间，然后创建一个全局数据链表，让链表在其中暂存，接着在机台信息表中将所有有效机台信息封装在预先设计好的数据链表中，再启动循环采集线程，开始循环不间断地采集机台生产数据，将采集到的机台生产数据按照分机台分品种的原则在链表中更新。然后，系统启动辅助线程，开始以链表中的机台顺序更新数据库中的临时表，将机台生产数据存入其中。当完成一个周期的数据采集过程后，从链表起始位置重新开始，以接收到的数据更新临时生产数据表。

由于该数据链表是一个全局链表，而且常驻内存，因此，在整个数据采集过程中，在服务器端的所有与机台对象有关的实时生产数据查询、统计、分析等一些操作，均不需要从数据库中检索记录，而直接从数据链表中读取，这在很大程度上降低了车间主服务器的I/O操作，释放了大量的CPU时间片，很好地满足了用户的并发操作，提高了整个系统数据的检索效率。

为了方便用户对机台运转状态和生产数据的实时监控，在系统设计过程中，提供了按组岗、按端口、按单机台、按机型以及全部五种监控方式。

在监控方式之间相互切换时，首先利用用户界面线程，通过消息机制通知工作者线程要执行退出操作，并等待工作者线程的退出操作，一旦工作者线程退出，整个数据链表将被从内存中删除，其主要目的是为了释放建立链表所占用的内存空间，保证系统的稳定运行。

然后，根据用户需要选择一种数据采集方式，监控系统则根据所选的数据采集方式，在机台信息表中检索有效的机台信息，动态创建机台信息链表，并将其暂住在内存中，接着利用AfxBeginThread( )函数启动工作者线程，让其在后台运行，并循环不间断地采集机台生产数据，用最新生产数据刷新终端界面，这样，在监控系统界面切换过程中，系统会根据用户的不同选择建立新的数据链表，并按照新的链表顺序开始采集生产数据，有效地保证了数据采集过程的实时性。

在生产数据交接班过程中，因系统中存有当前有效换班时间，故将系统当前时间和交接班时间进行比较，若恰到交接班时刻，对每个机台下机产量数据要进行品种一致性校验，校验完后，将上一个班次的生产数据转储到机台历史数据表中，进行永久性存储。

3.3 数据滤波处理方法

3.3.1 设备脉冲信号滤波

针对棉纺生产过程中多车间、多机型、多品种，机台位置分布不规则，强电环境等现状，要保证监控系统所采集的生产数据的正确性，必须采取有效措施，对因强电干扰而引起的监测信号不准确的现象进行处理，因此，在整个系统设计过程中，首先在下位机监测器中采取了一些抗干扰措施，进行了滤波处理，以减少干扰噪声在有用信号中的比重，将有用的信号从噪声、干扰中提取出来，但是，在实际生产过程中，干扰因素太多，有时无法预测和彻底排除，加之存在一些人为因素，使机台的生产数据无法准确地反映生产现场的真实情况，仅凭硬件的信号处理不能完全满足生产的需要，为此，在系统软件设计过程中，采用软件算法来实现数字滤波和数值逼近，对监测器回送的脉冲信号进行必要的平滑处理，以保证监控系统的正常运行。

采用软件算法来实现数字滤波和数据拟合分析就是通过程序软件对回送的脉冲信号进行加工处理，达到保证生产数据正确性的目的(主要采用的是算术平均滤波和加权平均值滤波两种)，这样，用数学算法对各个机台的实时采集数据进行拟合，确定比较逼近的拟合函数，达到在监控主界面上所显示的机台实时运转状态(YZZT)、停机状态(TJZT)，以及生产数据(包括前罗拉脉冲(QLLMC)、长度脉冲(CDMC)、锭翼脉冲(DYMC)、皮辊停机次数(PGTJCS)、断条停机次数(DT-TJCS))是真实的、正确的。这里主要通过对并条机和粗纱机中前罗拉转速的处理与分析来证明生产数据的正确性。

并条机和粗纱机的有效工作效率的计算公式为

$$\text{有效工作效率}=\frac{\sum \text{机台工作时间(min)}-\sum \text{停机时间(min)}}{\sum \text{机台工作时间(min)}}\times 100\%$$

每眼(锭)每小时的理论产量(kg)，即理论单产(kg)的计算公式为

$$\text{理论单产(kg)}=\frac{n\times D\times \pi\times E\times 60\times \text{tex}}{1\,000\times 1\,000\times 1\,000}$$

$$实际单产(kg) = 理论单产(kg) \times 有效工作效率$$

式中：n 为前罗拉回转速度(r/min)；D 为前罗拉直径(mm)；E 为紧压辊至前罗拉的牵伸或前罗拉到锭翼间的意外牵伸；tex为棉条或粗纱号数。

在实际单产的计算公式中，D，π，tex均为定值，前罗拉转速 n 是变量，E 与 n 有关，前罗拉转速 n 将成为系统计算产量的一项重要控制指标，又是机台运转效率的一项评价指标，因此，整个过程曲线的绘制以前罗拉的转速 n 为主线。

1. 理论分析

(1)算术平均滤波。连续取 N 次每眼(锭)前罗拉转速值进行相加，取其算术平均值作为采样值，其表达式为

$$y = \frac{1}{N}\sum_{i=1}^{N} X_i$$

式中：X_i为第 i 次采样的罗拉转速值；N 为采样次数；y 为 N 次采样值的算术平均值。

这种方法主要取决于采样次数 N，N 越大其在主监控界面上所绘曲线的平滑度越高，抑制其他信号干扰的能力越强，并且前罗拉转速越接近于机台实际机械转速，但是这种方法降低了系统采集数据的效率以及数据处理的灵活性。

(2)加权平均值滤波。连续取 N 次每眼(锭)前罗拉转速采样值，并分别乘以不同的加权系数 C_i，再求累加和作为采样结果，其表达式为

$$y = \sum_{i=0}^{N-1} C_i X_{N-1}$$

式中：X_i为第 i 次采样的罗拉转速值；N 为采样次数；y 为 N 次采样后的加权值；C_i为各项采样值的权系数(可调)，但必须满足 $\sum_{i=0}^{N-1} C_i = 1$ 这一限制条件。

由于这种方法增添了权系数，根据实际需要可突出某一部分信号，能有效地抑制其他部分信号的干扰，同时，这种方法在数据采集过程中，其每眼(锭)前罗拉转速值十分逼近机台的实际机械转速，很大程度上提高了机台生产产量数据的准确性和正确性，其加权因子 C_i需要根据具体情况进行确定，保证了系统管理的灵活性和方便性，其基本上满足了车间管理功能的需求，不过这种方法较算术平均滤波方法系统开销较大，但从整体上考虑，这种方法是值得的。

2. 数据拟合

整个生产过程是在数据采集主线程中进行的，如果用户没有终止数据采集过程，则整个过程周而复始，循环采集、处理、存储、显示，将最新机台运转状态和生产数据反馈给用户，当系统监控界面切换到采用曲线来监控时，数据采集功能模块立即启动一个线程开始向下位机监测器发送命令，由监测器回送相应命令的生产数据给监控中心的服务器，此时当数据采集模块对前罗拉转速脉冲连续采样 N 次，

将 N 次采样值按升序排列，暂存入一临时数组 $A[j](j=1,2,3,\cdots,N)$ 中，并为罗拉转速脉冲信号的输入输出数据设一数据组 $(x_i,y_i)_{i=1}^{n}$，构造一个拟合函数 $y_i=f(x_i,a)$，实现数值逼近，式中 a 是参数，其值为 $(a_1,a_2,a_3,\cdots,a_n)^{\mathrm{T}}$，在拟合函数 $y_i=f(x_i,a)$ 中，通过求 a 在 x_i 处的值，使函数值 $f_i(i=1,2,3,\cdots,n)$ 与罗拉转速数据值 y_i 形成的平方和的平均值 $Z_i=\min\frac{1}{n}\sum_{i=1}^{n}(f_i-y_i)^2$ 最小，Z_i 值越小说明前罗拉转速数据值越接近实际转速，所计算的产量数据值越准确。

在实际生产过程中，算术平均滤波方法处理的数据误差较大，故要设计一种比较理想的数学算法对前罗拉脉冲数据进行拟合，为此，根据每个数据采集点在拟合中所起作用的大小，分别给每个采集数据值分配一个权系数 $C_i(C_i\geqslant 0)$，且满足 $\sum_{i=0}^{N-1}C_i=1$，则求 a 使最小二乘拟合问题的拟合函数变为

$$Z_i=\min\left[\sum_{i=0}^{n}C_i(f_i-y_i)^2\right]$$

此时，拟合结果比较理想，可以作为确定前罗拉转速数据采集值的依据，而且实践证明，用加权平均值滤波方法能有效地抑制有效信号中的干扰成分，基本可以消除随机误差，保证了系统生产数据的正确性和实时性。

3.3.2 基于 List 的数据处理方法

在整个数据采集过程中，上位机智能控制系统循环不间断地实时采集监测器中的生产数据，并经校验、过滤、处理、计算后，一方面，将数据结果在终端实时显示，以监测设备的实时运转状态；另一方面，为远程客户端的在线监测提供即时数据，方便实时掌握设备的生产现场。这样，应用服务器时刻处于数据的采集、过滤、处理，以及计算等过程，无法响应用户的系统界面操作，加之清梳联设备生产数据、设备运转状态实时性要求较强的特点，若不对数据采集过程和显示方式加以改进，使得生产数据的正确性和准确性难以保证。同时，若不对实时生产数据进行封装，其设备运行状态曲线，不可能在终端一次性地全部显示，只能使数据采集过程以动态的形式在终端显示，因为在每个时间段内，每个数据采集点所描绘的曲线是最新的设备运转状态。

为了提高数据采集效率和释放应用服务器 CPU 的时间片，在系统设计过程中，利用数据链表 List 技术和循环队列技术，取得了比较理想的效果。具体设计思路：首先，创建一个数据链表 List，将所有的有效设备信息进行封装，并将整个数据采集过程在数据链表 List 中进行；然后，在 List 中，创建一个循环队列，将所有设备的实时生产数据均暂存在指针队列中，这样，整个数据采集过程在链表中循环进行，而应用服务器和数据库服务器之间不直接进行频繁的数据库读写操作；最

后,在一个数据采集周期结束后,将实时生产数据写回数据库的临时数据表中,为客户端用户的远程在线监测提供基础数据。其优势在于,一方面,保证了设备生产数据的实时性,很大程度上释放了应用服务器 CPU 的负荷;另一方面,保证了设备生产数据的正确性,满足了多用户的并发操作。

总体而言,整个数据采集过程分为生产数据的采集和处理两部分。数据采集的具体设计过程:首先在链表中创建一个用于存储数据的循环队列,使得每个节点含有一个数据和一个指向下一个节点的结构体指针,如图 3-6 所示;然后,上位机每轮询采集一个数据节点,则先将生产数据进行预处理,按有效机台的标识码将其插入队尾,并将头指针前移一位,使指针指向当前位置,即指向当前数据节点。随着指针的不断前移,该队列的头指针 Front 和尾指针 Rear 连起来就构成一条循环链,当尾指针和头指针指向同一个数据节点时,只需尾指针执行 Rear=Rear+1 操作即可。这样,按照上述数据处理过程,并根据队列“先进先出”的原则,在服务器终端智能控制系统中实现设备制造执行过程曲线的实时绘制。清梳联生产数据的处理过程:首先,从数据链表 List 中,按机台标识码获取生产数据(主要包括产量脉冲数、罗拉运转脉冲、停车时间、停车次数,以及运转状态脉冲等,其中,脉冲数与转速成正比);然后,根据上小节的多机通信机制,将时间段划分为两段,即相对位置相同的两点,这样,两点间的时间差就是一个整周期的值,即可利用牛顿三次插值法,对各类脉冲数进行软件滤波处理,以求得最佳值。

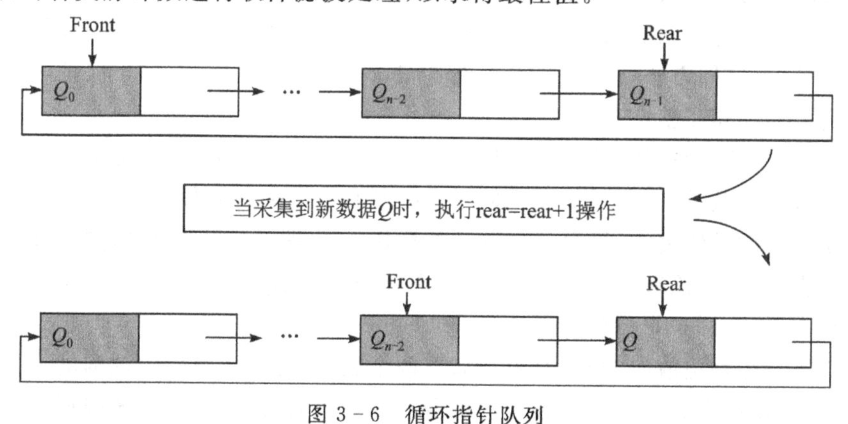

图 3-6 循环指针队列

接下来,将数据处理结果进行校验,若校验失败,则提示错误信息,否则,利用罗拉转速、停车时间、停车次数计算公式,分别计算出设备转速、产量、效率,以及设备的工作状态等;最后,根据链表 List 中的机台标识码,将数据采集节点的最佳值赋给链表指针,并进行封装。周而复始,整个数据采集过程继续进行。由于系统软件是在 Visual C++.NET 2005 开发环境下实现的,故所有运转状态曲线图的动态绘制过程,都是在 VC++函数库 View 类的成员函数 OnDraw (CDC * pDC)中实现的，这样，在一个数据采集周期绘制完毕后，要对绘图区域进行刷新，以方便下一个周期设备运转状态曲线的绘图，而且，在程序设计过程中，要根据实际绘图区域重新定义指向绘图窗口的指针和设备描述表指针，以实现在控件中动态图形绘制。

3.4 数据完整性约束及一致性校验

3.4.1 数据完整性约束

数据处理的主要作用是对车间所有机型的下机产量、质量数据信息进行存储、转储、分析以及机台品种信息更新等基本操作任务。其中，数据存储的前提条件是，对所有的当班下机产量、质量数据进行品种一致性校验，当校验成功时，系统自动将交接班产量、质量数据存储在数据库中的历史数据表中。转储的主要目的是当历史数据表中的数据量达到车间系统管理员预期的数据量后，为了节省储存空间，可进行部分或全部数据的转储，系统会自动保存和更新最近两年的信息，而超过两年的信息系统自动备份到预先设计好的历史备份表中。这样，转储在系统设计过程中，采取了两种设计方案，一种是预先在数据库中设计一个与历史数据表同样数据结构的转储表，将所有需要转储的数据导入该表中，进行永久性存储，这种方法有利于系统数据的恢复，但是这种方法被破坏的风险性较大；另一种是数据库的定时备份，这种方法有利于数据的恢复和数据库的恢复，更有利于保证数据库中数据的可靠性和完整性。

数据处理功能中最重要的操作是机台品种信息的翻改，因为其为整个系统的正常运转提供最基础的数据，而且数据库的所有数据都与品种信息密切相关，故按照准备车间的具体要求，机台的品种更新操作一般是在一个班内进行的，并且在进行品种更新时，应该有具体日期、班次的选择，这样做能有效地防止因人为原因导致品种数据信息的不一致。

在进行品种更改时，则需要更新如下两个表，以此来保证生产数据的一致性。

(1)数据链表。当数据链表中的机台品种信息需要更改时，系统根据用户所选信息将自动更新链表中的机台品种信息，相应地更改生产产量、效率等，并且将实时数据保存到数据库中的一个临时数据表中，保证了客户端显示的生产信息的实时性和正确性，当换班时，系统按照最新的品种将生产数据保存到历史数据表中。

(2)历史数据表。根据用户所选的日期、班次和品种信息，首先判断历史数据表中是否存在该日期、班次、品种对应的产量数据，若无，不对数据表进行更新，否则更新历史数据表中的相应品种、计划产量、理论产量、实际产量等，保证生成各类报表的正确性。

具体的实现过程：在如图 3－7 所示的品种信息翻改界面上，选择品种、日期和班次，然后点击“修改”按钮，系统将根据机台链表中的机台更改数据链表和历史数据表，更新完后，将刷新数据显示界面。若想恢复所选机台的品种信息，则执行上述操作的逆操作即可。

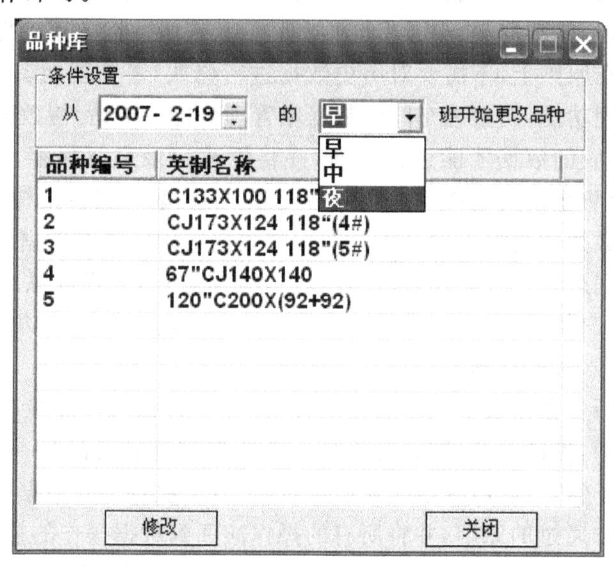

图 3－7 品种信息翻改界面

3.4.2 数据关系模式的规范化

由于棉纺生产过程中业务流程比较复杂，涉及的生产车间和部门相对较多，加之系统数据量较大、系统数据的实时性较强，故在系统数据库的设计过程中，必须采用一定的措施保证系统数据的实时性和正确性，来满足多用户的并发操作。为此，选取了交互性较强的 SQL Server 2005 作为系统数据库管理系统，并在数据库逻辑结构的设计过程中，采取了如下方法。

利用内存中暂住临时实时数据和硬盘上永久性存储历史数据相结合的方法，对系统手工录入的或通过外部数据源导入的产量、质量、品种或疵布数据进行集中管理、优化存储，并按时间顺序将系统数据划分为三类，即实时数据，系统运行参数，已下机的产量、质量、品种和疵布等历史数据。其中，实时数据必须满足实时更新、实时处理的特性，以满足其他车间系统用户在生产管理、生产数据核对、相关数据更新、生产统计、报表打印和生产过程反馈等方面的工作需要，所以这类数据不需要长期存放在数据库中，只需在每日轮班结束后，将其自动转入相应的历史数据表，进行永久性存储。

历史数据表是用来永久性存储一些诸如品种信息、用户信息、系统运转参数、生产工艺指标、棉纱产量、棉纺产量、漏验降等质量、真开剪数据、纱产品产量、设备利用率、布入库质量、布产品产量等，以及实时数据表中到期的需转入的历史数据，故历史数据表必须满足数据量大、保存时间长的特性，因为所有的历史数据报表的查询、统计和数据分析，以及各类月报、季报、年报的查询与统计，都需要从这些数据表中检索数据，其数据表结构设计的合理与否、表中数据的正确性和一致性都显得尤为重要。在原则上，不需要对历史数据进行修改，若需要对其进行修改，则必须借助系统管理功能，向整理车间的数据库管理员提出申请，待数据库管理员审核和批准后，对相应的数据才能进行更新，并将更改记录进行保存，以便日后查询。因此，为了有效防止访问高峰期出现网络瓶颈，在数据库逻辑结构设计过程中，为所有存储历史数据的数据表设计了具有相同数据结构的临时数据表，其目的在于，首先对临时数据进行一致性校验、预处理后，将其暂存，来提高系统数据库的访问效率，满足多用户的并发操作，在当天交接班后再将这些数据成功转入相应的历史数据表中，进行永久性存储。

为了保证历史数据表中数据的正确性，在临时数据表向相应的历史数据表转入数据的过程中，借助事务机制，对要导入的数据信息进行品种一致性校验，保证所有数据的原子性，只有所有数据校验通过后，方可执行导入数据操作，否则，系统自动提示校验未通过的原因，并将所有的操作滚回到数据操作的初始状态。

根据数据的来源不同、用途不同，又将所有数据进行分类，使其形成品种(Assortment)、产量(Yield)、质量(Quality)、疵布(Defect)、用户(User)、系统参数(Parameter)、指标(Index)和其他(Other)等八大类数据，并在每个数据表的字段命名和数类型上进行统一，同时，在数据的组织形式和结构上进行优化，尽量使数据库中的所有数据之间满足 3NF，从而达到减小数据冗余的目的；然后，根据数据安全保密性的级别不同，设计多种视图机制来访问数据库中的数据，满足不同用户的数据需求；再次，为提高数据库的访问效率，满足远程多客户端用户的并发操作，有效防止网络瓶颈，以及保证数据库数据的完整性和一致性，利用存储过程和触发器来保证数据库中所有数据的安全性。

在品种信息数据表中，仅以部分属性为研究对象，包括品种信息的品种英制名称(Englishname)、公制名称(Metricname)、品种编码(Acode)、录入日期(Adatetime)、班次(Ashift)、打印号(Printno)、记录号(Recordno)、车间编号(Workshopno)以及标志(Flag)等，则属性集合为 A={Englishname, Metricname, Acode, Adatetime, Ashift, Printno, Recordno, Workshopno, Flag, Pichang, Aplanyield, Atheoryyield, Aweimi}，属性组 A 上的一组函数依赖为 F={Englishname→Acode, Acode→Printno, (Englishname, Adatetime)→Recordno}，若从函数依赖的角度来考虑品种属性间的数据依赖，则可用一个 Assortment 来描述品种的关系模式，表 3-5 所示为品种(Assortment)关系模式信息表。

表 3-5 品种(Assortment)关系模式信息表

英制名称	公制名称	品种编码	录入日期	班次	打印号	记录号	车间编号
JC 6060 140 140 63″细布	JC 9.7/9.7 551/551 160 细布	FL60140P	2009-4-6 12:00:01	1	3	s13	bc
JC 5050 142 80 63″府绸	JC 11.7/11.7 559/314.5 160 府绸	FLCMP033	2009-4-6 12:00:50	1	3	s6	bc
JC 8080 90 88 64″专	JC 7.29/7.29 354/346 162.5 专	FL9925/64A	2009-4-6 12:10:27	1	3	s70	zb
JC 6060 1421 38 63″防羽布	JC 9.7/9.7 559/543 160 防羽布	FL60138P	2009-4-6 12:20:34	1	3	s41	tbn
T/JC 4545 133 72 63″府绸	T/JC 13/13 523.5/283.5 160 府绸	75312	2009-4-6 12:29:32	1	4	y5	tbn

如果不进行数据库的规范化处理，关系模式 Assortment 将存在以下几个问题。

(1)数据冗余量大，检索效率低下，容易导致系统运行不稳定。因为整理车间存在多种生产执行过程，每个过程对应多个工序，一个工序对应多个品种，每个品种又对应多个工序，每个完整的品种数据来源于多个生产执行过程，这种错综复杂的业务逻辑关系，在数据表中很容易引起数据冗余，加之，每个品种信息有可能在每个月初都要进行翻改一次，而对于没有翻改的品种数据信息，则需要继承上一月的品种信息，这在数据库逻辑结构的设计过程中，要充分考虑这种品种信息的相互衔接性和继承性。对于需要翻改的品种信息，不仅需要存储其在翻改前的相关信息，同时还要存储翻改后的品种信息、日期等，这些冗余容易造成存储空间的浪费。

(2)更新异常(Update Anomalies)。由于在生产执行过程中，根据生产销售和经营管理的需要，有时需要对某些品种信息作出调整，这时，对整理车间而言，需要实时进行生产品种信息的跟踪管理，以及对下机产量、质量、品种、疵布数据进行实时更新，然而，在整个数据库管理系统中，所有的数据信息都以生产品种信息为主轴，所以，在数据库进行更新时，需要对其进行品种一致性校验，从而保证整个数据库数据的一致性。

(3)插入异常(Insertion Anomalies)。如果在生产执行过程中，新增加一个品种信息，这时需要对数据库中的品种信息表中的数据进行一致性校验，判断是否存在该品种信息，若存在，则对品种信息进行一致性修正，使其成为系统数据库所接受的数据结构，同时，在历史产量表、历史疵布数据表、质量数据表中，对修改品种进行校验和修改，保证整个数据库数据的一致性，否则，对品种信息进行重新编码，并将其录入到品种信息表。

(4)删除异常(Deletion Anomalies)。在系统数据库中删除一条数据信息，则涉及数据库的完整性和一致性，因为当一个品种数据信息从数据库需要删除时，其品种更改记录并未删除，品种对应的疵布数据、产量数据以及质量数据也没有删除，因此需删除该品种数据信息时，其品种数据信息将同品种更改信息一起被删除，容易造成删除异常。

1. 1NF 的关系模式设计

依据关系数据库理论，对关系模式进行规范化，并分析模式的属性集合 A 是否符合第一范式的要求：A＝{Englishname，Metricname，Acode，Adatetime，Ashift，Printno，Recordno，Workshopno，Flag，Pichang，Aplanyield，Atheoryyield，Aweimi}。在该属性组中，品种英制名称(Englishname)是品种信息数据表的主键，并且是唯一的，它与品种信息 A 是一一对应关系，而且 Englishname 与品种公制名称 Metricname 是同一品种的不同名称，即 Metricname 在品种信息 A 中也是唯一的，两者都具有永久性，也可作 A 的主键，但其在国内不易采用。同样，根据整理车间的品种编码规则，品种编码 Acode 也在品种信息 A 中是唯一的，但其不具有永久性，不易当作 A 的主键 Key，因此，采用品种英制名称 Englishname 作为品种信息数据表的主键 Key 是最佳选择。

在实际生产执行过程中，一个品种信息被更改的情况经常发生，但在一个班次(Ashift)的一个时间(Adatetime)点上只能翻改一个品种信息 A，同一品种信息 A 按日期(Adatetime)应有同一种打印号(Printno)，而同一个打印号(Printno)应有同种类型的记录号(Recordno)，故品种英制名称(Englishname)作为关系 A 的码，函数依赖为 F＝{Englishname→Printno，Printno→Workshopno，(Englishname，Adatetime)→Recordno}，如图 3－8 所示。

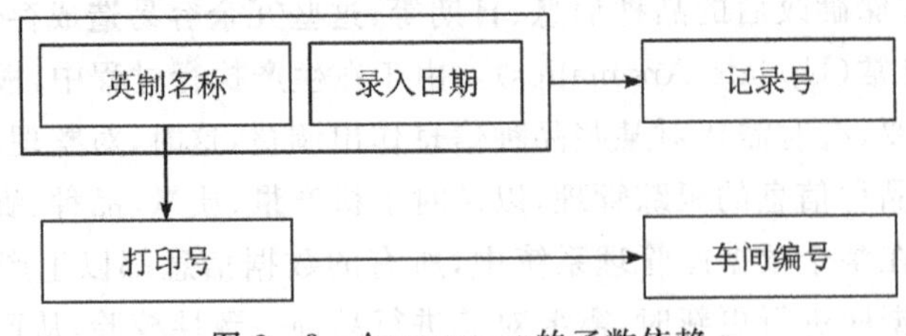

图 3－8　Assortment 的函数依赖

根据数据规范化理论分析，则存在的函数依赖为

$(\text{Englishname},\text{Adatetime})\xrightarrow{F}\text{Recordno}$，

Englishname→Printno，

$(Englishname, Adatetime) \xrightarrow{P} Printno$,

$Englishname \rightarrow Workshopno$,

$(Englishname, Adatetime) \xrightarrow{P} Workshopno$,

$Printno \rightarrow Workshopno$

（因为每个车间的品种应该按打印序号顺序进行分品种存储。）

如图 3-9 所示，虚线表示部分函数依赖，在这个模式中存在部分依赖，不能满足第二范式对关系模式的要求，而存在上述插入异常和删除异常的原因也就在于，非主属性 Printno、Workshopno 对码 Englishname 存在部分依赖，而非完全依赖。因此，为了提高数据库的安全性，需解决以上问题，消除部分依赖，将上述模式分解为符合第二范式要求的关系模式。

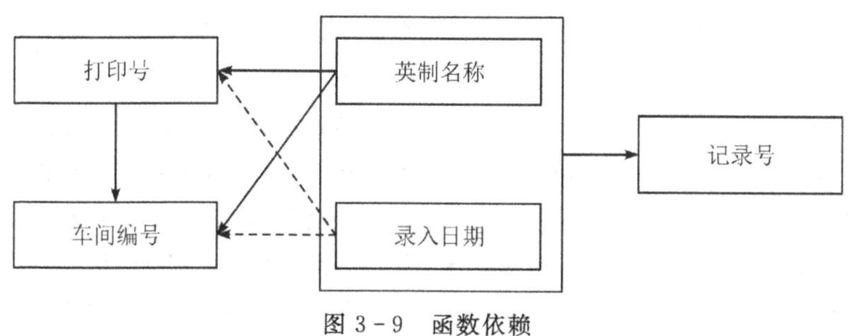

图 3-9　函数依赖

2. 2NF 的关系模式设计

按照第二范式规范关系的要求，若 R∈1NF，且每一个非主属性完全函数依赖于码，则 R∈2NF。将关系模式 Assortment 加以分析，可以发现问题在于有两种非主属性：一种 Recordno，它对码是完全函数依赖；另一种是 Printno、Workshopno 对码 Englishname 不是完全函数依赖。其解决的办法是用投影分解把关系模式分解为两个关系模式：品种信息关系模式 Assort 和生产过程关系模式 Recordno，即 Assort＝{Englishname、Acode、Adatetime、Recordno}和生产过程关系 Producno＝{Englishname、Printno、Workshopno、Flag}，则函数依赖分别为 Fa＝{(Englishname, Adatetime)→Recordno, Englishname→Acode}, Frd＝{Englishname→Printno, Englishname→Workshopno, Printno→ Workshopno}。在以上两个关系中，非主属性对码是完全函数依赖，已满足了第二范式的要求，基本上消除了插入异常和删除异常现象，如图 3-10 所示。

根据数据规范化理论分析可知，图 3-10 仍然存在很大的数据冗余和更新异常现象，未达到第三范式对关系模式的要求，在关系模式 Fa 中，没有传递依赖，而在关系模式 Frd 中存在非主属性对码的传递依赖。因为在 Frd 中，由 Englishname→Printno,(Printno→Englishname),Printno→ Workshopno，可得 English-

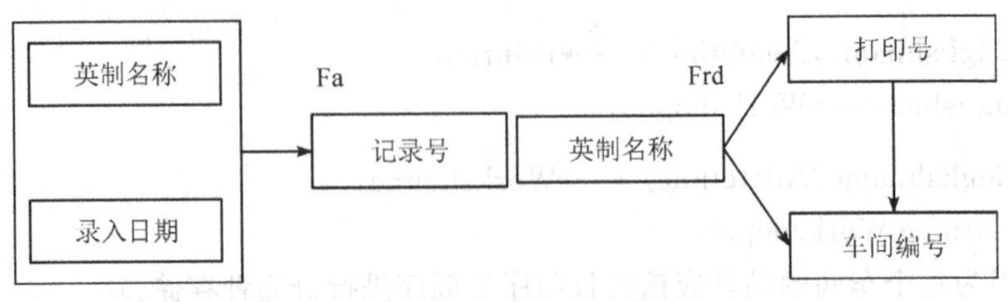

图 3-10　Fa 与 Frd 的函数依赖

name $\xrightarrow{传递}$Workshopno。因此 Fa→3NF，而 Frd→3NF，所以导致数据冗余大和更新异常现象，因此依据第三范式对关系模式的要求，进一步深化规范程度。

3. 3NF 的关系模式设计

按照第三范式规范化数据的要求，将关系模式 Frd 分解为以下两个关系模式，即品种翻改关系模式 Frecord 和生产调度关系模式 Fprodu，其中 Frecord＝{Englishname、Printno、Flag}，Fprodu＝{Printno、Workshopno}，则函数依赖分别为 Fmp＝{Englishname→Printno}，Fpw＝{Printno→Workshopno}，这样，在关系模式 Frd 中，码 Englishname，属性组 Printno，以及非主属性 Workshopno（Workshopno⊄Printno）使得 Englishname→Printno，Printno→Workshopno 关系不成立，且 Printno→Englishname，则 Frd∈3NF，说明以上两个关系中不再存在部分函数依赖和传递依赖，也不再存在数据库删除异常和更新异常等问题，关系模式极大程度地减少了数据冗余，提高了数据操作的效率和空间的利用率。

3.4.3　品种数据的一致性校验

要保证实时和历史生产数据的正确性和一致性，其首要条件是要保证整个系统中品种数据的正确性，因为品种数据贯穿于整个系统的始终，既是整个系统的基础数据，又是系统中最重要的数据。因此，在系统实际应用过程中，机台品种数据信息的更新操作往往具有一定的延迟性，不能很好地得到及时的更新，即机台品种已翻改，而系统数据库中的机台生产品种信息并没有及时更新，很可能延迟一两个班次，更有可能会推后两三天，在这段时间内监控系统始终以原在机品种数据对机台生产数据进行采集、交接班下机产量，导致历史数据表中所有的交接班产量、质量数据都以原品种数据为依据。当需要对机台生产品种信息进行翻改时，这段时间内，所有历史交接班数据都应随着改变，并且将所有的更改记录给予保存。这种延迟操作在一定程度上会破坏数据库中数据的正确性和一致性，容易导致系统“读脏数据”错误，加之这种延迟性经常发生，须采取有效措施，在系统翻改机台生产品种时，首先将系统数据库中的品种翻改记录进行记录，并记录翻改日期、班次，然后将历史数据表中的交接班数据按照所记录的日期、班次逐一进行更新，使其成为最新品种对应的生产数据，最后对品种信息表、品种信息翻改表、历史数据表、机台信息表等比较重要的数据表进行品种翻改信息的一致性校验。从而保证整个系统数据库中数据的完整性。

3.5 基于D-S证据的棉纺数据融合

针对棉纺生产过程中，异构监测系统数据库间难以融合的问题，在对棉纺过程数据分析的基础之上，利用D-S证据提出了一种采用两级传感器信息融合的方法。该方法通过对制造过程数据的统一描述，有效解决了海量棉纺数据的融合问题，实现了计划层与制造层之间信息的有效衔接，为棉纺智能制造系统提供了可靠的数据来源。

3.5.1 棉纺过程数据分析

棉纺生产过程中机台种类较多，以织布车间为例，通常棉纺企业至少拥有织机300台，并根据在机品种的不同，织机的转速需调整，现选取在机品种CJ 140×140，计划转速为460 r/min。在给定的工艺条件下，织机控制系统产生的脉冲信号数为每秒7.67个，即每秒钟织机产生的数据记录为7条(7.67取整)。织机除正常检修和维护或其他异常情况外，每天按四班三运转24 h不停机工作，这样每个班(8 h)300台织机产生的数据记录为300×8×60×60×7=60 480 000(条)，则一天三个班产生的数据记录为3×60 480 000=181 440 000(条)。同时，根据生产数据表中每个字段的数据类型可以计算出每条记录共需要500 B(Byte)，则织布车间每天产生的数据量为记录数×每条记录所占存储空间字节数=181 440 000条×500 B≈84.489 5 GB=0.082 51 TB。

就制造层面而言，棉纺企业的八大车间每天至少产生的数据量约为0.082 51 TB×8=0.660 TB。与此同时，棉纺机械电机控制回路数据，文本类型的原料、配棉、工艺计划单数据，设备信号传感器数据，以及纱疵织疵在线图像检测数据等产生的结构化和非结构化数据也以TB数量级日益倍增。在海量棉纺数据环境下，数据凸显出高维、非线性、强相关，以及多噪声的四大特点，加之棉纺过程又是一种非线性、时变的多变量系统，使得制造过程中产生的各类数据常伴有不可测的不确定性因素，易导致数据量的倍增，导致棉纺过程质量与产量数据的正确性难以保证，无法从数据中获取有利于棉纺企业管理决策有用的数据依据。

3.5.2 基于D-S证据的棉纺数据拟合技术

在棉纺生产过程中，影响棉纺数据正确性的因素有很多，并且诸多因素(除原料、机台、环境、系统以及人为因素外)是不可预测的或突发的，具有一定的不确定性，从而诱发制造过程的中断或停止。相应地，这些中断或停止又因数据性质的突变而带来更多的数据量和类型,给各个异构系统的数据融合、集成、分析与处理带来不可估量的困难,使从海量数据中提取表达纤维属性与纺纱、织布质量之间关系的有益知识更少。那么,如何对制造过程中产量的大量突变数据进行处理,从而进行棉纺异构系统的集成和数据融合,是系统构架亟待解决的一个技术难点。

由于 D-S(Dempster-Shafer)证据理论为研究不确定性因素的检测和获取提供了理论模型,可借助该模型为辨识不确定因素的产生机理和异构棉纺数据的融合提供理论方法。为此,在棉纺数据融合过程中,利用棉纺各部门的信息管理系统,以及车间智能控制系统的机台监测器所携带的传感器来检测和捕捉影响棉纺数据的各类不确定因素,并构建如图 3-11 所示基于 D-S 证据的棉纺数据融合结构图,进而选择两种以上的传感器组来检测诱发异常事件产生的不确定因素。

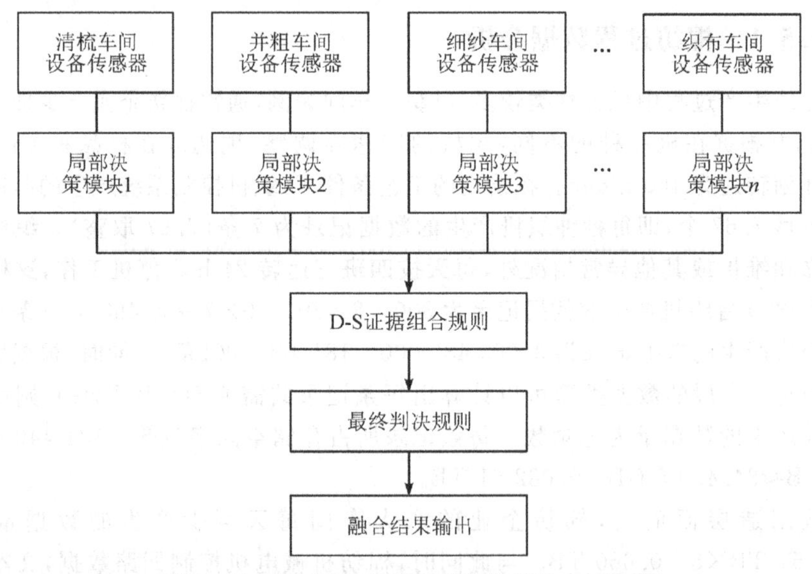

图 3-11　基于 D-S 证据的棉纺数据融合结构图

1. 局部融合

在多传感器构成的棉纺制造数据融合环境中,构架基于 Hadoop 的三层棉纺大数据存储体系,则数据融合中心需通过各个下位机监测器的传感器所提供的数据信息进行推理,以达到属性判决的目的。然而,各个监测器的传感器所提供的数据易受到制造过程中各类不确定因素(如原料、机台、环境、系统等)的干扰,导致数据具有高维、非线性、强相关,以及多噪声四大特点。D-S 证据理论作为一种不确定推理的数值推理方法,在处理不确定因素方面具有优势,并以信任函数为度量,以信任区间代替概率,以及以集合表示事件,除降维处理外,D-S 证据理论为解决因上述四大特点所带来的数据影响也提供了保证。故在局部数据融合过程中,特为每个传感器分配一个加权因子。

这样，首先假设由 n 个传感器已检测到由不确定因素诱发的异常事件，其加权因子定义为 $w_1, w_2, \cdots, w_n$，并且 $\sum_{i=1}^{n} w_i = 1$，对应的测量值分别为 $x_1, x_2, \cdots, x_n$，且相互独立，方差分别为 $\delta_1^2, \delta_2^2, \cdots, \delta_n^2$，数据融合值为 $\hat{x}$。则根据 D-S 证据理论，棉纺过程多传感器的数据融合值可表示为 $\hat{x} = \sum_{i=1}^{n} w_i x_i$。

则对应的总均方差为

$$\delta^2 = E[(x-\hat{x})^2] = E\sum_{i=1}^{n} w_i^2 (x-\hat{x})^2 + 2E \sum_{i=1, j=2, i=j} w_i w_j (x-\hat{x}_i)(x-\hat{x}_j)$$

由于 $x_1, x_2, \cdots, x_n$ 是 x 的无偏估计，且相互独立，故又存在如下关系：$E(x-\hat{x}_i)(x-\hat{x}_j)=0$，且 $i \neq j$；$i, j=1,2,\cdots,n$。则有

$$\delta^2 = \sum_{i=1}^{n} w_i (x-\hat{x})^2 - \sum_{i=1}^{n} w_i^2 \delta_i^2 \qquad (3-1)$$

可见，在 δ_i $(i=1,2,\cdots,n)$ 一定的条件下，式(3-1)中的 δ^2 值与加权因子 $w_i(i=1,2,\cdots,n)$ 的分配相关，而且 y 的精度越高，δ^2 的值越小，呈现一种负相关关系。当然，在棉纺异构数据融合过程中，这种负相关关系还存在一个问题，即当已知 $\sum_{i=1}^{n} w_i = 1(w_i \geqslant 0,\ i=1,2,\cdots,n)$，$\delta_i$ $(i=1,2,\cdots,n)$ 时，$w_i(i=1,2,\cdots,n)$ 应满足什么条件，才能使 $\sum_{i=1}^{n} w_i^2 \delta_i^2$ 对应的函数 $F(w_1, w_2, \cdots, w_n)$ 的值最小？问题的性质变为求解多变量条件下的极值问题。具体的求解过程描述如下。

首先，引进修正函数 $F = \sum_{i=1}^{n} w_i^2 \delta_i^2 + \lambda(\sum_{i=1}^{n} w_i - 1)$，并对修正函数 F 求 $w_i(i=1,2,\cdots,n)$ 的偏导数，可得

$$\begin{cases} \dfrac{\partial F}{\partial w_1} = 2w_1 \delta_1^2 + \lambda \\ \dfrac{\partial F}{\partial w_2} = 2w_2 \delta_2^2 + \lambda \\ \quad \vdots \\ \dfrac{\partial F}{\partial w_n} = 2w_n \delta_n^2 + \lambda \end{cases} \qquad (3-2)$$

将式(3-2)转化为求解 F 的最小值问题。当 $\dfrac{\partial F}{\partial w_i} = 0$ 时，函数 F 取得最小值，则对应的方程组为

$$\begin{cases} 2w_1\delta_1^2 + \lambda = 0 \\ 2w_2\delta_2^2 + \lambda = 0 \\ \vdots \\ 2w_n\delta_n^2 + \lambda = 0 \end{cases} \tag{3-3}$$

由式(3－3)可得到如下加权因子 w_i 的值：

$$\begin{cases} w_1 = -\dfrac{\lambda}{2\delta_1^2} \\ w_2 = -\dfrac{\lambda}{2\delta_2^2} \\ \vdots \\ w_n = -\dfrac{\lambda}{2\delta_n^2} \end{cases} \tag{3-4}$$

在式(3－4)的基础上，进行加权因子 w_i 的累计，得到 $\sum_{i=1}^{n} \dfrac{-\lambda}{2\delta_i^2} = 1$，则对应的 λ 值为

$$\lambda = -\frac{2}{\sum_{i=1}^{n} \dfrac{1}{\delta_i^2}} \tag{3-5}$$

将式(3－5)代入式(3－4)得

$$w_i = \frac{1}{\delta_i^2 \sum_{i=1}^{n} \dfrac{1}{\delta_i^2}} \tag{3-6}$$

同时，将式(3－6)代入式(3－3)，获得多传感器数据融合后可达到的最高精度计算公式为 $\delta = \sqrt{\sum_{i=1}^{n} w_i^2 \delta_i^2}$，在此基础上，获取最小值 $\delta_{\min}$，即

$$\delta_{\min} = \frac{1}{\sqrt{\sum_{i=1}^{n} \dfrac{1}{\delta_i^2}}}$$

2. 局部棉纺数据近似融合算法

在证据组合规则中，k 是一个用于衡量各个证据之间冲突程度的系数。若 $k=1$，则表明不能采用 D-S 证据组合规则进行数据融合。

如前所述，在棉纺过程中，由于下位机监测器携带的传感器在实时采集数据过程中易受到外界各类不确定因素的干扰，常会出现基本概率赋值的 0 分配问题，导致 $k=1$ 或 k 趋于 1，形成融合结果与实际结果相悖问题，而 D-S 证据理论的近似算法为该问题的解决提供了便利条件。

根据 D-S 近似计算的基本思想，通过减少 Mass 函数的焦元个数来达到计算的简化。如果 Mass 函数的合成将产生一个 Bayes 信任函数(即一个识别框架上

的概率测度)，则 Mass 函数用它们的 Bayes 近似来代替，将不会影响 Dempster 合成规则的结果。故假设目标识别框架为 $\Theta=\{F_i \mid i=1,2,3,4\}$，采用 16 个下位机监测器的传感器对棉纺数据融合过程进行测度，可得到相应的基本概率赋值，如表 3-6 所示。

表 3-6 由 16 个传感器测度的基本概率赋值

o	F_1	F_2	F_3	F_4	$F_1\ F_2$	$F_2\ F_3$	$F_1\ F_3$	$F_1\ F_2\ F_3$	Θ
1	0.5	0.2	0.1	—	—	0.1	—	—	0.1
2	0.3	0.2	0.1	0.3	—	—	—	0.1	—
3	0.2	0.5	0.1	0.2	—	—	—	—	—
4	0.5	0.1	0.2	—	—	0.2	—	—	—
5	0.1	0.2	0.2	0.5	—	—	—	—	—
6	0.4	0.1	0.2	0.3	—	—	—	—	—
7	0.5	0.3	0.1	0.1	—	—	—	—	—
8	—	0.5	0.2	0.2	—	0.1	—	—	—
9	0.3	0.1	0.3	0.1	—	—	0.1	—	—0.1
10	0.2	0.2	0.2	0.4	—	—	—	—	—
11	0.2	0.3	0.2	0.1	0.1	0.1	—	—	
12	0.3	0.2	0.1	0.3	—	—	—	—	0.1
13	0.3	0.2	0.3	0.3	—	0.1	—	—	
14	0.3	0.1	0.2	0.3	0.1	—	—	—	—
15	0.5	—	0.2	0.2	—	—	0.1	—	
16	0.5	0.3	—	0.1	0.1	—	—	—	—

由表 3-6 可见，存在 $k=1$ 的情形，这个结果说明在证据组合规则时融合结果与实际结果相悖。为了解决这一问题，国内外学者们提出了许多修正方法。但通过仔细研读，其可分为两大类：一是基于修正融合模型的方法，该类方法最显著的特点是对这种相悖问题进行预处理，在此基础上利用证据组合规则融合证据，代表性的方法有折扣系数法、加权平均法等；二是基于修正组合规则的方法，该类方法主要解决面向相悖问题的分配空间和权重问题，代表性的方法有全局分配法、局部分配法等。目前已有的这些修正方法在数据集较小的前提下，当融合结果与实际结果相悖或判定某一或部分证据与其他证据冲突时，可通过融合权限的调整，实现降低融合结果或所判定证据对实际融合结果的影响。当然，从根本上讲，这种融合权限调整方法在大数据环境下还是一种被动调整，其融合结果与实际结果还存在一定的误差。为此，在棉纺大数据环境下，提出利用如下 Mass 函数的 Bayes 近似

公式进行进一步计算。即

$$m(A)=\begin{cases}\dfrac{\sum_{A\subseteq B}m(B)}{\sum_{C\subseteq\Theta}m(C)*|C|}, & 若 A 是单个假设集合\\ 0, & 其他\end{cases}$$

由此进行贝叶斯近似计算，得到基本概率赋值，如表 3-7 所示。

表 3-7　贝叶斯近似后的基本概率赋值

o	F_1	F_2	F_3	Θ
1	0.500 0	0.214 3	0.214 3	0.071 4
2	0.333 3	0.250 0	0.250 0	0.166 7
3	0.100 0	0.600 0	0.200 0	0.100 0
4	0.500 0	0.250 0	0.250 0	0
5	0.100 0	0.100 0	0.200 0	0.600 0
6	0.500 0	0.100 0	0.100 0	0.300 0
7	0.500 0	0.200 0	0.100 0	0.200 0
8	0	0.600 0	0.300 0	0.100 0
9	0.285 6	0.142 9	0.428 6	0.142 9
10	0.200 0	0.100 0	0.200 0	0.500 0
11	0.250 0	0.333 3	0.333 3	0.083 4
12	0.384 7	0.153 8	0.153 8	0.307 7
13	0.181 8	0.181 8	0.272 8	0.363 6
14	0.181 7	0.181 7	0.272 9	0.363 7
15	0.600 0	0	0.200 0	0.200 0
16	0.636 4	0.272 7	0	0.090 9

从表 3-7 中可以发现：$o_4(\Theta)$、$o_8(F_1)$、$o_{15}(F_2)$、$o_{16}(F_3)$ 为 0，表明其不能进行 D-S 证据理论合成，需要根据棉纺过程中各类不确定因素的产生概率，以及对棉纱产量数据造成的系统误差进行分析，以此对表 3-7 中值为 0 的数据分别分配适当的扰动量 ε_i 进行适当调整。

若将扰动量 ε_i 定义为 0.010 0，则经调整后的基本概率赋值如表 3-8 所示。

表 3-8 调整后的基本概率赋值

o	F_1	F_2	F_3	Θ
1	0.500 0	0.214 3	0.214 3	0.071 4
2	0.333 3	0.250 0	0.250 0	0.166 7
3	0.100 0	0.600 0	0.200 0	0.100 0
4	0.500 0	0.250 0	0.250 0	0.010 0
5	0.100 0	0.100 0	0.200 0	0.600 0
6	0.500 0	0.100 0	0.100 0	0.300 0
7	0.500 0	0.200 0	0.100 0	0.200 0
8	0.010 0	0.600 0	0.300 0	0.100 0
9	0.285 6	0.142 9	0.428 6	0.142 9
10	0.200 0	0.100 0	0.200 0	0.500 0
11	0.250 0	0.333 3	0.333 3	0.083 4
12	0.384 7	0.153 8	0.153 8	0.307 7
13	0.181 8	0.181 8	0.272 8	0.363 6
14	0.181 7	0.181 7	0.272 9	0.363 7
15	0.600 0	0.100 0	0.200 0	0.200 0
16	0.636 4	0.272 7	0.010 0	0.090 9

由表 3-8 可见，通过增加扰动量后数据融合结果到达了归一化要求，使得 $\mathrm{Bel}(o_i)=m(o_i)$。进而，经数据融合结果如图 3-12 所示，最终的识别结果为 F_1。

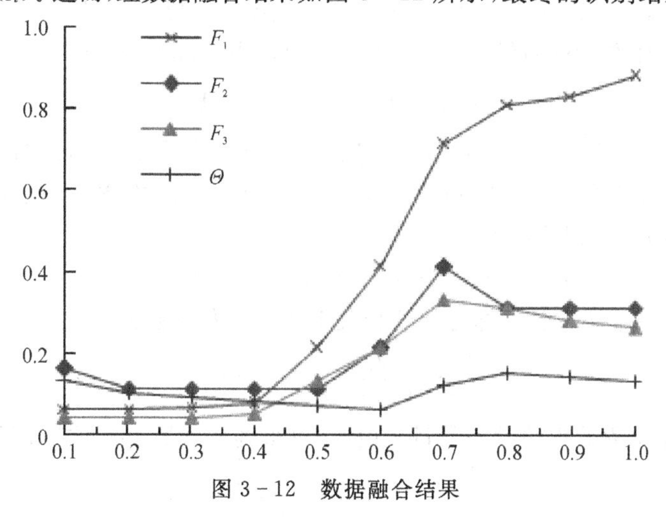

图 3-12 数据融合结果

3. 全局融合算法

全局融合算法直接影响到棉纺过程数据融合结果的准确性，故 D-S 证据理论在处理不确定信息方面的优势是可对各棉纺设备传感器采集的数据进行融合，以充分发挥传感器的联合作用，从而达到提高系统可靠性的目的。

定义 1 设 Θ 为识别框架，如果集函数 $m:2^{\Theta} \rightarrow [0,1]$（$2^{\Theta}$ 为 Θ 的幂集）满足 $m(\varphi)=0$，$\sum m(A)=1$ 则称 m 为识别框架 Θ 上的基本信度分配；$\forall A \subset \Theta$，$m(A)$称为 A 的基本信度值，$m(A)$反映了对 A 本身的信度的大小。

定义 2 如果 m 是一个基本信度分配，则 $\forall A \subset \Theta, B \neq \varphi$, $\mathrm{Bel}=\sum_{B \subset A} m(B)$，则所定义的函数 Bel 是一个信度函数，Bel(A)反映了 A 上所有子集总的信度。

假如存在 A 属于识别框架 Θ，定义 Dou(A)＝Bel(A)，Pl(A)＝1－Bel(A)，则称 Pl(A)为 Bel 的似然函数，称 Pl(A)为 A 的似真度，即描述了 A 的似真或可靠的程度。Dou 为 Bel 的怀疑函数，Dou(A)为 A 的怀疑度，描述了 A 的不确信程度。实际上，[Bel(A)，Pl(A)]表示了 A 的不确定区间，即概率的上下限。

由于在 D-S 证据理论中没有基本概率赋值函数的具体定义，通常主要根据某种经验获取基本概率赋值，所以这种结果存在较大的主观随意性。尤其是，在整个棉纺制造过程中，影响棉纱质量成长过程的因素（如人、设备、方法、纤维等）过多，甚至有些因素是突发的、不可预测的，常会因某些因素的突变导致纤维形态发生动态改变，致使棉纱质量特性发生迁移，传感器采集的过程数据和纺纱质量之间出现较大偏差。为此，针对棉纺生产过程的不确定性，基本概率分配函数的构造过程如下：

(1)距离和相关性度量。设传感器（即证据体）的特征向量为 $\boldsymbol{X}_i$，数据采集结果 A_j 的标准样本特征向量为 $\boldsymbol{Y}_j$，则两者的 Manhattan 距离为

$$d_{ij}(\boldsymbol{X}_i, \boldsymbol{Y}_j)=\sum \left| \boldsymbol{X}_{ik}-\boldsymbol{Y}_{ik} \right|$$

可见，当 $d_{ij}(\boldsymbol{X}_i, \boldsymbol{Y}_j)$ 值越大时，对应的传感器 i 与目标 A_j 之间的相关程度越小；相互成反比例关系，由此，可以定义 $C_i(A_j)=1/d_{ij}(\boldsymbol{X}_i, \boldsymbol{Y}_j)$，则相应的传感器与目标之间的最大相关性为

$$\alpha_i=\max\{C_i(A_j)\}=1/\min\{d_{ij}(\boldsymbol{X}_i, \boldsymbol{Y}_j)\}$$

同时，传感器 i 与各目标之间的相关系数的分布系数为

$$\beta_i=\left[\sum_i \frac{N_C \alpha_i}{C_i(A_j)}-1\right]/(N_C-1)$$

式中：N 为待监测的棉纺设备数目。由此，可得到传感器 i 的可靠系数为

$$R_i=\alpha_i/\beta_i \Big/ \sum_k \alpha_k \beta_k$$

(2)基本概率分配函数构造。综合步骤(1)中 R_i 的计算结果，得到传感器 i 的

不确定性概率值的计算公式，具体如下：

$$m_i(A_j)=\frac{w_iC_i(A_j)}{\sum_i w_iC_i(A_j)+N_s(1-R_i)(1-\alpha_i\beta_j)} \tag{3-7}$$

$$m_i(\theta)=\frac{N_s(1-R_i)(1-\alpha_i\beta_j)}{\sum_j w_iC_i(A_j)+N_c(1-R_i)(1-\alpha_i\beta_j)} \tag{3-8}$$

式中：N_s为设备传感器数目；w_i为权重系数。

3.5.3 Dk-means 聚类算法

如何在棉纺大数据环境下获取对生产管理决策有用的数据，是近两年国内外纺织学者们研究的热点问题。诸如 Kehry S 和 Uhl H 通过智能数据的管理来提高纺织机械效率，刘佩全探讨了知识挖掘在棉纺行业信息化建设中的作用，詹俊等人利用改进的 Apriori 算法分析了质量指标超标与纱线质量不合格之间的关联规则，以及李荟萃等人通过产品进化关系和数据模型完整表达了棉纺产品的工艺进化过程等。就棉纺过程而言，其属于一种典型的分布式系统，要进行数据的聚类分析，首要解决的问题是数据准备，需从原料（如棉花、人造纤维等）、计划任务（配棉、工艺设计、试验、试纺、计划调度等）、设备（清梳联合机、并条机、络筒机、粗纱机等）、加工过程（清棉、梳棉、精梳、并条、粗纱、细纱、络筒等）相关的许多规律性知识和生产决策，挡车工的操作决策和控制经验，以及棉纺机械控制、文本订单、传感器通信、纱疵检测等视角去分析；然后，将数据中的闲置数据进行划分，以提高数据的分析和处理能力。但是现有的聚类算法（如 k-means）已不适宜大数据集的聚类分析，故在 k-means 的基础上提出改进算法。

定义分布式聚类算法 Dk-means 的聚类结果等同于利用 k-means 算法对分布式数据进行集中聚类的结果。

证明分布式环境下执行 Dk-means 算法，每个站点都划分为 k 个簇，中心点分别为$\{c_{i1},c_{i2},\cdots,n_{ik}\}$，其中，$1\leqslant i\leqslant p$，$c_{ij}=\frac{1}{n_{ij}}\sum_{y\in W_{ij}}y$，$1\leqslant j\leqslant k$，$n_{ij}$是簇 W_{ij} 中数据对象的总数，则全局聚簇中心点 c_{ij} 为

$$\begin{aligned}c_{ij}&=\frac{n_{1j}\times c_{1j}+n_{2j}\times c_{2j}+\cdots+n_{pj}\times c_{pj}}{n_{1j}+n_{2j}+\cdots+n_{pj}}\\&=\frac{n_{1j}\times\frac{1}{n_{1j}}\sum_{y\in W_{1j}}y+n_{2j}\times\frac{1}{n_{2j}}\sum_{y\in W_{2j}}y+\cdots+n_{pj}\times\frac{1}{n_{pj}}\sum_{y\in W_{pj}}y}{n_{1j}+n_{2j}+\cdots+n_{pj}}\\&=\frac{\sum_{y\in W_{1j}}y+\sum_{y\in W_{2j}}y+\cdots+\sum_{y\in W_{pj}}y}{n_{1j}+n_{2j}+\cdots+n_{pj}}\end{aligned}$$

利用算法 k-means 对分布式数据进行集中聚类，得到 k 个聚簇，则聚簇中心点 $c_s(1\leqslant s\leqslant k)$ 为

$$c_s=\frac{1}{n_s}\sum_{y\in W_s}y=\frac{1}{n_{1s}+n_{2s}+\cdots+n_{ps}}\left(\sum_{y\in W_{1s}}y+\sum_{y\in W_{2s}}y+\cdots+\sum_{y\in W_{ps}}y\right)$$

故 $c_s=c_{ij}$，证毕。

借助上述定义，可见 Dk-means 算法的基本思路为，在棉纺过程中，假设存在 q 个已经过处理的结构化数据源，即站点，现从中任意选定一个站点作为主站点记为 M_s，并令 $q-1$ 个站点作为从站点 S_i，则所设计的 Dk-means 聚类算法的程序如下：

Input：聚簇个数 k，数据集 $\{data_1, data_2, \cdots, data_q\}$；

Output：k 个聚簇；

Master site M_s：broadcast $\{c_1, c_2, \cdots, c_k\}$；//向从站点广播全局聚簇中心

while$\{c_1, c_2, \cdots, c_k\}$ is not stable do

{ for each Subsite $S_i(1\leqslant i\leqslant q-1)$ do

{ receive $(\{c_1, c_2, \cdots, c_k\})$；//从站接收聚簇中心

for each data object $d\in data_i$ do

partition$(d, \{c_1, c_2, \cdots, c_k\})$；//计算 d 与所有全局聚簇中心的距离

for $j=1$ to k do

computing(c_{ij}, n_{ij})；//计算 k 个局部聚簇信息

send $(\{(c_{i1}, n_{i1}), \cdots, (c_{ik}, n_{ik})\})$ to M_s；//向主站点传送局部聚簇信息

}

Master site M_s：

{ for each data object $d\in data_m$ do

partition$(d, \{c_1, c_2, \cdots, c_k\})$；

for $j=1$ to k do

computing(c_{mj}, n_{mj})；

receive $(\{(c_{i1}, n_{i1}), \cdots, (c_{ik}, n_{ik})\})$；

for $j=1$ to k do

$c_j=\dfrac{n_{1j}\times c_{1j}+n_{2j}\times c_{2j}+\cdots+n_{qj}\times c_{qj}}{n_{1j}+n_{2j}+\cdots+n_{qj}}$；

$(1\leqslant j\leqslant k)$

//主站点计算 k 个全局聚簇中心

broadcast $(\{c_1, c_2, \cdots, c_k\})$；

}

}

3.5.4 Dk-means 算法验证

在 k-means 算法的基础上，为验证和对比分析所构建 Dk-means 聚类算法的可行性，以及纤维属性与纺纱质量、坯布质量之间的因果关系，从棉纺大数据存储体系中按照品种分类提取棉纱数据，该数据涉及 4 个基本数据源(其中，一是棉纺 ERP 系统、清梳车间智能控制系统，主要提取原料纤维属性数据，包括纤维拉伸性能数据；二是细纱车间、筒并捻车间的智能控制系统，主要提取纱线质量数据；三是织布车间智能控制系统，主要提取坯布质量数据)作为试验数据集。

试验平台搭建：Windows 10＋浪潮 PC 服务器 2 台＋其他服务器 2 台，形成 32 GB 内存，1 TB 硬盘容量，1 G/s 通信带宽峰值，通过 VS 2019 进行算法编程并测试。

具体试验内容设计：使用 200 台机器、每台机器 100 个进程对 Dk-means 聚类算法分 3 组做聚类测试，小表数据为 2 GB，大表数据为 1 TB。

第 1 组选取 100 个二维数据，按棉纱品种划分为 4 类，对应的群体规模为 4，并取最大迭代次数均为 20，则 100 个二维数据的分布如图 3－13(a)所示。在相同的 3 组数据中分别使用 k-means 算法和 Dk-means 算法做聚类测试，则 100 个二维数据类内离散度如图 3－13(b)所示。

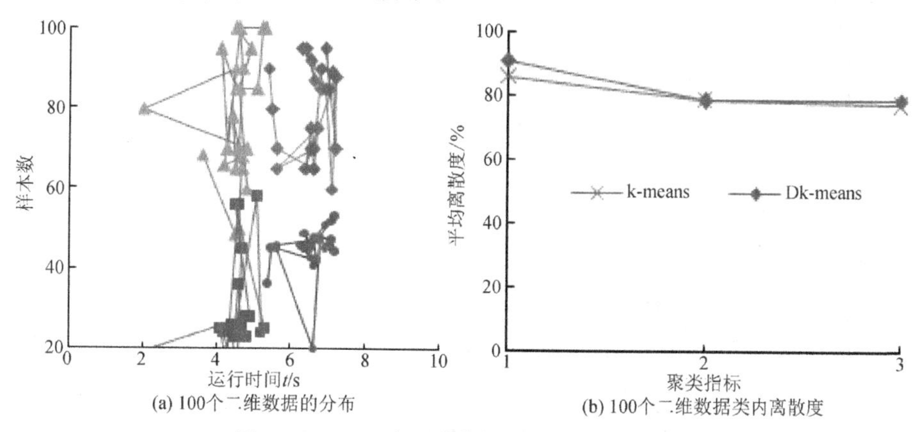

(a) 100个二维数据的分布　(b) 100个二维数据类内离散度

图 3－13　100 个二维数据的分布及聚类结果

可见，当数据量为 100 个二维数据，且品种分类少时，k-means 与 Dk-means 算法的区别不明显，而且均有很强的局部寻优能力。

第 2 组为 500 个二维数据，且品种分类增加至 6，最大迭代次数为 50，500 个二维数据的分布如图 3－14(a)所示，类内离散度如图 3－14(b)所示。

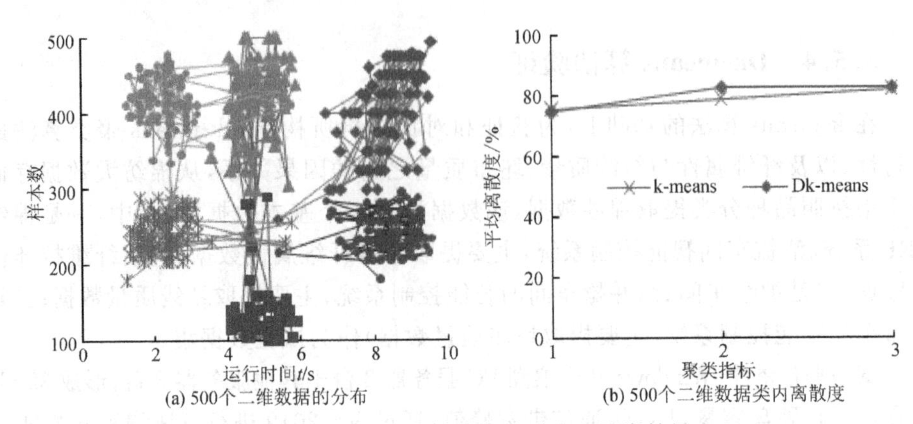

图 3-14　500 个二维数据的分布及聚类结果

可见，当数据量大且品种分类增加至 6 时，k-means 算法易陷入局部最小值，而 Dk-means 算法在处理大量数据时，比 k-means 算法更具有优势，同时具有较强的全局寻优能力，能更快地收敛到较优点。

第 3 组数据为 500 个四维数据，品种分类为 6，最大迭代次数为 50，500 个四维数据的分布如图 3-15(a)所示，类内离散度如图 3-15(b)所示。

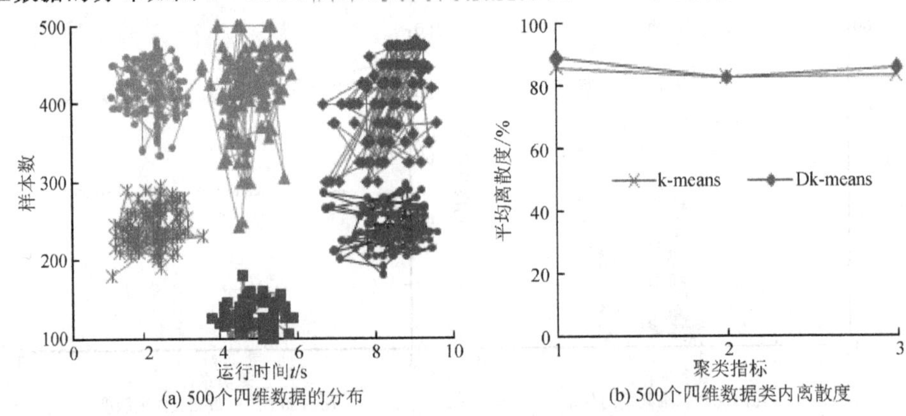

图 3-15　500 个四维数据的分布及聚类结果

由上述试验结果可知，针对棉纺过程中数据量大、维数高和数据类型繁杂的情形时，k-means 算法更易陷入局部最小值，但 Dk-means 算法更能体现出全局寻优能力强、收敛平稳、速度快的优势。

因此，在棉纺大数据环境下，对棉纺过程数据进行聚类分析时，所改进的 Dk-means 算法比 k-means 算法更具有全局寻优能力，而且只需传送聚簇过程中的中心点和棉纺数据对象的总数，无须传送大量的棉纺生产数据，只传送聚簇过程中的中心点和棉纺数据对象的总数，在很大程度上提高了聚类分析的效率，有助于从海量棉纺数据中快速提取企业管理决策所需的有用数据。

3.6 棉纺生产过程数据的统一形式化表示

为解决棉纺生产过程中的数据融合问题，首先对棉纺过程中的数据流程进行梳理，并对棉纺生产制造过程中产生的海量数据及其相关性进行分析，并对棉纺工艺流程进行优化设计，然后，利用多色集合理论对棉纺制造过程中产生的海量数据进行统一形式化表达。

3.6.1 棉纺生产数据流程梳理

对于棉纺制造过程而言，通常要经历材料位移过程、流体动力学过程、物质热交换过程、化学反应过程，以及借助于工艺设备顺序或并列完成工艺操作的过程，而且每个工序产生与工序、原料品种、工艺过程等相关的海量数据，同时，这些数据既有结构化的产质量数据又有非结构化的文本图像数据，并且类型各异、关系复杂。在这个海量数据环境下，棉纺制造执行系统的构建与设计，需要首要解决的问题是要确保各异构数据库的有效集成。为此，首先对整个制造过程的业务流程(清梳、精梳、并条、粗纱、细纱、络筒、整经、浆纱、穿筘、织造、整理)进行梳理，并按照工序间数据的输入-输出关系分类出业务数据间的逻辑关系，设计出如图 3－16 所示的棉纺过程数据流程图。该流程图表达了棉纺企业从订单处理、计划安排、工艺设计、任务下达、生产加工、抽样实验，直到棉纱成品的整个过程中工艺设备、生产过

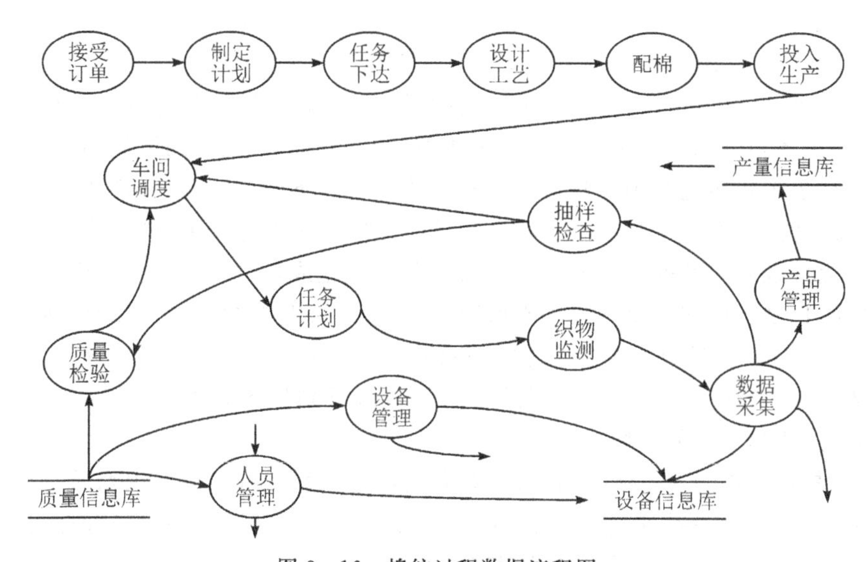

图 3－16 棉纺过程数据流程图

程和运行管理数据的流动过程。同时，从每个工序中体现上层计划层与底层生产制造层之间信息衔接的数据逻辑关系，有利于实现棉纺过程数据的形式化表达和异构系统间的数据融合。

3.6.2 棉纺数据形式化表达

就棉纺生产业务过程而言，主要涉及从订单到计划，再从纤维到棉纺成品的整个过程，分别解释棉纺品成形过程对应的 what，how，who，why，where，when 问题，则整个业务流程对应的业务数据（以下用 B 表示）主要包括过程对象集 O、工艺计划集 H、原料集 R、设备集 D、制造过程集 T 以及织物集 S，由此，棉纺业务数据 B 可用一个如下所示的六元组来表达。

$$B::=\{O,H,R,D,T,S\} \tag{3-9}$$

上式中，由于 H 与 T 在整个棉纺制造过程中表达了织物成形过程的时序变化，并按照 H 的计划进行控制着织物成形过程的前进，以及 T 的过程监控，从而演绎出棉纺成品的结果数据。则其成为整个棉纺过程数据形成的核心。因此，可借助 H 和 T 的前进过程将棉纺制造过程的 O、R、D 和 S 信息按照织物成形的时序与逻辑关系进行组织，构成一个"订单配置—工艺设计—任务安排—生产制造—过程控制—织物成品检测"棉纺过程控制网络。这样，从订单配置、配棉、加工过程、任务调度、成品验收等不同的方面，该棉纺过程数据模型形成如下所示的一些视图形式。

$$\begin{array}{ll} M^o::=\{O,\ L^o,\ C^o\}\} & M^h::=\{H,\ L^h,\ C^h\}\} \\ M^r::=\{R,\ L^r,\ C^r\}\} & M^d::=\{D,\ R^d,\ C^d\}\} \\ M^t::=\{T,\ L^t,\ C^t\}\} & M^s::=\{S,R^s\}\} \end{array} \tag{3-10}$$

式中：L 表示加工过程对象之间的相关关系，其中包括纺纱、织造两个过程的逻辑与时序关系，其中 L^o 主要表示原料（如棉花、人造纤维等）之间的消耗和输入-输出关系；C 表示棉纺过程中织物质量成长过程的各类不确定因素、条件或异常事件，其中 C^o 代表了可置换的加工约束规则；M^0 为棉纺加工过程中原料（棉花、人造纤维等）之间及其内部的相关关系；M^h 表示织物质量成长过程中各个工序之间的衔接关系，以及工序间的业务数据流动过程；M^r 表示织物质量成长过程中所消耗的原料；M^d 表示棉纺过程中各工序间织物质量的成长过程和工序对应的具体业务；M^t 表示棉纺制造过程中工艺计划的执行情况和计划任务的调度情况；M^s 表示棉纺过程形成的最终的织物。

对棉纺过程的业务流程而言，其对应制造过程数据可以按照织物质量形成过程的时序与逻辑关系，通过工序间的输入-输出关系，在具体形式表达时解析成网络结构，用以实现制造过程数据的有效集成。而多色集理论为棉纺过程异构数据的集成和形式化建模提供了理论依据，因其将棉纺过程中各个工序产生的海量数据均纳入同一体系，并按照形式一致、体系一致，以及逻辑操作简易的原则进行统一管理，以达到棉纺过程异构数据源的有效集成。

由此，基于多色集合理论，对加工过程中产生的各类数据进行统一描述。具体流程：首先从集成数据库中抽象出构建多色集合的基本元素集合，并将抽象到的数据形成网络结构，同时定义对应的节点集为 $N_s=\{N_i|1\leqslant i<n\}$，其中，$N_i$是集合$N_s$的具体实体，主要包括工艺计划集 H、原料集 R、设备集 D、制造过程集 T 以及织物集 S 等具体对象，当然，也可以包括与具体对象相关的多个关联节点。在棉纺数据集成过程中，N_i可以表示与数据相关的O、H、R、D、T、S 中任意一个对象或者对象的组合，而这个对象或对象的组合可以在多色集合中被虚拟地染上一种颜色，借助聚类方法实现对象类型的区分。

按照上述节点集的定义，在棉纺异构数据库集成过程中，对各种类型的棉纺数据主要采用统一结构形式来表达不同节点 N_i之间的复杂关系，如表 3－9 所示。

表 3－9 节点及其关系描述

节点	关系描述
工序、活动	棉纺工艺组合、加工路线
加工过程、原料	纤维加工过程的物理化学改性过程
织物、纱线	织物表面结构、纤维与纺纱质量非线性关系
资源	资源消耗
任务	同一工序、不同车间的工序组合

为清晰表达棉纺数据中不同节点对象之间的复杂关系与约束规则，从集合元素入手，将其作为多色集元素，并由此来设计用于描述不同数据活动节点间的时序与逻辑关系，并根据活动节点之间的逻辑关系构建多色集合关系矩阵。这样，可将N_s集合中的节点分为两类，即活动节点集 A 与对象节点集 B，并以节点集 A 为核心，根据时序与逻辑关系构建活动节点之间的布尔关系矩阵，用于描述棉纺过程中业务数据所具有的过程特性。

由此，按照棉纺过程各类数据参与业务活动所形成的结构，通常可分为顺序结构、并行结构、选择结构与迭代结构四种情形，由此，根据工序间的时序与逻辑关系，可以将整个工序活动顺序分为五大类，即顺序、与分、与合、或分以及或合。基于多色集理论表达业务工作流的方法，可以构建棉纺过程各类数据之间的活动关系布尔矩阵，其过程如下：

假设 $A=\{a_1,a_2,\cdots,a_j,a_{j+1},\cdots,a_n\}$表示棉纺过程中工序之间数据的活动节点集，并以两两节点组合(a_i,a_j)表示多色集元素，则工序间活动节点之间关系可以表示为多色集的围道，即 $F_k(a_i,a_j)$，其中 $k=1,2,\cdots,5$。当 $k=1$ 时，(a_i,a_j)为顺序连接；$k=2$ 时，(a_i,a_j)为与分连接；$k=3$ 时，(a_i,a_j)为与合连接；$k=4$ 时，(a_i,a_j)为或分连接；$k=5$ 时，(a_i,a_j)为或合连接。现根据上述两两节点组合关系，建立表示数据节点集对应的“活动-活动”关系布尔矩阵模型，记为$[(A^*A)^*F(A^*A)]$，则具体的形式如式(3－11)所示。

$$\|C_{ij}\|_{A^*A,F(A^*A)}=[(A^*A)*F(A^*A)]=\begin{matrix}(a_1,a_2)\\ \vdots\\ (a_1,a_n)\\ \vdots\\ (a_i,a_{i+1})\\ \vdots\\ (a_i,a_n)\\ \vdots\\ (a_{n-1},a_n)\end{matrix}\begin{bmatrix}c_{11} & c_{12} & c_{13} & c_{14} & c_{15}\\ \vdots & \vdots & \vdots & \vdots & \vdots\\ c_{n1} & c_{n2} & c_{n3} & c_{n4} & c_{n5}\\ \vdots & \vdots & \vdots & \vdots & \vdots\\ c_{u1} & c_{u2} & c_{u3} & c_{u4} & c_{u5}\\ \vdots & \vdots & \vdots & \vdots & \vdots\\ c_{k1} & c_{k2} & c_{k3} & c_{k4} & c_{k5}\\ \vdots & \vdots & \vdots & \vdots & \vdots\\ c_{t1} & c_{t2} & c_{t3} & c_{t4} & c_{t5}\end{bmatrix} \tag{3-11}$$

式中：$u=\sum_{j}^{i-1}(n-j)+1$，$k=\sum_{j}^{k-1}(n-j)+1$，$t=\frac{n(n-1)}{2}$，并且(A^*A)表示节点的活动集合$A=\{a_1,a_2,\cdots,a_j,a_{j+1},\cdots,a_n\}$对应的笛卡儿积，而$F(A^*A)$主要用来表示节点之间的所有关系集合。

由式(3－11)可见，当某两两节点之间存在连接关系时，对应的关系方程$F(a_i,a_j)=\bigvee_{k=1}^{5}F_k(a_i,a_j)=1$；若两者之间无关系时，则$F(a_i,a_j)=0$。故可通过这种关系的表示来刻画节点之间的不同结构，以及连接关系。

(1)a_i,a_j之间是一种顺序结构，则棉纺过程中数据节点关系可表示为$a_i\Rightarrow a_j$，且存在$F_1(a_i,a_j)=1$。

(2)a_i,a_j之间是一种并行结构，则棉纺过程中数据节点关系表示为$a_i\parallel a_j$，则存在关系$F_2(a_o,a_i)\wedge F_3(a_i,a_q)\wedge F_2(a_o,a_j)\wedge F_3(a_j,a_q)=1$。

(3)a_i,a_j之间是一种可选结构，则棉纺过程中数据节点关系可以表示为$a_i\cup a_j$，则存在关系$F_4(a_o,a_i)\wedge F_5(a_i,a_q)\wedge F_4(a_o,a_j)\wedge F_5(a_j,a_q)=1$，其中，$a_o$表示$a_i$、$a_j$的前驱节点，而$a_q$表示$a_i$、$a_j$的后继节点。

(4)a_i,a_j是一种迭代结构，则棉纺过程中数据节点关系可以表示为$a_i\sim a_j$，则存在关系$F_4(a_i,a_j)\wedge F_5(a_j,a_i)=1$。

3.6.3 工序间关系布尔矩阵构建

从a_i,a_j之间的结构到(a_i,a_j)之间的连接关系表示，可以用于构建(a_i,a_j)之间的布尔关系矩阵。同样，若借助(a_i,a_j)之间的布尔关系，也可按照式(3－11)进一步推理出a_i,a_j之间的不同结构，从而设计出相应的网络结构。当然，从根本上讲，a_i,a_j结构和(a_i,a_j)布尔关系可以通过如下的算法来推理，从中得出一条与棉纺各工序相对应的过程路线。

(1)令 $j=1$,建立“活动-活动”关系布尔矩阵$[(A^*A)^*F(A^*A)]$。

(2)构建关系集合(a_j,a_u),且 $j+1\leqslant u\leqslant n$。若存在 $F(a_j,a_u)\bigvee_{k=1}^{5}F_k(a_i,a_j)=0$,且 $j=j+1$;若 $j<n$ 则转入第(2)步,否则转入第(3)步;若 $F_1(a_j,a_u)=1$,则(a_j,a_u)是一种顺序连接,而且顺序为 a_i、a_j,且 $j=j+1$;若 $j<n$ 则转入第(2)步,否则转入第(3)步;若 $F_2(a_j,a_u)=1$,则(a_j,a_u)是一种与分连接,且 $A_t=\{a_t\mid F_2(a_j,a_t)=1\}$,同时 $F_3(a_t,a_q)=1$,$a_t\in A_t$的 a_q,a 作为 a_j的后驱节点,然后对 A_t中的节点集进行排序并插入到序列 a_j与 a_q之间,且 $j=j+1$;若 $j<n$ 则转入第(2)步,否则转入第(3)步;若 $F_4(a_j,a_u)=1$,且(a_j,a_u)是与分连接,则 $A_t=\{a_t\mid F_4(a_j,a_t)=1\}$,同时 $F_5(a_t,a_q)=1$,$a_t\in A_t$的 a_q,a_q则成为 a_j的后继节点,同时从 A_t中选取一节点并将其插入到节点 a_j与 a_q之间,且 $j=j+1$。此时,若 $j<n$ 则转入第(2)步,否则转入第(3)步。

(3)算法结束。

根据订单信息和棉纺企业的生产状况,安排具体的生产计划任务,确定具体的生产加工路线,并借助图 3-17 中的棉纺过程数据关系模式进行表达,其中 ν_1、ν_2、ν_3、ν_4表示棉纺过程数据活动节点,包括具体的工序流程对应的数据节点,以及节点之间的相互关系。例如 $\nu_1::=a_2\rightarrow a_3\rightarrow a_4\rightarrow a_5$,数据节点之间的关系矩阵如表 3-10 所示,关系布尔矩阵如表 3-11 所示。其中,若行列之间存在关联关系则对应表 3-11 中的“1”,否则,对应表 3-11 中的“0”。

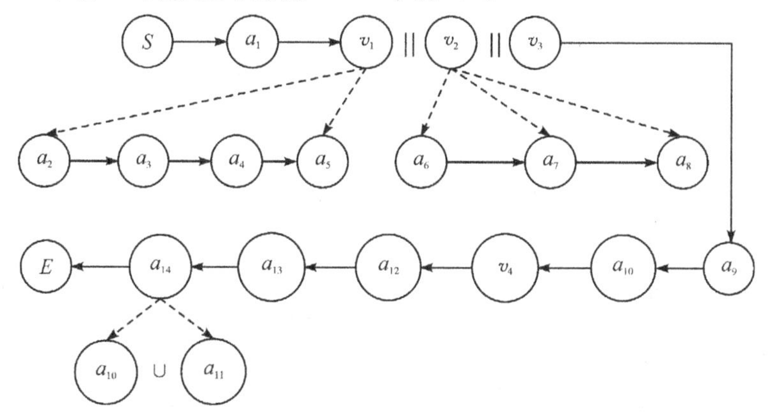

图 3-17 棉纺过程数据节点关系表达

表 3-10 数据节点之间的关系矩阵

序号	工序	序号	工序
a_1	清花	a_8	三并
a_2	梳棉	a_9	粗纱
a_3	预并	a_{10}	细纱
a_4	条卷	a_{11}	上轴
a_5	精梳	a_{12}	织布
a_6	头并	a_{13}	整理
a_7	二并	a_{14}	入库

表 3-11 关系布尔矩阵

关系	工序-工序活动					
	(S, a_1)	(a_1, a_2)	(a_1, a_6)	(a_1, a_8)	(a_2, a_3)	(a_3, a_4)
F_1	1	0	0	0	1	1
F_2	0	0	0	0	0	0
F_3	0	0	0	0	0	0
F_4	0	1	1	1	0	0
F_5	0	0	0	0	0	0

关系	工序-工序活动					
	(a_4, a_5)	(a_6, a_7)	(a_8, a_9)	(a_5, a_1)	(a_7, a_1)	(a_9, a_1)
F_1	1	1	1	0	0	0
F_2	0	0	0	0	0	0
F_3	0	0	0	0	0	0
F_4	0	0	0	0	0	0
F_5	0	0	0	1	1	1

关系	工序-工序活动					
	(a_{10}, a_{11})	(a_{10}, a_{12})	(a_{11}, a_{13})	(a_{12}, a_{13})	(a_{13}, a_{14})	(a_{14}, E)
F_1	0	0	0	0	1	1
F_2	1	1	0	0	0	0
F_3	0	0	1	1	0	0
F_4	0	0	0	0	0	0
F_5	0	0	0	0	0	0

3.7 棉纺数据存储

随着棉纺设备的自动化程度越来越高，使得棉纺生产过程中积累了大量的数据，具体来说主要表现为数据规模巨大、来源较多，数据的非结构化和半结构化的出现给数据的存储带来了巨大的挑战，大数据存储问题变得不可避免。存储系统不仅要能够存储大规模的数据，还要满足可靠性、实时性、扩展性和并发性等要求。传统的关系数据库由于结构固定不易扩展等局限性，在越来越多的应用场景，变得不适合。非关系数据库具有良好的特性，逐渐成为解决大数据存储问题的关键途径。

3.7.1 关系数据库存储

关系数据库就是支持关系模型的数据库。关系模型由关系数据结构、关系操作集合、关系完整性约束三部分组成，形象地说，关系数据库中的数据结构就是一张二维表，以表格（关系）的形式存放数据。关系模型可以用来表示现实世界中的各种实体以及实体之间的联系，因此关系数据库的应用极其广泛。传统关系数据库的读写操作都是事务的，主要有四个特性：原子性（Atomicity）、一致性（Consistency）、隔离性（Isolation）、持久性（Durability）。

事务的一致性是其中最主要的特点，也是关系数据库的灵魂，几乎所有对数据一致性有要求的系统中都可以使用关系数据库来存储数据。但是关系数据库系统的表结构固定，这就决定了其扩展性差，系统的升级、功能的增加往往意味着数据结构的巨大变动，需要设计新的结构来进行存储，以及关系模型不支持复杂的数据嵌套，但同样它有着其他类型数据库无可比拟的优势：数据模型简单，数据的独立性高；使用方便灵活，易于用户维护；理论基础严格，管理更加安全。

3.7.2 非关系数据库存储

以棉纺业为典型代表的工业物联网由于其应用场景的特殊性，所产生的数据具有规模大、数据结构复杂以及数据类型多样的特点，传统的关系数据库存储起来显得很复杂，主要表现在灵活性差、扩展性差、性能差等方面。在对大量数据库表进行 SQL 查询时，耗费的时间会比较多，因此在工业大数据的背景下，关系数据库的局限性越来越明显，非关系数据库随之被提出。

非关系型数据库常被称为 No SQL 即 Not Only SQL，常见的 No SQL 数据库有键值数据库、文档数据库、列式数据库以及图数据库等。

（1）键值数据库。键值存储（Key-Value 存储，简称 KV 存储），使用映射或字典作为最基本的数据模型。在该模型中，数据被表达为键值对集合，每个键（Key）

在集合中只能出现一次，用户按照键来输入或查询数据。键值存储在嵌入式系统中或者高性能的进程数据库应用较多。键值存储具有以下特征：键值存储模型简单，对复杂的应用支持不够；键的长度是有限的，而值的长度一般不作特殊限制；键值存储更倾向于扩展性，而不是一致性，因此多数键值存储对于 ad-hoc（随机）查询和分析的支持比较弱；键值存储采用哈希（Hash）查询，在已知 Key 的情况下能够快速找到 Vaule，理论上的耗时为 O(1)，但是对于非关键字查询和需要逻辑计算的查询，效率低下。

(2)文档数据库。文档数据库来源于 Lotus Notes 办公软件，文档型数据模型和传统意义的文字“文档”无关，文档是一种能够进行自我描述的数据记录。文档存储比键值存储复杂，它将键值对封装在文档中。一般的文档存储会对数据进行内部标记，比如 JSON、XML 等，从而可以在应用程序端对数据进行直接处理。文档型数据库不需要预先定义操作模式，也不需要在需求改变时改变操作模式，这意味着：数据记录不需要统一的结构，不同数据可以有不同的文档；每一列的数据类型可以与其他列不同；列可以有多个值；记录可以有嵌套的数据结构。

(3)列式数据库。数据可以以行、列的形式存储数据，以行结构进行的数据存储称为行式数据库，以列结构进行的数据存储称为列式数据库（Wide Column Stores）。列式数据库以记录为基本单位，可以被看作是二维的键值存储，记录中的列名不是固定的，所以一个记录中可以有大量的列。列式数据库不用考虑数据建模问题，可以同时有大量的动态列，具有查找速度快、可扩展性强、容易进行分布式扩展等特点，非常适合于批量数据处理和即时查询。

(4)图数据库。图是计算机领域一种抽象数据结构，比线性表和树复杂。图数据库用图来存储数据的数据存储模型，属于非关系型数据库，它应用图形理论存储实体之间的关系信息，专注于构建关系图谱，在社交网络、科技文献引用关系、生物信息网络等领域应用广泛。一般来讲，图数据库由三部分组成：节点，即顶点；关系，即边，具有方向和类型（标记和标向）；属性，包括节点和关系的属性组成。一个图由无数的节点和关系组成，关系将图各个部分组织起来。

3.7.3 数据融合感知控制

传统工业与物联网结合后，可以使工业变得更加智能化与自动化，产生的数据具有规模大、结构多等特点。由于大数据的支持，为数据融合控制奠定了基础。数据融合技术是对各种传感器数据进行采集、实时可靠的传输、综合和过滤后最终通过某种规则来实现数据的关联分析的，以便辅助人们获取对应的机器的状态和生产状况，实现生产的合理分配。数据融合的关键问题有数据关联、数据转换、数据分析和数据存储等。数据融合可以使得不相关的几个环节之间知道彼此的工作状况，可以合理地根据实际情况来协调各个环节之间作业，使得各个环节之间变得更加协调。

数据融合按照级别分类可分为像素级融合(低层次的融合)、特征层融合(中间层次的融合)和决策层融合(最高层次融合)。像素级融合也称为数据级融合,是在各种传感器的原始数据没经预处理的情况下进行融合;特征层融合是首先对传感器的原始数据经过预处理然后进行特征提取,对提取到的特征进行分析融合;决策层融合是将传感器采集到原始数据进行预处理和特征提取,再将特征综合得出初步结论,最后通过结论间的关联分析融合得出结论的融合。

对于棉纺织生产过程的数据融合而言,主要是棉纺数据,数据融合感知流程如图 3-18 所示。

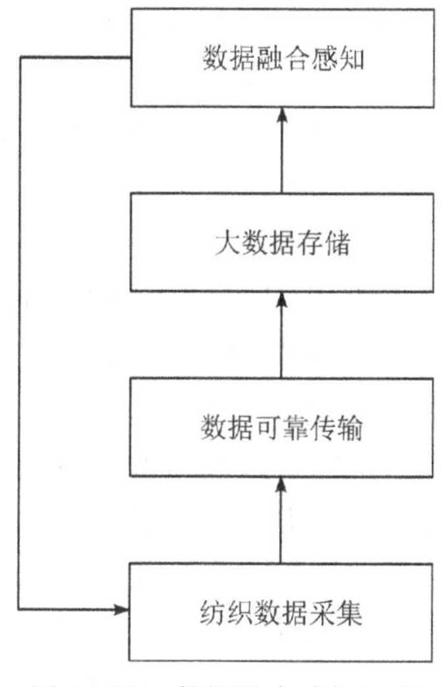

图 3-18　数据融合感知流程

将采集到的数据实时可靠地传输到应用层,实时信息服务器将得到的数据融合分析,得出结论,然后通过信息控制服务器发出控制指令,控制被控对象,从而实现对棉纺织生产过程数据的融合感知控制。

3.7.4　No SQL 下的数据关联方法

No SQL 系统一般是无模式的,所以不必为存储的数据事先建立字段,可以在有需要的时候动态地更改属性;然后,由于非关系数据库支持最终一致性,最终一致性是弱事务的一种特例,这样极大地提高了系统的并发读写性能;其次,No SQL 系统对分区的容忍性保证的良好的水平扩展性提高了系统的伸缩性;再次,与复杂的 SQL 绑定相比,No SQL 一般提供一个简单的调用层接口,省去了将数据转换为 SQL 格式的时间,响应速度更快;最后,高效地利用分布式索引和 RAM 进行数据存储,分布式索引可以方便地在分布式集群中进行快速数据定位,RAM

存储数据可以提高数据读写速度，减少响应时间。

不同于传统关系数据库，由于非关系型数据库没有联合(Join)操作，并且表现为没有表的概念，所以不需要提前设计好表的结构，更不支持表之间各种操作和完整的ACID属性，但是水平扩展性很强，适用于对数据一致性要求不太高但并发读写速度极高的应用。No SQL数据库整体架构一般分为四层，由下到上依次为数据持久层(Data Persistence)、数据分布层(Data Distribution Model)、数据逻辑模型层(Logical Data Model)和接口层(Interfaces)，因而对于非关系型数据库的关联一般是建立在CAP理论的基础之上的。

CAP是非关系数据库系统的设计和构建的基础，它主要有三个特性：一致性(Consistency)、可用性(Availability)、分区容忍性(Partition Tolerance)。一致性是系统在操作前后保持一致的状态，所有的操作都是原子性的，同一时刻所有用户读取的值应该是相同的，否则就是脏数据；可用性是每个操作都能在一定的时间返回结果；分区容忍性是在网络分区的情况下仍然可以接收请求，某些节点出现故障，操作仍能顺利完成。根据CAP理论，系统不可能同时满足三个特性，因为肯定要牺牲一个特性提高另一个特性，设计者需要根据实际情况作出合适的取舍。非关系数据库还提出了BASE模型主要内容：基本可用、软状态和最终一致性。基本可用是指能够一直提供服务，基本能够保持运行；软状态指的是不必强求保持强一致性，可以有段时间不同步；最终一致性指的是不用时刻保持一致，最终的数据保持一致。一致性模型主要分为三类：强一致性、弱一致性和最终一致性，其中最终一致性属于弱一致性的一种特例。非关系数据库的出处模型主要有三种：键值数据模型、列式数据模型和文档数据模型。

非关系数据库主要有5个优点：灵活的数据模型、弱事务支持、良好的扩展性、接口简单、响应请求快。

第4章　棉纺生产过程系统与系统智联技术

4.1　棉纺生产过程系统集成管理体系

由于管理体系的主要工作机制是对整个棉纺厂的生产产量、质量、品种、纱织疵、台账、设备利用率等与生产管理相关的数据进行分布式管理和集中式利用，则需从每个车间的计算机监控系统、部门的信息管理系统以及工艺管理系统中，通过通用数据接口获取源数据，将其经统一处理、整合后，使其成为本系统数据库所接受的数据格式，最后，将其存入系统数据库中，供上级生产管理者统计和分析，并为各个车间的管理者提供生产管理所需的基础数据，使其对生产执行过程进行实时管理，以提高设备利用率。

为此，将 Agent 思想和先进的现代管理理念应用到棉纺厂的生产管理过程中，对多车间、多工序、多品种特点的生产管理模式进行分析，利用多 Agent 技术对各个车间的生产管理过程进行优化，以解决现阶段车间，乃至企业生产管理流程复杂、个性化服务缺乏的缺点，并在此基础上，设计和开发一种基于局域网的生产管理系统。系统中多个体 Agent 相互独立又彼此联系，易于维护和扩充，可以克服现有信息管理系统的局限性，能有效地整合系统数据资源，使得系统有很好的集成性、异构性和开放性，以此提高系统的可维护性和可扩充性，使厂级生产管理者对各车间的投入产出、成本利润实现在线智能分析和评价。同时，该系统为棉纺厂构建生产数据在局域网内共用共享的信息管理平台而提供技术支持，也为厂级生产管理者实现整个棉纺厂的生产管理和统计分析而提供良好的数据依据，并在局域网内为远程多用户使用系统功能而提供智能化、个性化的服务。这样，所构建的多 Agent 的生产管理系统结构模型能够充分体现棉纺厂生产管理与统计分析工作的主动性、智能性和协调性，提高了整个企业的工作效率，实现了业务管理工作的人性化，有力地推动了棉纺厂生产管理工作的信息化。

4.1.1　集成管理体系构建

根据棉纺企业信息化建设的实际需求，以及为满足企业今后生产管理发展的实际需要，在系统资源集成管理体系结构的设计过程中，主要采取了 C/S 和 B/S 相结合的混合模式结构，这样，既保证了企业生产管理重要信息的安全性，又方便了用户的远程数据操作和机台生产现场的管理。同时，基于.NET Framework的Internet开发平台，为系统的实现提供了良好的技术基础，具体的集成管理体系构建主要考虑以下几方面。

(1)表示层：为客户端用户提供对人机操作界面，实现与系统的交互式操作，完成特定的数据库操作。

(2)业务层：根据需求分析，实现人机交互的信息传递，以解决业务数据间的表现形式问题。

(3)数据访问层：主要用于控制数据库的存取权限，以保证整个系统数据库中所有数据的完整性和一致性，只有拥有数据库访问的用户，才能进行数据库的读写操作。

(4)外观层：主要用于系统数据库的调用。

(5)业务规则层：对人机交互界面的用户进行权限判断，若合法，再进行用户请求合法性的判断和验证，同时对业务请求的语义进行分析和判断，如果判断不成功，提示错误并退出请求；否则，根据业务规则对请求进行处理，使其实现数据库的操作，同时，将数据处理结果返回业务外观层，以满足系统用户的不同业务需要。

管理体系的构建过程：在系统的体系结构上，主要分为企业信息中心、车间层和底层三个级别。对企业的信息中心而言，属于系统的上层，主要实现如下功能：①负责全厂生产计划的分配、调度、再分配，以及生产数据的统计与综合分析，成本利润的计算、设备利用率、停台率的统计与决策等；②通过企业内部局域网，向各个生产车间的监控系统发送请求报文，并从相应车间的监控数据库(MCIDB)中实时检索生产数据，随时实现远程在线监控车间的机台运转状况；③随时从各监测基站检索生产数据，进行数据的深加工，形成生产管理与决策分析所需的数据依据。对车间层的智能控制系统而言，在体系结构中处于中间层，既与上层ERP系统、企业管理系统等相连，通过数据接口实现生产数据的有效集成，又与底层的机台监测相连，实现生产数据的实时采集，这样，车间层的生产智能控制系统主要完成如下功能：①向车间的各个设备监测器(Monitor)发送监测命令，进行生产数据的采集、过滤、处理、计算、存储、显示，以及生产数据的统计、分析等功能，并对车间的机台监测器进行管理和控制；②接收信息中心数据库管理系统发来的各项命令，并以规定格式将数据存储在各个车间的生产智能控制系统数据库中；③通过数据接口，实现智能控制系统与上层ERP系统、企业信息管理系统等的有效集成和信息共享共用。

在.NET Framework环境下，采用这种多层系统体系结构，将业务逻辑层放在中间层应用服务器上，将其与数据库服务器相独立，有效保证了系统数据库的安全性和完整性，又提高了系统数据库的存取效率，很好地保证了多用户的并发操作，并在局域网环境下，通过数据接口，实现了企业生产数据的共享共用。

4.1.2 系统数据备份原则

由于集成化管理信息系统用户多、品种数据繁多、统计过程复杂、数据库访问频率高、数据库操作相对比较集中，加之，大部分客户端用户的操作重复度高等特点，其在实际应用过程中加大了系统数据库服务器的负荷，在一定程度上存在着数据库中数据的安全性被破坏的风险，而且不利于系统用户的并发操作和系统数据库的稳定性，尤其是在交接班过程中，系统时刻处于访问高峰期，更容易引起网络瓶颈，在此情形下，这种大的、重复的数据库操作会破坏数据库中数据的一致性和原子性。为此，在系统设计过程中，采取了数据备份的方法，使得在异常情况发生后，保证系统数据库立即回滚到异常情况发生前的某一正确状态。同时，在数据备份方法中使用了手动备份和自动备份两种方法。

(1)手动备份数据库。手动备份操作的发生，通常在当日三班数据交接班后，对当天的数据进行定期备份，并采取完全备份或增量备份的选择方式，其中，增量备份的原则主要是为用户提供一个数据表选择接口，然后在数据表接口中选择需要备份的数据表，一般情况下，主要是针对常用的数据表进行备份，如产量表、疵点表、质量表、品种信息表、机台信息表、用工表等，因为这些表可能会随时进行数据更新，保证这些实时更新的、相对比较重要的数据表中数据的正确性，是保证整个系统正常运行的关键。而完全备份的方法，是对截止当日交接班之前的数据库进行完全备份，在备份时，系统首先要停止 SQL Server 2019 的服务，但需要注意的是，此操作的最佳时机是选择系统访问量相对较少的时刻进行，以免影响其他远程用户的数据库操作。当数据库服务停止后，系统会提示一个选择路径和文件目录，接着对数据进行备份，形成以当日日期命名的数据库文件。

(2)自动备份数据库。手动备份的方法，其操作相对比较简单，但不利于整个系统的网络管理，而且给数据库管理人员带来了很大的不便，鉴于此，利用 SQL Server 2008 数据库管理系统提供的数据库维护计划功能，提出了系统数据库自动备份的方法，实现数据库的异地备份(本系统主要采取的是该方法)。这样，只需系统数据库管理员在系统中自定义备份的时间、路径以及相关的备份参数即可，整个备份过程由数据库管理系统自动完成，而且，为了数据的安全性，还可以多做几个维护计划，这样，根据数据库管理系统维护计划所设定的不同时段，自动进行数据库的备份。

根据异构数据库间的集成方案，以及多 Agent 间的任务调度原理和系统功能需求，利用 SQL Server 作为数据库管理系统，并利用 ERwin 进行数据库的逻辑结构设计。经集成处理后，数据表之间的逻辑结构关系如图 4－1 所示，其中涉及的重要数据表主要有棉纱品种表、纱产品质量表、纱产品产量表、纱断头表、棉纺品种表、布产品产量表、布品种信息表、设备使用情况表、布入库质量表等。

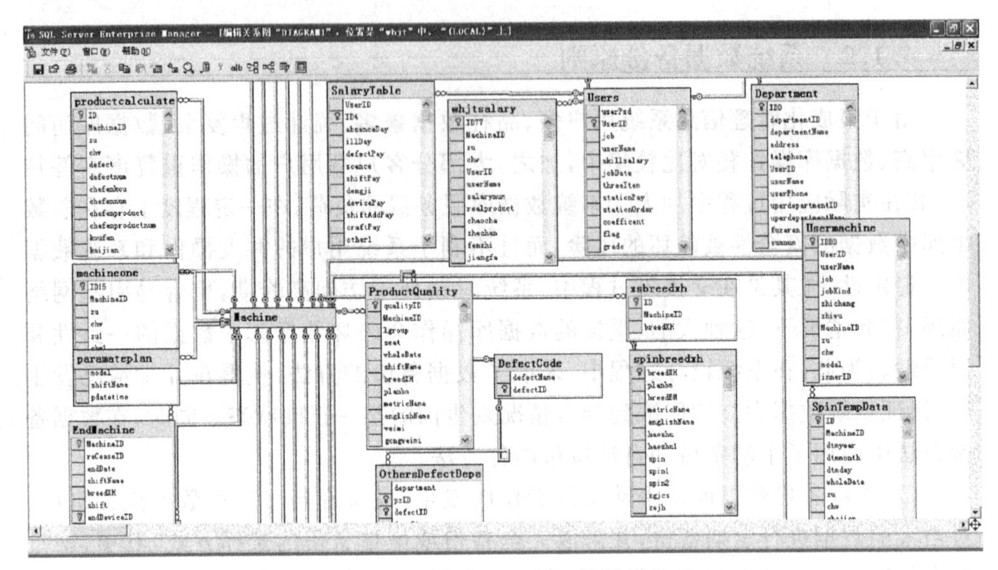

图 4－1　数据表之间的逻辑结构关系

4.1.3　正则表达式的应用

棉纺生产管理系统的数据来源主要分为四种：产量数据、质量数据、计划数据以及疵点数据，其数据的正确性、准确性和一致性直接关系到厂级生产管理和统计分析数据结果的准确性，统计分析数据结果的正确性和管理决策的实时性。由于本系统在局域网内是面向整个棉纺厂的，故系统数据流量大、所涉及系统用户众多，加之所有数据之间业务逻辑关系复杂等特点，使系统管理员、客户端用户在使用信息系统导入、录入数据时，难免会引起数据输入错误，例如，在数值型字段中输入了字母，造成保存失败等。若在数据保存时不进行验证，则会导致两种问题：①数据类型错误，诸如在疵点数据信息中输入字母等；②数据逻辑错误，例如输入一些数据库无法识别、与数据库数据类型不符的数据等，所造成的数据无法统计等错误信息。

正则表达式是一种形式化的字符串表示描述方法，可对用户提交的数据进行严格的检测和过滤，若遇到的字符串与正则表达式不符，则自动提示错误，表明数据格式不正确，能有效防止人为的误操作。目前，常用的方法有两种：①对于有固定格式的输入，应构造该格式的正则表达式进行严格验证；②对于没有固定输入格式的输入，可根据 SQL 关键字归纳非法字符集合，构造正则表达式给予过滤。但值得注意的是，生产管理系统中的数据关系到整个棉纺厂的生产效益、企业利润等，因此，在引入正则表达式时要注意不能使用过滤和替换，只能对不匹配或含有特殊字符的数据进行提示。所以，在本系统设计过程中，采取了第②种方法，利用结构化查询语言 SQL 校验方式，达到保护数据库乃至系统的目的，因为在系统中为方便用户的操作和提高工作效率，提供了较多的外部数据接口，以及数据导入导出接口，其中所有的数据是通过预先设计好的 EXCEL 模板来完成的。机械纱织疵 EXCEL 模板格式如图 4-2 所示，具体的使用方法是，在 EXCEL 模板中，按照标题栏的具体名称，将需要导入导出的数据在相应的位置进行编辑、二次编辑或更新。

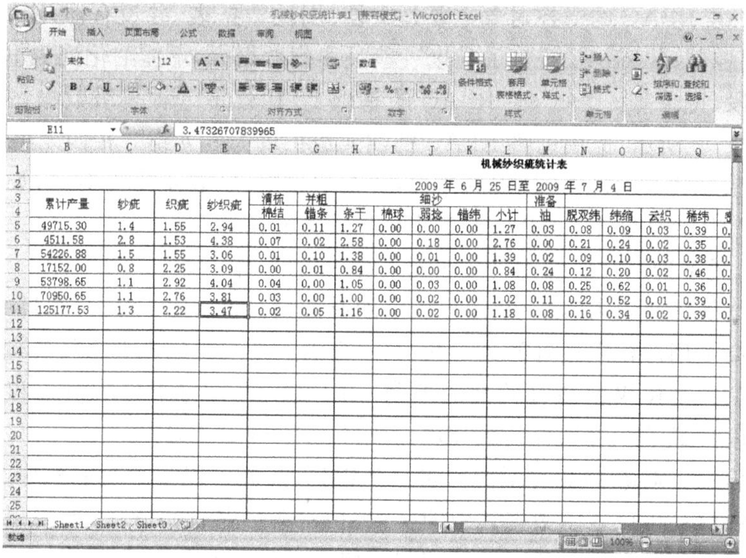

机械纱织疵统计表

2009 年 6 月 25 日至 2009 年 7 月 4 日

累计产量	纱疵	织疵	纱织疵	清梳	并粗	细纱					准备					
				棉结	错条	条干	棉球	弱捻	错纬	小计	油	脱双纬	纬缩	云织	稀纬	
49715.30	1.4	1.55	2.94	0.01	0.11	1.27	0.00	0.00	0.00	1.27	0.03	0.08	0.09	0.03	0.39	0.
4511.58	2.8	1.53	4.38	0.07	0.02	2.58	0.00	0.18	0.00	2.76	0.00	0.21	0.24	0.02	0.35	0.
54226.88	1.5	1.55	3.06	0.01	0.10	1.38	0.00	0.01	0.00	1.39	0.02	0.09	0.10	0.03	0.38	0.
17152.00	0.8	2.25	3.09	0.00	0.01	0.84	0.00	0.00	0.00	0.84	0.24	0.12	0.20	0.02	0.46	0.
53798.65	1.1	2.92	4.04	0.04	0.00	1.05	0.00	0.03	0.00	1.08	0.08	0.25	0.62	0.01	0.36	0.
70950.65	1.1	2.76	3.81	0.03	0.00	1.00	0.00	0.02	0.00	1.02	0.11	0.22	0.52	0.01	0.39	0.
125177.53	1.3	2.22	3.47	0.02	0.05	1.16	0.00	0.02	0.00	1.18	0.08	0.16	0.34	0.02	0.39	0.

图 4-2 机械纱织疵 EXCEL 模板格式

若在导入数据表之前未对数据进行处理，则会容易引起数据库数据类型错误或数据的不一致，而且这些数据接口的工作方式主要是通过结构化查询语言 SQL 来实现的，故利用结构化查询语言 SQL 进行数据格式校验，也有利于系统的设计和开发。如果在生产管理系统中没有对用户输入的数据进行 SQL 注入检测，则会容易破坏系统数据库数据的一致性和完整性。

4.1.4 多级访问控制模型

信息安全是棉纺生产过程基础管理系统实现过程中的应该重点考虑的重要技术环节，由于系统在运行过程中，时常会遇到访问频率较高、访问量相对集中等现象，易导致系统数据丢失或“读脏数据”，需从数据安全、人员管理、权限控制、网络环境适应等多方面为棉纺企业的数据信息安全提供保障，使企业的数据信息不论在何种情况下均可以受到有效的保护，避免企业由于数据信息的泄露、遗失造成经济损失。

对于棉纺企业而言，主要的信息数据可归为两大类：一是业务数据（如生产计划、工艺数据等)；二是生产数据(如产量、质量、设备利用率等)。其中，业务数据在整个生产制造过程中，属于一种静态数据，即数据变动频率较低；而生产数据在整个生产制造过程中，变动频率较高，属于一种动态数据。这样，如何有效保证整个制造过程中生产数据的完整性、安全性，则成为系统设计过程中的一个技术难点。编者在前期系统的开发过程中也曾使用过 RBAC 方法，经实践证明，还仍存在一些不足：①虽采取了基于角色的用户和权限的分离，但在增、删用户时相互间的关系易出错；②RBAC 的受控对象主要是文档、属性数据表，并没有涉及动态生产数据的访问控制；③RBAC 控制的粒度一般只能到数据表，不能细化到更小的数据单元，如字段、记录等。为此，在 RBAC 的基础上，构建了一种多级数据访问控制模型，如图 4-3 所示，此模型将 RBAC 的四元组扩展为六元组。在四元组(U,R,O,P)中，U 表示用户，R 表示用户的角色，P 表示权限，O 表示受控对象，如果人机交互间存在四元组(U,R,O,P)，则表明用户 U 拥有角色 R，可在对象 O 上执行权限 P。否则，提示错误。而六元组在四元组的基础上，作了如下改进。

(1)增加了两项内容，一是用户权限的有效期控制，用 C 表示，其目的在于，一方面，提高了用户权限设置的灵活性，另一方面满足了棉纺企业系统管理人员变动快的特点；二是授权状态有效性的控制，用 F 表示，其与用户的角色和权限相关联，相互间形成了一种耦合关系，即六元组(U,R,O,P,C,F)。

(2)将受控对象 O 根据需要可进一步细化，其既可以表示功能模块，也可以表示生产数据，还可以表示数据表中的字段、记录等。其优点在于，既可以实现动态授权，也可以实现多级对象的访问控制。如用户对系统数据库(TextileDB)中临时数据表(RealDataTable)的某条实时数据进行操作时，将安全控制权限细化到数据表(RealDataTable)中的每个字段或记录(Record)，这样，O 将表示为(TextileDB,RealDataTable,Record)，对应的六元组为(U,R,(TextileDB,RealDataTable,Record),P,C,F)，有效保证了系统数据信息的安全性。

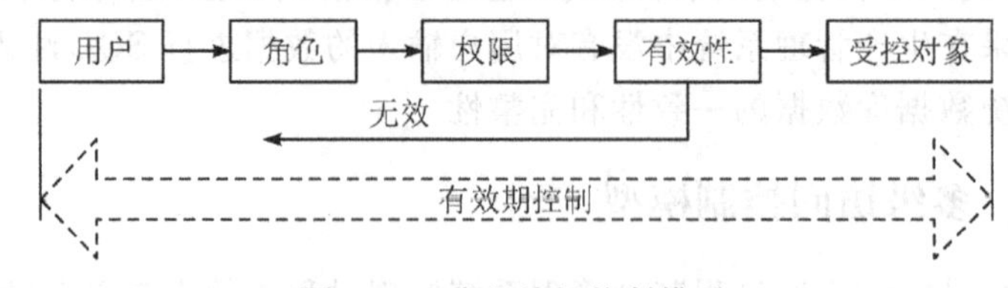

图 4-3　多级访问控制模型

棉纺企业生产管理系统的主要功能：首先，为厂级生产管理者提供及时、准确的生产决策数据依据；其次，为其他生产车间和部门提供当日当班的设备利用率、管理、台账等数据，以督促车间提高设备利用率，加强生产过程的调度；再次，为车间的生产管理人员、车间主任、普通工人提供业务管理所需的基础数据，以实现生产管理的信息化。因此，系统涉及的用户众多、数据访问量大，访问频率过于集中，尤其是在每个生产车间交接班后的一段时间，容易引起网络瓶颈，更容易导致因人为的误操作破坏数据库中数据的安全性，故数据库的安全性成为整个系统设计过程中的一个关键技术。

为此，根据 RBAC96 模型理论，采取了一种基于扩展角色的权限管理模型，将每个用户根据所属部门或车间进行归类，使每个部门（车间）在系统中所担当的角色不同，并按照系统的业务需求和管理功能，将角色分为厂级和车间级两个级别，其中厂级包括厂级生产管理者、系统管理员、车间、部门，而车间级包括部门（车间）、部门（车间）负责人、轮班、普通人员，通过角色的细化可定义出各种不同的角色，使每个角色之间具有不同级别的系统访问权限，并根据用户在系统中所承担的责任不同，再将其分配到不同的角色中，使用户和系统功能权限通过角色相关联，形成两种方式，即权限与角色相关联，角色与用户关联，从而实现了用户与访问权限的灵活对应关系，有效地克服传统访问控制技术中存在的不足之处，减少授权管理的复杂性，并降低系统维护开销。

4.1.5 基于 Hadoop 的数据存储

为解决棉纺过程中的系统集成与数据管理问题，依据棉纺过程工艺流程，对各工序产生的海量数据进行分析，对计划层与车间制造层之间信息无法衔接的问题进行研究。在原有系统数据，以及文本类型的原料、传感器，纱疵检测图像数据的基础上，构架了一种基于 Hadoop 的三层棉纺大数据存储体系。利用 D-S 证据、增量聚类理论方法，对多源棉纺数据融合技术难点进行设计，并提出了相应的算法与模型，进而对系统功能进行设计与实现。通过测试，结果表明该系统通过数据间的相关性实现了计划层与制造层之间信息的有效衔接，解决了信息“孤岛”问题，并为大数据环境下棉纱质量的实时在线检测提供新方法。

为实现海量棉纺数据的集成与管理，在体系结构设计时将系统构建为集贸易、生产、研发、设计、销售等功能为一体的集成管理平台，最终的目的是实现企业内部各类数据的共享共用，以解决企业信息“孤岛”问题。为此，在现有制造层面海量数据信息的基础上，将各种棉纺机械控制回路数据，文本类型的原料、传感器数据，纱疵检测图像数据等进行分析与处理，并其利用 HDFS 存储海量源数据，MapReduce 处理海量数据，HBase 存储处理后的数据，实现基础数据的有效融合，以此构建如图 4－4 所示的基于 Hadoop 的三层棉纺大数据存储体系结构。

由于棉纺过程与其他纯机械加工过程不同，整个制造过程需经历物理和化学性质的交替变换过程，从而使制造过程中的各类数据均围绕由纤维到纱、由纱到坯布再到成品的整个制造过程对应的“品种”为中心进行信息交换和通信，故在棉纺大数据存储体系中抽取表达纤维属性与成纱质量或坯布质量间关系的有益知识时，整个数据关联规则必须以“品种”为主轴，并通过增量聚类的方式从大数据集中

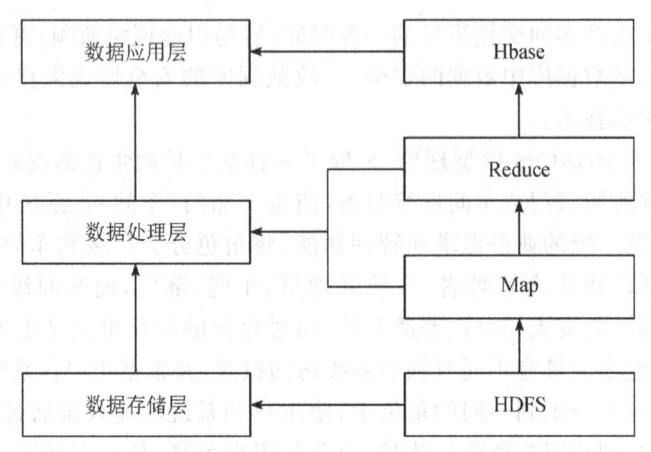

图 4-4　基于 Hadoop 的三层棉纺大数据存储系统体系结构

抽取表达上层计划层与底层生产控制层之间信息衔接的知识规则(如纤维属性与纺纱质量之间非线性关系等)。在此基础上,借助大数据存储体系结构,从各异构数据库中获取实时数据时,可建立多数据表间的品种数据信息链接,其目的是通过品种数据信息建立多数据表间的相关性,可以增强底层生产控制层数据的采集、处理、分析和存储能力;最后,通过这种关系规则,实现生产计划层与车间制造层之间数据的有效对接,进行数据的融合处理,从海量数据中挖掘出表达纤维属性与纺纱质量、坯布质量之间相关联的数据交集,进而通过棉纺过程的系统集成与数据管理,做到棉纱成品质量的实时在线检测。

为此,结合图 4-4 所示的存储体系,将棉纺制造执行系统结构设计为三层,即数据存储层、数据处理层、数据应用层三部分。其中,数据存储层的主要作用是将各部门、车间信息管理系统、监控系统中所存储的数据信息进行获取、处理,并进行数据的通信、存储以及加工;数据处理层主要实现如工艺管理系统、计划调度系统、劳资信息管理系统等数据的并行加载存储,并通过数据接口进行数据的融合、存取和链接;数据应用层用来统一管理、调用棉纺大数据系统中经过处理的数据,主要通过实时数据与历史数据的分离方法来有效保证所有数据的实时性、完整性和正确性。

在现有制造层面海量数据信息的基础上,构架了基于 Hadoop 的三层棉纺大数据存储系统体系。在此基础上,通过梳理棉纺过程的业务流程和数据流程,利用 U/C 矩阵(过程/数据矩阵)划分系统子功能的方法,将棉纺制造执行系统的主要功能划分为计划分配、资源管理、维修管理、产量质量管理、数据采集、生产调度、职工管理、资料管理,以及过程管理九大功能模块,并且各功能模块又可通过业务与数据之间的因果关系,二次划分为与棉纱“品种”关联的若干子功能模块,并在棉纺数据融合的基础上通过相互间的信息共用来实现系统的主要功能。系统功能模块如图 4－5 所示。

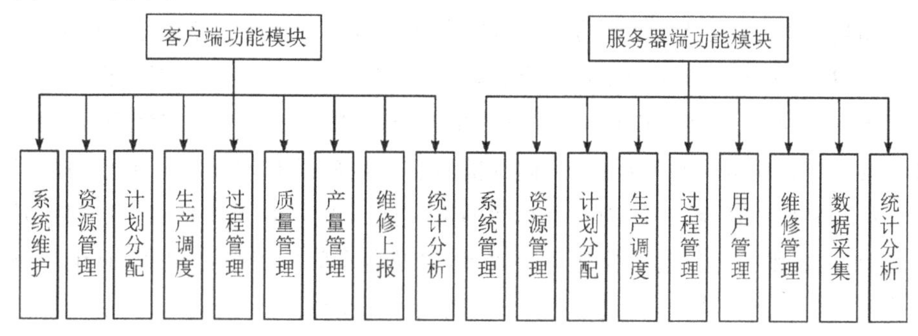

图 4－5　系统功能模块

在系统功能设计与实现过程中，按照棉纺企业从市场需求到生产供应的整个产业链中所涉及的各个业务流程，以及由业务流程所产生的数据流向，将系统功能按照“品种”信息输入输出关系划分为与业务流程与数据流向相对应的九大功能模块。而且，每个模块与后台大数据存储系统数据库之间均以“品种”信息为索引字段进行数据存取，并通过纤维属性与纺纱、坯布质量之间数据关系所对应的“品种”来建立数据之间的相关关系。以棉纱质量人机交互功能模块为例，由于整个棉纱质量数据融合过程的数据源于上层计划层 ERP 系统（其中包括订单、原料、工艺计划、试织工艺数据等），以及底层车间制造层四个车间的智能控制系统（清梳车间智能控制系统、细纱车间智能控制系统、筒并捻车间智能控制系统、织布车间智能控制系统），但是每个系统均存储海量的棉纺数据，且本身是一个大数据集，而这种以“品种”信息为索引字段进行融合后的数据存取方法，通过增量聚类算法进行聚类，更有利于表达上层计划层与底层生产控制层之间以“品种”为主线的纤维属性数据与纺纱、坯布质量数据之间的关系。

4.2　基于多 LED 的棉纺过程在线控制

为了快速、准确、直观地显示棉纺厂各个生产车间的生产产量，进行生产过程的实时监控，结合网络技术、计算机通信技术，以及远程控制技术，针对各个车间的生产特点和实际应用需求，设计了一种基于 RS－485 总线的主从式的系统体系结构，并开发了相应的控制软件，实现了对多个 LED 显示屏的远程监控，同时，对系统的总体设计方案、软硬件构成、数据组织算法、数据显示方式与算法，以及系统的通信原理进行了详细的设计和介绍。应用结果表明，系统能实时反映车间数据采集过程的正确性，并能准确、直观地显示车间的生产产量。

近年来,随着信息技术的不断发展,LED点阵技术得到了迅猛的发展,目前发展得相当成熟,而且已成功地应用于各行各业,其使用寿命长、环境适应能力强、亮度高、可视角大等优点受到用户的青睐,满足了人们的不同需求。对于棉纺厂的各大生产车间而言,应用LED显示屏进行生产产量、质量的实时跟踪管理,加强生产过程的监控已成为一种发展趋势,因其能真实、准确、及时地反映各个车间的机台运转状态和生产数据,并能为每个车间的组、岗位实时提供班次产量、日产量、月产量,客观地反映挡车工的工作能力和效率,以及各车间的设备利用率,对生产过程的管理起到了监督作用,促进了生产管理水平的不断发展。

就棉纺行业而言,LED的应用也相对比较早,如常州市武进五洋棉纺机械有限公司、武汉佳德公司等很早就开发了面向棉纺车间的LED显示屏系统,进行生产车间制造过程的跟踪管理,后来,随着"中国制造2025"在棉纺行业的落地,使得LED显示屏监控系统在棉纺企业的生产车间得到了大力推广。目前已成功应用的案例有河南白马集团、陕西五环集团等大型棉纺企业,而且其使用效果良好,一定程度上促进了企业生产管理信息化的发展。但是,这两家企业对LED显示屏的远程监控,其主要功能是嵌套在监控系统中,由监控系统来驱动,并没有开发独立的、功能强大的、与监控系统能集成的LED显示屏监控系统。接着,鞍山化纤毛棉纺总厂所使用的织布车间LED显示系统,采取的技术方案是,以W77E58为核心进行机台数据的采集,并利用上位机的RS-232串口实现LED显示屏数据内容的传输,鉴于RS232的特点,无法实现数据内容的远距离传输,而且结构复杂,不易后期维护。近几年,随着总线技术、通信技术的发展,LED显示屏的硬件和软件都得到了升级和优化,如李骐等人将SPI总线技术应用到了LED彩屏的硬件设计中,以及龚冰心等人将GSM网络技术应用于LED显示屏的数据传输中,都大力推动了LED控制系统的发展,即可以利用LED驱动提供的控制参数,实现LED显示屏的远程控制。

经调研,发现针对生产车间而开发的显示屏监控系统相对较少,大多数都是集成在车间的监控系统或信息管理系统中,是针对专用显示屏而开发的一个功能模块,更没有提供外部数据接口实现系统的扩展和升级,在这种情况下,若显示屏被升级或更换时其系统功能模块需要重新编码,加大了系统的开销和维护成本。因此,开发出一个既能通用又能灵活升级或扩展的显示屏系统是一种必然。

我们为了加强生产产量、质量的监控,实时反映车间的生产过程,提出了一种主从式的LED显示和控制系统,通过自制的RS-232/RS-485转换器,直接利用RS-232/RS-485的转换卡,实现PC与LED的远程数据传输和控制。这对于多部门、多品种、车间物理位置分布不规则、数据传输距离远等特点的棉纺企业来说，利用多LED显示屏对生产过程进行管理和系统的实现带来了有利条件，可利用LED提供的驱动函数、RS-232/RS-485转换卡，各个显示屏可实现诸如闪动、滚动、打字等多种动态显示效果，以及调节动态显示的速度，在PC机上进行显示效果的预览和显示内容的随时修改。通过系统提供的外部数据接口，可实现系统与其他系统的有效集成，以及车间生产产量、质量数据的远程显示，该LED控制系统对棉纺厂的生产车间而言具有一定的通用性。

4.2.1 多LED的集散式控制体系

系统体系结构采用主从式的二级集散式结构，即由上位机（车间监控主服务器）、下位机（多个LED显示屏）组成，上位机与各显示屏间采用RS-485标准总线相连，并且为了充分利用上位机自带的RS-232串口，专门研制一块RS-232/RS-485通信转换卡，将上位机的RS-232串口转换成RS-485接口，实现长距离的通信和数据交换，系统的体系结构如图4-6所示。在该系统中，上位机的主要作用是对所有的LED显示屏进行分散式控制和集中式管理，除了要对各显示屏需显示的内容进行编辑、更新、录入、屏幕预览、保存外，还要与一系列的显示屏进行有效的通信，并确保数据能实时传给各显示屏，以及实现字符串的修改、显示方式的设定、时间的设置等功能；下位机即所有的LED点阵显示屏的主要功能是实现字符从下往上、从右往左滚动等动态显示效果，实时显示车间的轮班产量、小组产量、岗位产量以及显示当前的时间与日期。

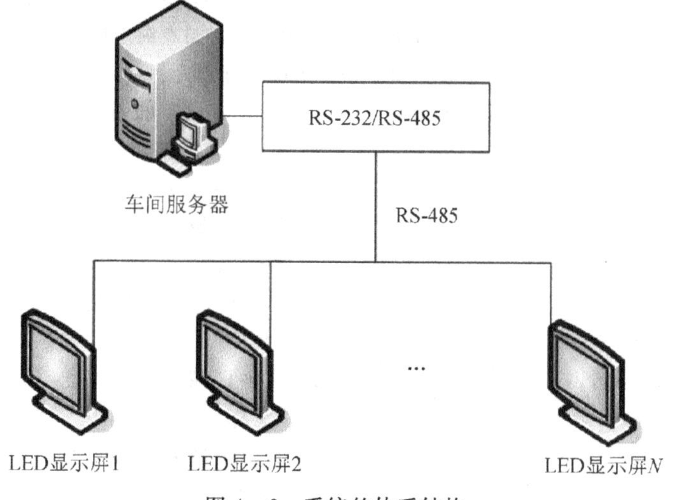

图4-6 系统的体系结构

系统的工作原理：首先，上位机以一对多的方式向所有的显示屏发送一帧地址命令，当所有的显示屏接收到地址命令后，用该命令与本地地址进行比较，如果相同，则回送相应的应答信息给车间的上位机，否则回送错误代码。而上位机对应答信息进行校验，如果正确，两者正式建立通信机制，向显示屏发送需要显示的内容，接着循环变量指针指向下一个显示屏，进行同样的操作，否则，提示错误，使循环变量指针则跳过该屏，直接指向下一个显示屏。周而复始，重复上述操作，直至用户终止通信过程为止。

4.2.2 数据显示内容的获取

通信与控制系统是在 LED 脱机王控制软件的基础上进行的二次开发，使用到的函数可分两类：一类是在 LED 脱机王控制软件中的编辑脚本，其通过调用函数来控制显示内容；另一类是直接用函数来编辑脚本，发送后将控制卡里原来的脚本覆盖。LED 脱机王软件的主要函数如表 4-1 所示。

表 4-1 LED 脱机王软件的主要函数

函数名	语法	功能	定义	说明
SetComm	SetComm (CType, Port, baud, SrnSN)	设置通信	Ctype 通信协议(字节)；Port 通信串口号(字节)；baud 波特率(字符串)；SrnSN 控制卡节点号	0 设置成功；31 波特率参数错误
PrintStr	PrintStr(X, Y, Color, FontlibNo)	适用于有实时变化数据或显示内容比较特殊的显示项或脚本	Prnstr 打印字符串；X 显示项起始点横坐标；Y 显示项起始点纵坐标；Color 显示颜色；FontLibNo 设定的附加字库号	如果附加字库不存在，自动转为 16×16 点阵字库
CleanSrn	CleanSrn(X_1, Y_1, X_2, Y_2)	显示结束后清屏	X_1 清屏区域左上脚起始点横坐标；Y_1 清屏区域左上脚起始点纵坐标；X_2 清屏区域右下脚终止点横坐标；Y_2 清屏区域右下脚终止点纵坐标	

根据系统功能，LED显示屏的数据内容主要由实时数据、历史数据以及企业或车间通知(优先权高于前两者)三部分组成，其中，实时数据直接来源于生产监控系统的数据链表，而历史数据来源于系统数据库的历史数据表，在循环显示累计数据时，首先需要从历史数据表中检索、统计数据，然后执行与实时数据的累计操作，使其形成新的历史数据。这两种数据的特点是，无论数据来源管理部门的管理系统，还是来自车间的监控系统，它们都以品种信息为主轴，按品种信息进行分类。为实现LED显示屏监控系统的功能，还需要在此基础上，进行品种数据的二次分类，使其形成分品种分车间、分品种分机台、分品种分班次、分品种分组别，以及分品种分组岗的数据形式，而且，还需对这些细化后的数据进行规范化处理，形成LED显示屏监控系统能够接受的数据格式，并需保证所有品种信息在数据库中的唯一性。

按照上述要求，数据获取算法的构造过程包含以下几步。

(1)首先读取系统时间 T_1、当班班次 S_m($m=1,2,3$)和通知信息表Notice中的日期 T_2，然后判断通知的时间有效性 T($T=T_1-T_2$)，若 T 的返回值Val为0，则表示此表中企业或车间需要发布的通知已过期，程序可跳到步骤(2)，可直接进行数据内容的轮循显示；否则，当Val>0时，表示日期 T_2 的通知仍需要显示，其方法是通知和数据内容交替显示，这时需要计算通知内容的字数，其结果按行动态存储在数组 $B[i,j]$ 中，且 i 不能大于显示屏的宽度，以及需要计算通知内容占用的显示屏面数，其值为 j 除以显示屏高度。

(2)根据用户预设的数据显示内容，首先，在数据库的历史数据表中，对时间 T_1 和班次 S_m 对应的历史数据按二次分类原则进行分类统计，然后，将数据结果存入预先设计好的数据显示临时表DataTemp中，在每次数据显示时直接从该表按分类存取数据，与实时数据相累计，形成当班的历史累计数据值，其目的是提高数据统计效率。

(3)在车间交接班过程中，上位机系统当检测到LED显示屏显示到最后一屏时，自动给所有显示屏发送一个系统消息："系统正在交接班!"。

(4)当所有的交接班数据已成功转入历史数据表后，上位机系统所对应的班次自动跳转到下一班次 S_{m+1}，这时，LED显示屏系统检测到班次有变更时，自动清空数据显示临时表DataTemp中的所有数据，并且程序自动跳转到步骤(1)，重新获取时间和班次，对下一日期、班次的生产过程进行实时跟踪管理。数据获取算法流程图如图4-7所示。

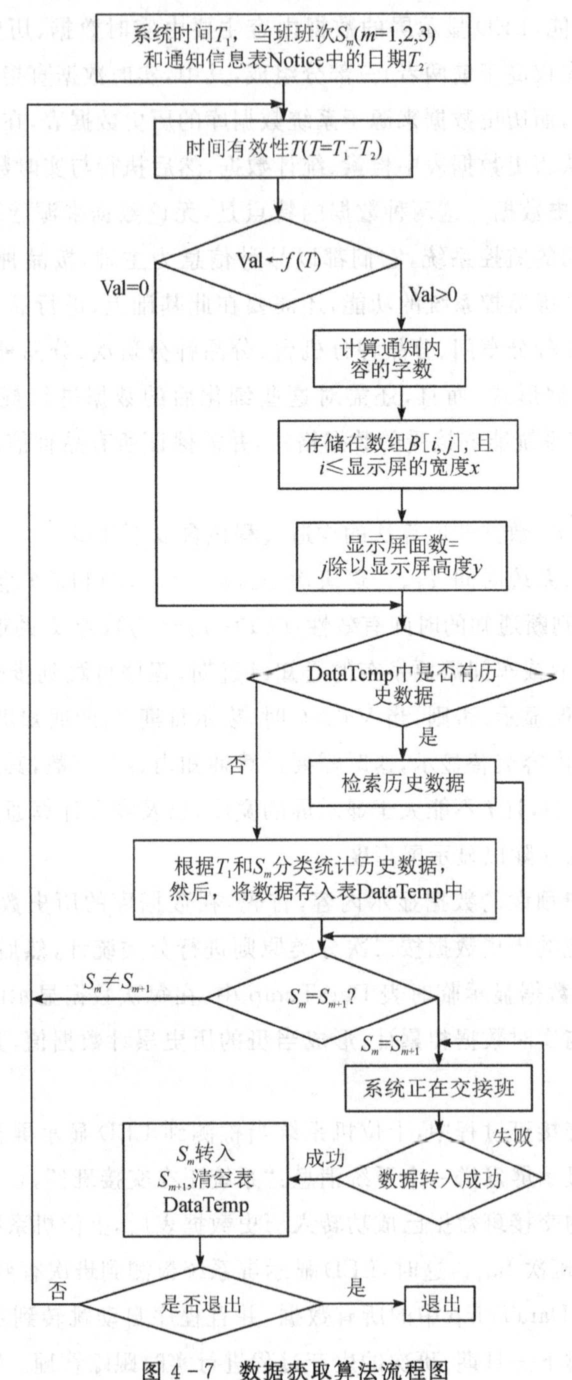

图 4-7 数据获取算法流程图

4.2.3 数据组织算法设计

按照需求分析，所采取的显示屏像素点的直径ϕ为5，16×16点阵的单色LED显示屏，字体大小为122 mm×122 mm，具有屏幕滚动及可以在指定的位置显示日期、星期、时间功能。因此，对每个显示屏而言，其数据的组织方法都以屏幕左上角为坐标原点，如图4-8所示。

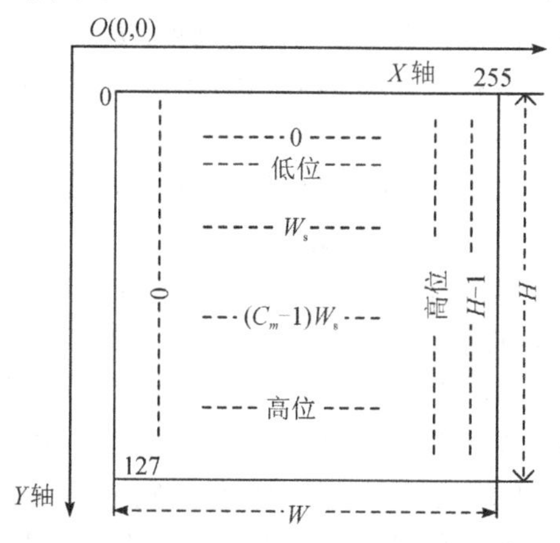

图4-8 显示屏像素点和扫描线之间的关系

根据显示屏的内容显示方式和数据组织方式，设显示屏的显示区域的宽度为W，高度为H，扫描线数为C_m，扫描宽度为W_s，显示区域的行地址为C_h，列地址为C_v，并设定显示存储器按C_m位进行编址，则扫描线与显示区域的对应关系如图4-9所示。

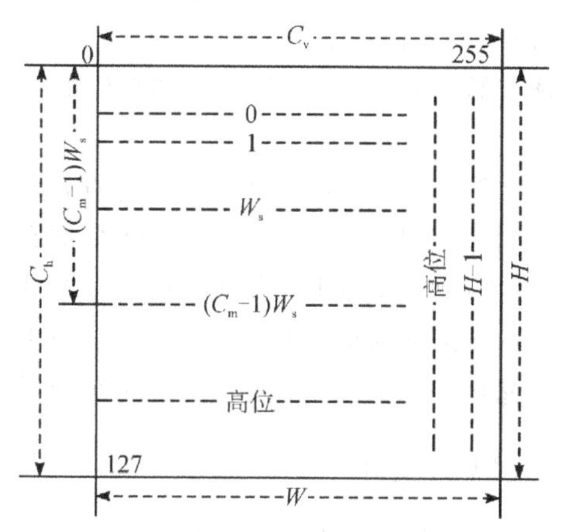

图4-9 扫描线与显示区域的对应关系

在系统设计过程中，所采取的数据扫描算法包含以下几个步骤。

(1)在上位机与多显示屏之间建立了正常的通信机制之后，首先上位机发送一帧清屏命令，将所有的显示屏进行初始化，并计算需要显示的数据大小$(W\times H)$字$\times C_m$位，再在系统中判断是否需要播放通知。若需要播放，则系统首先统计通知内容的字数K，并根据字数K来决定其所占用的页面T，其中$T=K/[(W\times H)\times C_m]$，接着判断每行通知内容的行宽度是否大于扫描线指向的显示区域行宽度W，以及每页通知内容的高度是否大于显示区域高度H，如果一页的显示内容大于高度H，则需要对H执行取模(MOD H)操作，使所有的显示内容在显示屏的有效区域全面显示。

(2)根据显示内容的预设条件从数据源中检索需要显示的数据信息，并经整理、统计、组合后，将其暂存到二维数组中。

(3)对每个LED显示屏而言，根据显示屏的控制卡号，上位机首先让C_m条扫描线分别指向显示区域的第$0, W_s, 2W_s, \cdots, (C_m-1)W_s$行，接着执行步骤(1)操作，将显示区域中$(0,0)$、$(0,W_s)$、$(0,2W_s)$、$\cdots[0,(C_m-1)W_s]$共$C_m$个点对应的显示数据依次存放到存储器起始单元的$D_0$、$D_1$、$D_2$、$\cdots D_{Cm-1}$位中。

(4)首先判断列地址C_v是否大于显示区域列宽H，如果$C_v\leqslant H$，则$C_v=C_v+1$，否则，$C_v=(C_v \text{MOD } H)$，同样，将显示区域$(1,0)$、$(1,W_s)$、$(1,2W_s)$、$\cdots$、$[1,(C_m-1)W_s]$共C_m个点对应的数据存放到存储器的下一个单元，然后重复上述操作，直到将扫描线当前对应的C_m行的W_s-1列数据全部保存到存储器中为止。

(5)系统首先判断行地址为C_h是否大于显示区域行宽W，如果$C_h\leqslant W$，则$C_h=C_h+1$，否则，$C_h=(C_h \text{MOD } W)$，然后将C_m条扫描线分别指向显示区域的第1、W_s+1、$2W_s+1$、$\cdots(C_m-1)W_s+1$行，将显示区域中$(0,1)$、$(0,W_s+1)$、$(0,2W_s+1)$、$\cdots[0,(C_m-1)W_s+1]$共C_m个点对应的显示数据依次存放到存储器的下一个单元。重复上述步骤，使$X=0\sim(W-1)$列对应的W个数据全部存入到显示屏的存储器中。

(6)首先判断暂存二维数组中的数据是否已全部存放到相应显示屏的存储器中，若数组为空，则表示每个扫描线对应行的数据已全部存放到显示屏的存储器中，系统已完成了一个周期的操作；否则，直到扫描线数C_m指向显示区域的第$H-1$行为止，同样，表示所有能正常通信的显示屏将所有显示区域中的各点对应的显示数据按顺序保存到存储器中，系统已完成了一个周期的操作。

4.2.4 数据轮显算法设计

根据数据组织算法，对多个并行连接的显示屏而言，其数据内容的显示过程主要采取轮训交替显示的设计方法，对所有需要显示数据内容的每个显示屏而言，按照一定的时间间隔T(默认为8 s)循环进行显示。这样，对于一个包含N个显示屏对象的监控系统来讲，其 N 值越大，系统的控制功能的编程实现和显示方法的设计复杂度就越大，因为所有的数据需要从本地数据库或异构数据库实时检索，而且需要显示的数据需要从不同的数据表中进行统计，其涉及的数据量相对较大，故在既要保证系统用户的并发操作，又要保证数据库中所有数据的完整性和一致性的基础上，提出了一种数据轮训显示的算法。

其算法的设计过程：首先为每个显示屏的控制单元分配一个唯一的控制卡号 C_{no}，其中 $C_{no}\in(0,255)$，将控制卡号与每个显示屏之间一一对应，然后在系统数据库的数据表中读取每个显示屏的显示区域值，对显示区域的宽度 i，高度 j 进行初始化，再通过总线为每个控制屏选择通信方式 C_{wo}（1 为 RS－232，2 为 RS－485），接着上位机以一对多的方式向所有的显示控制屏发送一帧地址数据帧（主要包括控制卡号 C_{no}，通信方式 C_{wo}，显示区域 (i,j) 等），使两者之间建立正常的通信机制，而显示屏则回送通信正常与否的应答信息，通过定时和计数程序实现被控对象的序号按照一定的时间间隔循环变化。这样，对某一个显示屏而言，首先根据用户要求从系统数据库中检索需要显示的数据，并按分组分岗位的原则进行数据的计算、统计，将其暂存到预先设计好的二维数组 $A[m,n]$ 中，其中 $m\geqslant0$，$n\geqslant0$，然后判断需要显示的页面数 k。

$$k=\begin{cases}m\leqslant i, & i\\ m>i, & m\%i\end{cases}$$

在 $A[m,n]$ 中执行按行累计操作 $\sum_{i=0}^{m-1}x_i$，使其形成分组轮班产量，并将最终结果暂存到数组 $A[m+k,n]$ 中，再从系统数据库中的历史数据表中按分组分岗位的原则检索历史交接班数据，形成每个岗位的日产量和总产量等，将其暂存到另一个二维数组 $B[p,q]$ 中，同样 $p\geqslant0$，$q\geqslant0$，但 $0\leqslant m+k<p$，并将 $B[p,q]$ 中的所有信息按照先分组分岗位合计、后分组小计的原则，使 $B[p,q]$ 中的数值转储到数组 $A[m+k,n]$ 中，即 $a_{ij}=b_{pj}$，最后将数组 $A[m+k,n]$ 变为 $A[m+k+p,n]$，并将 $m+k+p$ 与 i 进行比较，判断数组 $A[m+k+p,n]$ 中的数据所占用的页面数 k。

$$k=\begin{cases}m+k+p\leqslant i,i\\ m+k+p>i,(m+k+p)\%i\end{cases}$$

再对 $i\in(m+k,m+k+p)$ 行的数据进行按行累计操作 $\sum_{i=m+k}^{m+k+p}x_i$，使其分别关联到每个显示屏的内存单元中，并不断用最新的数据刷新该单元中的数据，按照相同的时间间隔循环显示。

这样，该轮训显示方法与传统的信息显示方法相比，实现了生产数据在各个车间的实时显示，保证了所有显示内容的正确性，并且具有如下几方面的优点。

（1）实用性。根据用户的实际需要可灵活设计系统显示时间间隔，利用二维数组转储显示信息的方法可快速实现车间通知和所有数据显示内容的交替循环显示，并根据每个车间的实际需求，实现随时更新数据显示内容、字体等的显示方式。

(2)实时性。在数据显示过程中，所有的数据信息和显示内容都存储在数组中，并且所有的统计操作都在数组中完成，减少了数据库的读写操作，保证了数据库中各类数据的实时性、正确性和一致性。

(3)兼容性。在 Windows 平台上，通过系统提供的外部数据接口 API 可实现与其他信息管理系统、车间计算机监控系统的有效集成。

4.2.5 多 LED 的在线控制软件设计

整个系统的主要功能分为数据源信息的获取、显示内容的数据组织、显示屏的控制和通信三部分，其中，数据源信息的获取可通过外部数据接口将需要显示的数据信息直接写入预先设计好的系统数据库中的数据表中，或根据系统提供的外部数据接口，实现异构数据库的有效集成，在异构数据库中实时检索、统计需要显示的数据；显示内容的数据组织是系统通过数据组织算法，将需要显示的数据进行数据区域、显示数字大小的判断和合理组织，使所有数据信息显示在显示屏的有效区域，达到最佳效果；显示屏的控制和通信功能的主要作用是通过系统参数，与远程显示屏建立通信机制，实现通信参数的读写和显示内容的发送，系统功能中，最主要的是显示屏的控制和通信功能，显示屏控制与通信界面如图 4－10 所示，其采用动态扫描的方式，实现对显示屏需要显示的汉字、图像、字符等数据信息的传输控制以及显示等功能。

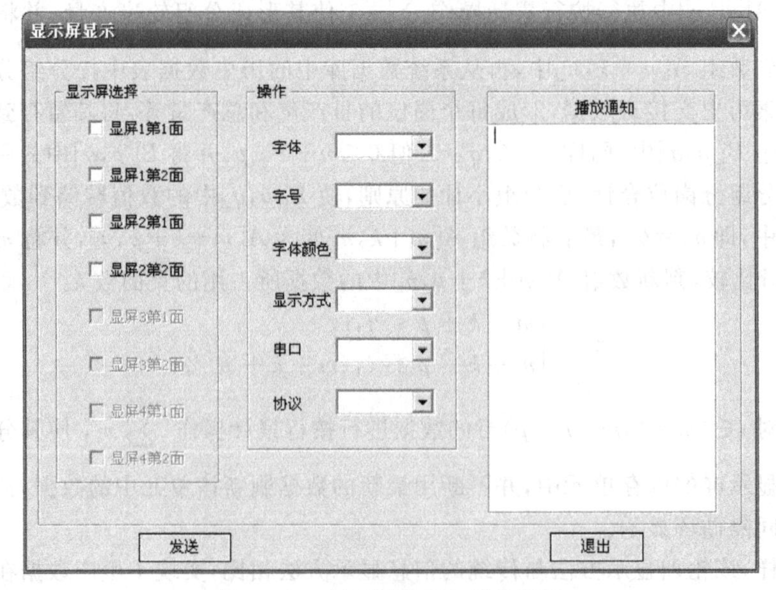

图 4－10　显示屏控制与通信界面

具体的实现流程：根据系统设定的定时器(默认 8 s 触发一次)，在系统数据库的数据表中按分组分岗位的原则检索机台生产分组分岗产量、轮班产量、日产量以及月产量等数据信息，并按照数据组织算法对所有数据进行组织，将其暂存到动态数组中。然后根据系统通信参数，构建一帧通信地址命令，并以一对多的形式发送到所有的显示屏，而显示屏根据地址命令同样构造一帧数据回送到上位机，这时，上位机根据回送数据首先向所有的显示屏发送一帧清屏命令，然后以轮训的方式向显示屏发送数据格式命令字，该命令包括 2 个字节，前一字节用于设定显示方式和滚动方向，后一字节则用于设定显示速度，再向显示屏正式传送需要显示的内容。程序控制流程图如图 4-11 所示。

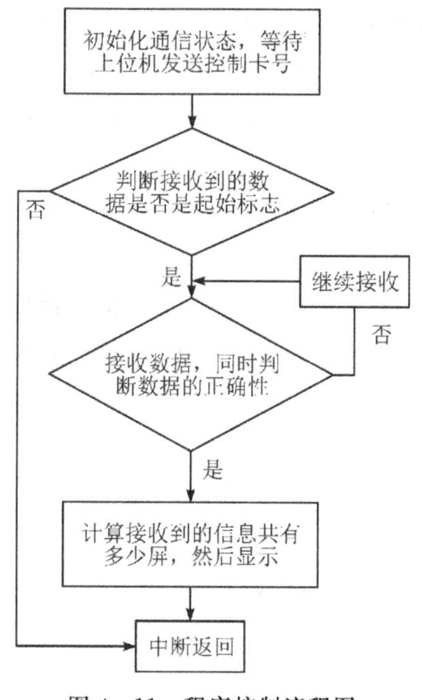

图 4-11　程序控制流程图

若系统需要向显示屏播放车间通知时，系统首先判断通知内容的字数，然后通过字数可判断通知占用多少页面，循环显示所需要的时间，最后系统一方面将通知内容添加到数据库中的临时表中，另一方面将通知立即发送到显示控制屏上，使通知与当前显示内容按先播放通知后显示所有生产数据信息的顺序进行循环显示。具体程序代码如下：

```
UpdateData(TRUE);
CComBSTR baud = "28 800"; //设置波特率为 28 800
CComBSTR carn ; //显示控制屏的卡号
```

```
HRESULT hresult;
CLSID clsid;
_Class_SendToLed * t;
unsigned char ctype =1;//表示用RS-485通信
unsigned char cport =3; //计算机串口3
……
CoInitialize(NULL); //初始化COM库
hresult = CLSIDFromProgID(OLESTR("SendToLed.Class_SendtoLed"),&clsid);
hresult = CoCreateInstance(clsid,NULL,CLSCTX_INPROC_SERVER,\
_uuidof(_Class_SendToLed),(LPVOID *)&t);
CDBVariant  tempvalue;//保存记录集中的值
CString tempgroup,tempperson;//保存记录集中组、岗位值
……
CRecordset rs(&db1);//记录集变量
……
t->CleanSrn(&x1,&y1,&x2,&y2); //清屏低位
t->CleanSrn(&x1,&y1,&x3,&y3); //清屏高位
unsigned char color=0;
unsigned char fnum = 1;
t->SetComm(&ctype,&cport,&baud,&carn);//进行通信设置
……
t->PrintStr(&print,&x1,&y1,&color,&fnum);
t->SendCommand(); //向显示屏发送内容
t->Release();
carn.Empty();
……
CoUninitialize();
……
```

需要注意的是，当显示内容需要改变或播放通知时，为了避免显示屏中出现乱码或显示内容的叠加，在编程实现过程中，在每次发送数据内容之前首先利用CleanSrn函数对显示屏的高位和低位进行清屏，然后实现数据内容的改变和通知的播放。

4.3 面向棉纺生产车间的系统集成方法

4.3.1 基于多 Agent 的系统集成模型

根据棉纺车间生产管理流程的特点，首先将整个棉纺车间生产管理流程封装成一个 Agent，以满足整个业务管理工作的需要，然后，将 Agent 划分为执行 Agent、对象管理 Agent、系统管理 Agent、人机界面 Agent 和数据接口 Agent 五个主要的子 Agent，以完成结构模型的主要功能，多 Agent 的功能结构关系如图 4－12 所示。

(1)执行 Agent。执行 Agent 贯穿于整理车间的整个业务管理过程，负责生产管理的各个环节，并协调其他 Agent 进行有序的工作。它的主要功能：一方面实现车间生产过程的产量、质量、疵点数据的录入、查询、统计、分析和一致性校验，以及生产工艺、计划数据、品种信息数据的下达，生产管理指标、管理标准系数的设置等功能；另一方面对整个管理过程的状态进行分析和预测，对生产过程可能发生的意外情况作出及时反馈，并向对象管理 Agent 进行及时汇报。

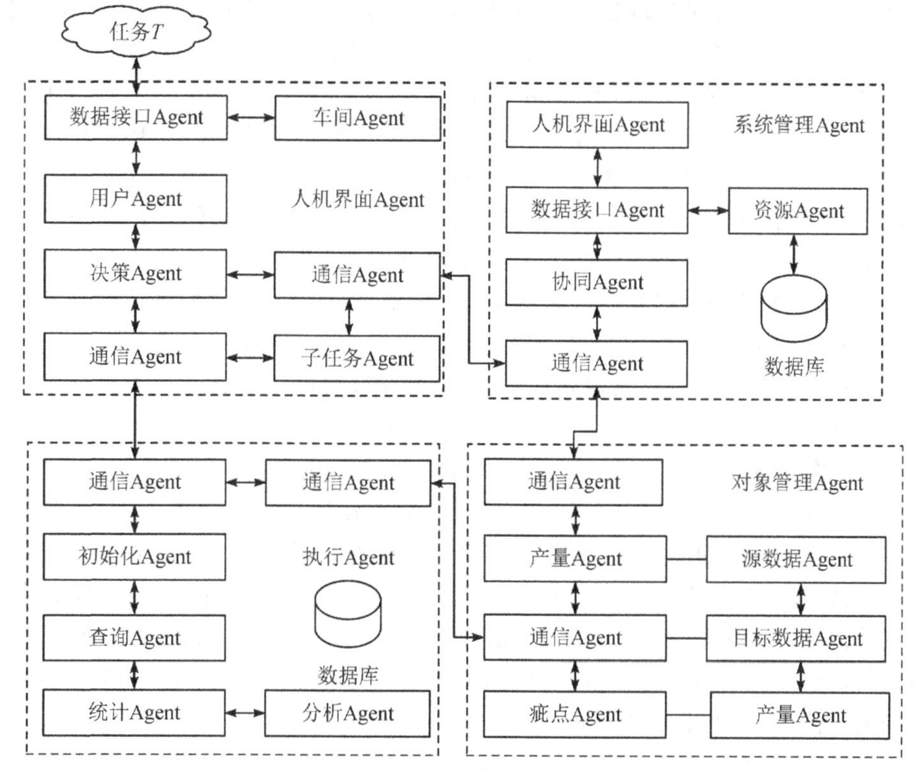

图 4－12 多 Agent 的功能结构关系

(2)对象管理 Agent。对象管理 Agent 是系统管理 Agent 在各个生产车间的代理,其包括车间 Agent,以及整理车间内部的包括验布、码布、修布、打包入库后形成的产量、质量、疵点三个数据的对象管理 Agent,代表整理车间接收系统管理 Agent 指派的任务,交给执行 Agent 操作,并与其他对象管理 Agent 进行相互协作。它的主要功能是一方面对整理车间的多个执行 Agent 进行组织和管理;另一方面,从各个执行 Agent 获取系统管理 Agent 所需要的信息,并传递给执行 Agent,实现业务管理流程的最优化。

(3)系统管理 Agent。系统管理 Agent 主要对整理车间业务管理工作的全局对象进行管理,完成对对象管理 Agent 的组织协调,实现系统的优化管理,提高各个 Agent 之间的协作,加强生产过程的管理和调度,以方便对象 Agent 提高设备利用率。系统 Agent 也负责系统用户 Agent 的数据库操作和安全性验证,管理整个生产流程中的业务数据,并分配给各个对象管理 Agent,实现整理车间生产工艺、产量、质量、疵点的数据管理,以及与对象管理 Agent 间的通信等,同时,通过人机界面 Agent 或数据接口 Agent,系统 Agent 可接收用户 Agent 或 ERP 系统所下达的操作指令,为用户 Agent 和 ERP 系统提供源数据,实现异构数据库之间的信息集成,为构建业务管理数据在局域网内共用共享的信息平台而提供基础数据。

(4)人机界面 Agent 和数据接口 Agent。人机界面 Agent 和数据接口 Agent 是整个多 Agent 系统的任务和数据来源,其中,人机界面 Agent 的主要功能是实现用户与系统之间的交互,通过人机界面 Agent 可以改变系统工作环境和运行参数,并根据用户 Agent 的不同生产管理要求,产生不同的业务管理数据和生产任务,交给系统管理 Agent 进行执行;数据接口 Agent 的主要功能是根据棉纺厂的现行生产管理方式,将一些生产工艺、品种数据信息、各个对象管理 Agent 的生产管理指标、业务管理数据等通过数据接口 Agent,在每月初将它们下达到整理车间的业务管理系统中,并按照分日分班的原则进行细化,最后由执行 Agent 进行调配。若在生产执行过程中出现异常情况,也可通过数据接口 Agent 上报到系统管理 Agent,由系统管理 Agent 反馈给用户 Agent 进行决策,并将数据结果通过执行 Agent 再次下达到整理车间的业务管理系统中,进行生产过程的调度。

多个 Agent 间有效地协同工作、对系统数据资源进行有效整合,并对整理车间的生产管理流程进行优化,为最终构建生产信息共用共享的信息管理平台提供技术支持,这也是使多 Agent 的整理车间生产管理系统得以正常运行,实现资源系统数据资源优化配置的关键基础,也是系统设计过程中的关键技术,为此,根据结构的描述,将多个体 Agent 间的协同工作过程定义为一种关系模式 Q,通过相互间的消息传递,实现来多 Agent 间的协调工作和资源调用。

这样,先设 $Q=(A,O,R)$,其中,$A=$(系统管理 Agent,用户 Agent,感知 Agent,对象管理 Agent,执行 Agent,人机界面 Agent,数据接口 Agent,源数据 Agent，目标数据 Agent，初始化 Agent，查询 Agent，统计 Agent，分析 Agent…），$O=(\rightarrow,\cup,\cap)$，并设各个体 Agent 拥有的任务分别为 $T_1,T_2,T_3,T_4,T_5,T_6,T_7,T_8,T_9,T_A,T_B,T_C,T_D$…多 A 个体 Agent 间通过消息通信机制，相互协作，对生产过程中的异常情况及时反馈，方便生产管理者作出正确决策，以提高设备利用率，加强各个生产车间的管理。

先假设整理车间的生产管理流程从上层管理系统中或从用户 Agent 中接收的任务为 Task，系统管理 Agent 要完成的任务也为 Task(简称 T)，这样，业务管理工作的任务状态由状态 A 转换到另一个状态 B 或者状态 C 时，可存在如图4－13所示的四种情形。

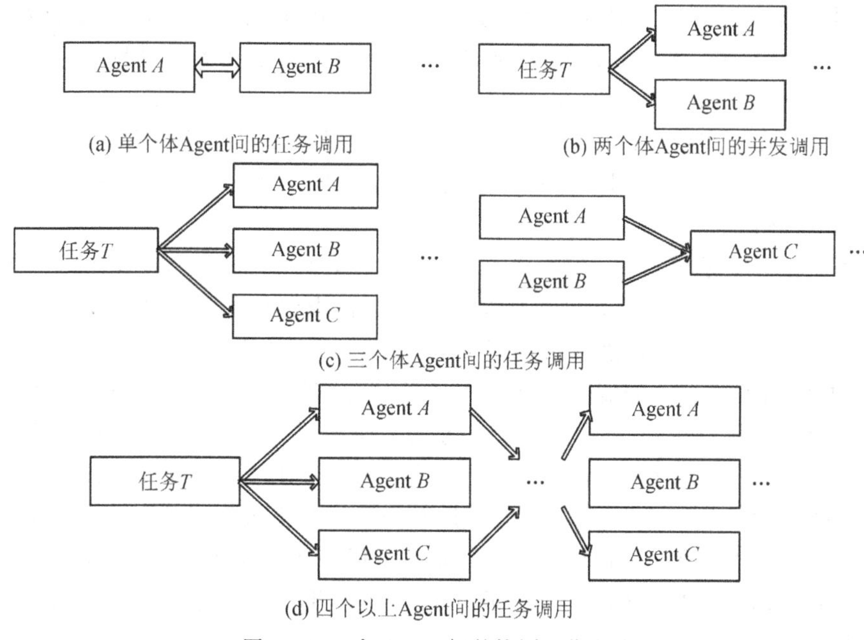

图 4－13 多 Agent 间的协同工作方式

(1)单个体 Agent 间的任务调用。如图 4－13(a)所示，在 Agent A 完成任务前不能开始 Agent B 的任务 T_B；相互之间是单一调用，借助关系模式 Q 可用形式化地表示为 $R(T_A \rightarrow T_B)$。

(2)两个体 Agent 间的并发调用。如图 4－13(b)所示，在整个业务管理过程中，单个体 Agent 的执行相对较少，大多是两个个体 Agent 间的并发调用，即 Agent A 和 Agent B 可同时完成一个任务，实现任务的并发操作，可形式化地表示为 $R(T_A \cup T_B)$。

(3)三个 Agent 间的任务调用。如图 4－13(c)所示，三个 Agent 的并发操作是基于个体 Agent 和两个体 Agent 的并发操作，是前两个操作的组合。一般存在两种情形，一种是三个 Agent 同时执行，则可形式化地表示为 $R(T_A \cup T_B \cup T_C)$；另一种是两个体 Agent A 和 Agent B 与一个 Agent C 的组合执行，若以先执行两个体 Agent，而后再执行单个体 Agent 为例，则可表示为 $R[(T_A \cup T_B) \rightarrow T_C]$，相反，也可形式化地表示为 $R[T_C \rightarrow (T_A \cup T_B)]$。

(4)四个以上 Agent 间的任务调用。如图 4-13(d)所示，四个以上 Agent 间的任务调用是多个个体间的任务操作流程的组合，也就是多个 Agent 间的执行顺序是以车间管理工作的业务流程为依据的，为有效地利用系统数据资源和及时反馈用户的数据结构，必须使系统中所有的 Agent 相互协作，共同完成系统管理 Agent 所分配的任务。

因此，若有 $n(n>1$，但 n 不宜过大$)$个体 Agent，其所拥有的任务分别表示为 $T_1, T_2, T_3, \cdots, T_n$，进行系统任务的细化后，所执行的子任务可分别表示为 $T_{11}, T_{12}, T_{13}, \cdots, T_{1n}; T_{21}, T_{22}, T_{23}, \cdots, T_{2n}; T_{31}, T_{32}, T_{33}, \cdots, T_{3n}; \cdots; T_{n1}, T_{n2}, T_{n3}, \cdots, T_{nn}$。这样，在生产管理过程中，整个系统的执行过程可以描述为 $R[(T_{11} \rightarrow T_{12} \rightarrow T_{13}) \rightarrow T_1] \cup [(T_{21} \cup T_{22} \cup T_{23}) \rightarrow T_2] \cup [(T_{31} \rightarrow T_{32} \rightarrow T_{33}) \rightarrow T_3] \cup \cdots \cup [(T_{n1} \rightarrow T_{n2} \rightarrow T_{n3}) \rightarrow T_n]$。

通过上述关系模式 Q，约定$(A_1, A_2, A_3, \cdots, A_n)$为 n 个 Agent 组成的系统，A_i表示第 i 个 Agent，$G_i[A_i, T]$ 为 A 对任务 T 的求解结果，其目的是将一个大的任务 Task 分解成若干粒度较小的子任务 $T_i(i>1)$，实现多个体 Agent 间的相互协作，并根据各 Agent 的能力为其分配任务，此时各个体 Agent 根据自身的能力和所拥有的系统资源，开始分析执行任务所需资源是否满足条件，若满足条件，则执行相应的任务 T_i，否则，个体 $Agent_i$ 执行 $R(T_{ii} \rightarrow T_i)$上报执行 Agent，由执行 Agent 执行 $R[(T_{i1} \rightarrow T_{i2} \rightarrow T_{i3}) \rightarrow T_i] \cup (T_i \rightarrow T_1))$再上报系统管理 Agent，进行任务所需资源的再分配。当所有 $Agent_{ii}$ 完成子任务 T_i后，由执行 Agent 进行子任务 T_{ii}的整合，获得结果 $G_i[A_i, T]$，得出最终任务 Task。其多 Agent 的协同工作过程描述如下。

①任务获取。系统管理 Agent 首先对人机界面 Agent 或数据接口 Agent 的任务来源进行安全性判断，并对用户的使用权限进行验证，若合法，则调用执行 Agent，执行 Agent 将启动初始化 Agent，对系统环境变量进行初始化，否则，提示错误。

②任务准备。系统管理 Agent 对执行 Agent 的执行能力和执行 Agent 所需要的数据资源进行分析，并根据执行 Agent 的能力对所接收的任务进行分析和判断，然后由执行 Agent 作出回应，并上报系统管理 Agent。

③任务分解。当系统管理 Agent 接收到执行 Agent 传递的消息时，对系统资源作出协调，执行 $R[T_1 \rightarrow (T_{i1} \cup T_{i2} \cup T_{i3} \cup \cdots \cup T_{in})]$调用各个体 Agent，开始任务的分解，将任务 Task 分解成子任务 $T_i, T_i = \{T_i \mid i = 1 \sim n\}$，然后根据各个体

Agent 的任务 T_i，将系统资源进行分解，使其形成任务资源需求表 S：$S_i = \{ S_j \mid j = 1 \sim m \}$，并根据个体 Agent 的任务 T_i 的需求对资源进行分配，若所分配的资源满足执行任务的条件，则顺利完成任务，否则，个体 Agent 执行 $R(T_i \rightarrow T_1)$ 上报执行 Agent，进行系统资源的再分配和调度。

④任务调度。执行 Agent 接收到个体 Agent 的资源请求时，首先对个体 Agent 的任务 T_i 和资源 S_i 进行分析，根据任务所需资源在资源表 S 中进行协调，按需分配，以满足子任务的执行过程。

⑤任务求解。当所有个体 Agent 拥有执行任务的资源后，对接收到的任务进行求解，并通过相互间的消息交互机制实现 Agent 间的协作和资源共享。求解完毕，向协同 Agent 提交求解结果。

⑥任务组合。当所有的 Agent 都完成任务后，所有个体 Agent 执行 $R(T_i \rightarrow T_1)$ 调用执行 Agent 进行任务的协调和组合，最后由对象管理 Agent 执行 $R[(T_{11} \rightarrow T_{12} \rightarrow T_{13}) \rightarrow T_1] \cup [(T_{21} \cup T_{22} \cup T_{23}) \rightarrow T_2] \cup [(T_{31} \rightarrow T_{32} \rightarrow T_{33}) \rightarrow T_3] \cup \cdots \cup [(T_{n1} \rightarrow T_{n2} \rightarrow T_{n3}) \rightarrow T_n)]$，对执行 Agent 所提交的任务进行分析，并上报系统管理 Agent，由系统管理 Agent 对任务作出决策。

多 Agent 系统模型的工作过程如图 4-14 所示。

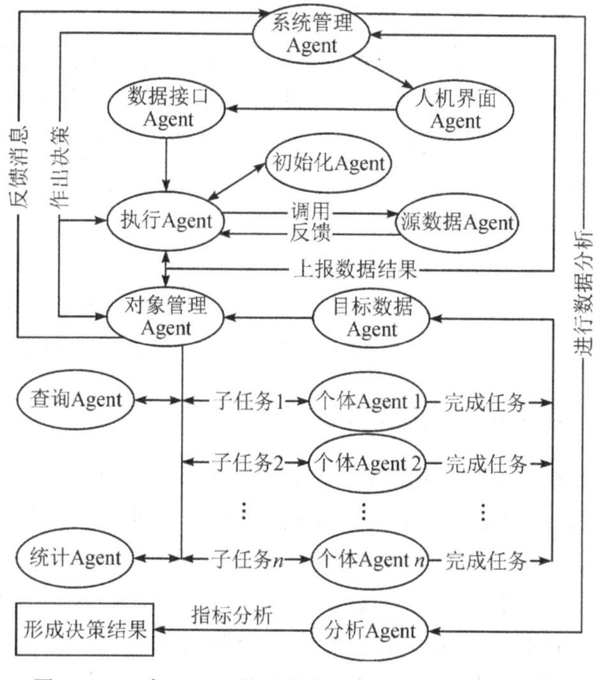

图 4-14 多 Agent 的系统集成结构模型的工作流程

(1)当用户 Agent 通过人机界面 Agent，向系统管理 Agent 发出一个请求 Request时,系统管理Agent将对用户Agent作出合法性判断,并对用户Agent是否拥有系统功能权限进行验证。若用户Agent合法并拥有系统功能权限时,则向远程服务器发出一个任务Task,由服务器管理系统启动系统管理Agent,当系统管理Agent的感知Agent 11发现有Task请求时,执行关系$R[T_3 \rightarrow (T_2 \cup T_4)]$,同样,感知Agent 11对用户Agent和对象Agent的使用权限进行分析,判断是否具有合法性。若有,则对Task所需资源进行分析,以确定完成Task所需的系统资源,并将Task的任务进行细化,形成各个任务流$T_i(i=1,2,3,\cdots,n)$,再执行$R(T_3 \rightarrow T_5)$调用执行Agent,向数据库服务器发出请求,然后,执行Agent将不能满足条件的任务流T_j($T_j \neq T_i, j=1\sim n$,且$T_j \cup T_i =$ Task, $T_j \cap T_i =$ NULL, $j \neq i$)所需资源通过消息机制反馈给系统管理Agent,由系统管理Agent在整个系统中作出调整,为加强Agent内部的协调性,系统管理Agent执行$R(T_1 \rightarrow T_5)$去调用执行Agent,通过执行Agent获得其他个体Agent的数据资源或任务管理。

(2)系统管理Agent将把任务流T_j传递给各对象Agent,由对象Agent执行$R(T_4 \rightarrow T_5)$调用执行Agent,进行多Agent间的消息通信,而对象Agent将按任务流的要求,执行$R(T_4 \rightarrow T_8)$调用源数据Agent,为执行Agent的任务执行提供基础数据支持,这时执行Agent分析所提供的源数据Agent是否能够满足此任务的实际需要。如果能完全满足需要,则执行Agent执行$R[T_5 \rightarrow (T_A \cup T_B \cup T_C \cup T_D)]$调用初始化Agent、查询Agent、统计Agent和分析Agent,首先进行系统环境变量的初始化,然后,为用户Agent提供生产管理所需的各项查询条件,并把这些查询组合条件通过消息机制传递到系统管理Agent。否则,当源数据Agent无法提供满足业务管理所需的数据资源时,执行Agent将发送任务失败消息给所有参与此次任务的Agent,放弃任务。

(3)以VS2019作为系统开发环境,调整运行过程中的数据和功能,采用功能和数据复制型冗余策略,运行不同计算机或同一台计算机上的多个进程,通过相互之间的信息交换,实现系统的主要管理功能,以满足用户的不同管理需求。

4.3.2 异构数据库集成接口设计

为了确保集成化管理信息系统中所有业务数据的一致性和正确性,要实现企业内部所有生产制造数据信息的共享共用,则开发一种较通用的数据库接口是系统设计过程中的一个重要环节,可将各个异构数据库中的工艺数据、生产计划数据、品种数据、设备利用率数据、产量数据、质量数据,以及疵点数据等进行有效整合,相互之间以品种数据为主轴进行数据间的调用和交换。在数据接口设计过程中,主要采用了内网与外网相互结合的设计方式,实现数据共用。数据接口原理图如图4-15所示。

(1)内部接口。以棉纺企业生产制造过程的工艺流程为顺序,所有异构数据库

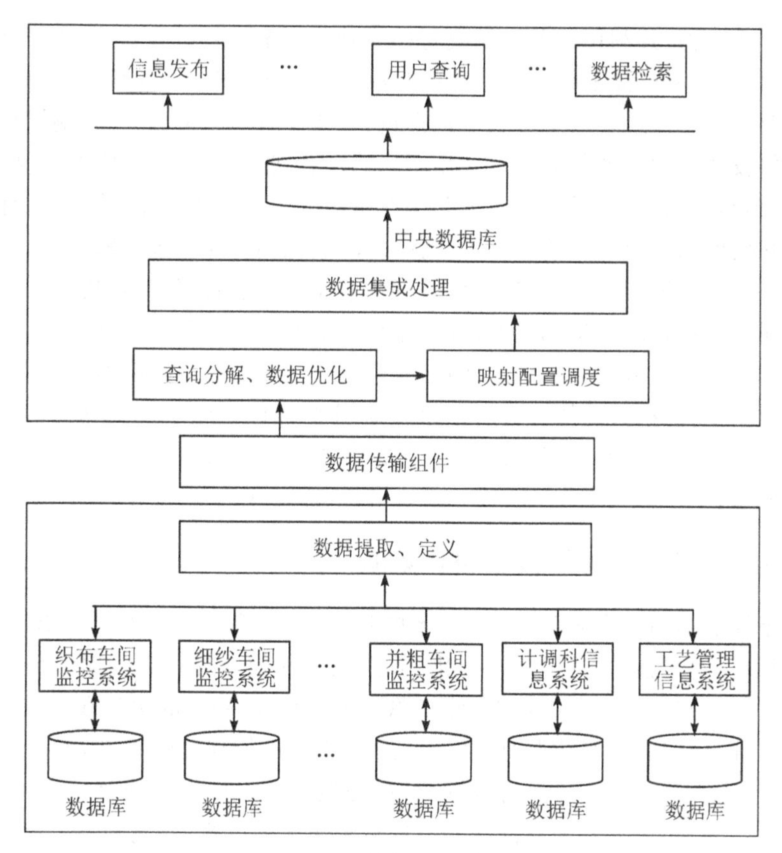

图 4-15 数据接口原理图

中的数据以品种数据为索引，首先对品种编码信息进行命名冲突、格式冲突、主键冲突、类型冲突的消除，然后按照“分品种＋分车间＋分属性＋标识”的原则，为异构数据库中的品种信息建立统一化编码，经整合后，所有品种数据在集成化管理信息系统中具有唯一编码，使所有品种数据具有通用性，通过标准化的数据接口，将棉纺企业生产制造过程的所有业务数据有效集成，不仅满足了数据交换的需要，而且很好地保证了系统的可扩展性。这样，在具体的系统调用过程中，只需调用接口程序(.dll)，可通过接口程序实现不同系统数据库间的数据传送和信息交互，使所有企业信息管理系统、工艺管理系统、各车间智能控制系统，以及企业 ERP 系统之间形成一种良好的互动模式。通过数据接口的建设，各个生产车间和部门的工作站可以方便地调用车间内部的或各个生产车间的设备实时运转状况、轮班产量、停机状况、设备利用率以及机台的历史数据等相关信息，清楚地了解和掌握每个车间的生产情况，同时，通过通用数据接口，可以方便地把每个车间的品种信息、产量数据信息、质量数据信息、设备利用率数据、纱织疵数据信息等转入历史数据信息表中，进行永久性存储。

(2)外部接口。外网数据接口的建设，主要是针对集成化管理信息系统 B/S

模式的体系结构，其利用目前比较流行的企业业务整合技术——单点登录(Single Sign On)，在应用层面上将整个企业的“业务流程”进行整合，在数据存储层面上将棉纺企业生产制造过程的所有生产数据进行“集中管理”，同时，在传输层面上构建企业内部较通用的生产数据共享共用平台，而且，通过单点登录技术，使所有的管理系统、车间智能控制系统，以及工艺系统等共享一个身份认证系统，所有系统能够识别和提取同一个用户的 ticket 信息，并能够识别已经登录过的用户，从而实现各个系统间的数据访问，构建集成化管理信息平台，进行厂级生产管理和车间生产监控之间数据信息的共享和交换，并且在访问权限方面，没有地域性限制，可以查询各个车间的生产数据和机台运转状态、以及产量、质量和设备利用率等数据，并且通过数据交换，把数据统计分析结果反馈到各个生产车间，从而达到“抓生产、促效益”的目的。这样，实现了厂级与各个车间之间的信息共享，很好地降低了企业的生产成本。

4.3.3 基于品种的数据整合策略

由于棉纺车间具有多品种、多工序的特点，其导致在整个生产系统集成过程中，生产数据不完整、表达形式多样化、数据规范性较差等，加之，棉纺行业在信息化建设方面没有一个统一的标准，使来源于不同车间、部门的生产数据缺乏一定的行业规范性，当整合所有数据时，必须对所有数据进行规范性处理，然后进行一致性校验，因为当整合到一起作为数据源时，必然有记录的缺失或字段的残缺，从而导致数据不完整，这给系统数据库的数据带来很大的困难，并且当不完整的数据占整个数据集超过一定的比例时，会严重影响数据结果的准确性，同时，棉纺厂的每个车间，为了方便管理，对机台进行编号时，不同的车间采用同一个编号，有的采用英制名称，有的采用公制名称，同一条品种可能存在不同的品种编号，其编码的规则也存在很大的差异，因此，在检索每个车间或部门的生产数据时，首先对所有数据进行重新品种编码，统一对数据进行规范和转换。

由于棉纺厂的品种、生产管理计划以及生产管理指标等原始数据来源于各个生产车间及部门，其中产量数据、质量数据按照时间划分，可分为实时数据、历史数据，按系统功能划分为系统参数、生产数据、管理数据等，因此，如何将这些数据进行合理的划分和归类，实现生产管理数据的统一化，为构建信息共用共享的管理平台提供基础数据，以确保系统数据库中数据的正确性和一致性，将成为系统开发的一个难点。

为此，根据厂级为每个部门、车间制定的品种信息的月计划、日计划，首先为品种信息进行统一编号，使每个品种编号在整个生产过程中唯一且通用，再对车间、部门的当日、当班的生产数据按品种进行查询、统计以及分析，同时，将生产过程与管理过程中出现的异常生产数据按品种编号进行及时反馈，使车间领导及时作出决策，进行生产过程的调度，并在月初对品种生产计划进行修正。采取的整合策略：①首先将所有生产数据信息按数据来源（车间或部门）进行分类，形成主分类A，然后在每个类中对每条数据按日期分类，形成二次分类B，再在二次分类的基础上按班次进行分类，形成类C；②在类C中，对品种编号进行排序，并提取品种编码，使其形成类D，再按品种信息是否可用标志进行细化，形成类E，最后对这些类进行逐次组合，形成比较通用的品种编码F，即F=A+B+C+D+E+序号，这有效地保证了系统数据库中所有品种数据的唯一性。品种编码整合后的系统界面如图4-16所示。

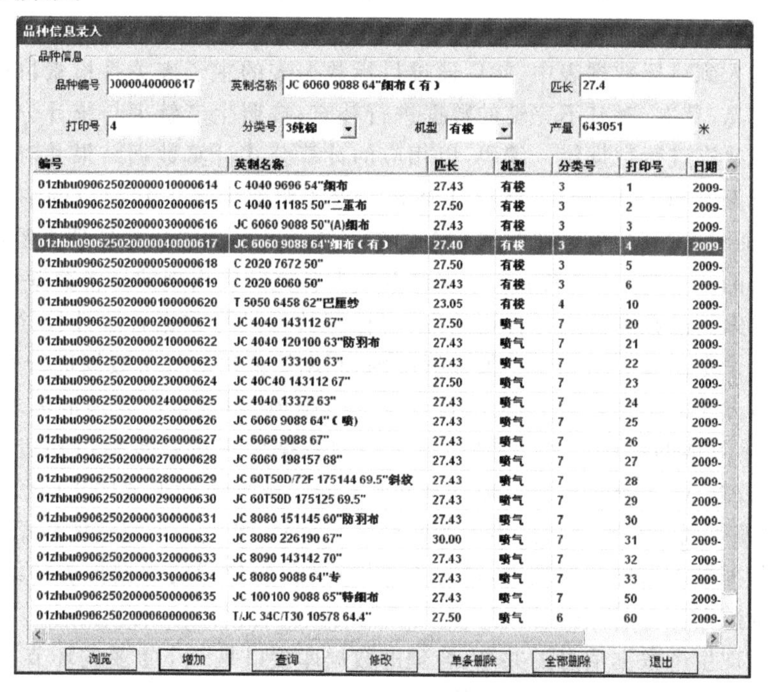

图4-16 品种编码整合后的系统界面

这样，按照分级管理的方式所构造的品种编码规则为“车间（部门）编号（id）（6位）+日期编码（dateid）（6位）+班次编码（shiftid）（2位）+所属部门品种编码（WorkAssortid）（6位）+是否可用标志（flag）（1位）+分品种序号（6位）”。以品种编码值“01zhbu090625020000040000617”为例，其值为01zhbu+090625+02+000004+0+000617的组合，其中，01表示织布车间的编号，zhbu表示织布车间；090625表示2009年6月25日；02表示中班；000004中的4表示品种名称为JC 6060 9088 64细布（有）在原系统中的品种编号；0表示可用，若此时的0为1，则表示该品种已下机，表示不可用；000617表示该品种在生产管理与统计分析系统中的新品种编号，其在品种信息表中的序号为617。

4.3.4 基于品种的数据集成方法

在集成系统数据之前，对目标数据库数据表中不完整的、不规范的信息进行统一化处理，进行合理的补充，尽量使所有信息完整，有利于数据的检索，并使所有数据具有既统一又具有特殊性的编码，方便上级生产管理部门生产管理的需要，又能满足各个车间的生产制造执行的需要，为构建生产数据信息在局域网内共享共用的信息平台而提供技术支持。

本系统主要采取的数据处理方法有三种，即数据补充、数据异常处理和数据合并，其中，数据补充主要是对检索到的源数据进行归一化处理，其原则是，首先将原始数据读入到目标数据表中，然后通过目标数据表的主子表关系检索目标数据所需数据信息；其次，对其不完整的数据进行补充，按照生产管理与统计分析系统的具体设计要求进行数据统一编码，以相应的计算公式计算数据结果并对品种数据信息进行修改和更新；最后，将这些补充完整的源数据导入到相应的临时数据表中，进行临时性存储，以方便临时数据的查询和统计。数据异常处理主要是针对源数据表中的一些需产、手工录入数据以及数据补充阶段出现的异常数据进行标记，然后对检索到的数据集进行标记处理，将标记数据进行数据合法性校验，若合法，通过系统设定的最大值和最小值数据范围，利用均值法对异常数据进行处理，并去除一定百分比的不合理数据，使其接近实际数据值，满足生产管理的需求，若不合法，则提示具体的错误信息。通常，所采用的数据处理过程包括填补遗漏的数据值、平均数据、除去异常值等。数据合并则是对上述两阶段形成的正确数据进行整合，按照编码规则对临时数据表中的数据进行合并，形成一个完整的数据集，然后，将这些数据导入历史数据表中，进行永久性存储，为日后的数据报表的统计、查询提供基础数据。

要实现生产数据信息的共享，合理的数据库接口是一个重要的环节，通过接口可实现系统之间的数据调用和交换。

为了满足数据交换的需要，并很好地保证系统的可扩展性，在生产管理与统计分析系统中设计了一个标准化的数据接口，通过数据接口，各个生产车间和部门的信息管理系统、监控系统可以方便地与本系统实现生产数据共享，随时了解车间内部的或各个生产车间的生产信息，设备的实时运转状况和机台数据、轮班产量、停机状况、设备利用率以及机台的历史数据等相关信息，清楚地掌握每个车间的生产情况，同时，生产管理与统计分析系统通过数据接口，也可以方便地把每个车间的品种信息、产量数据信息、质量数据信息、设备利用率数据、纱织疵数据信息等转入历史数据信息表中，进行永久性存储。更重要的是，根据棉纺厂生产信息化建设的需求，需从企业 ERP 系统中每月检索车间的生产计划数据，触发调用接口程序(DLL)，通过接口程序传送数据，将其分配到相应的计算机管理系统中，触发相应的操作，形成日计划，使生产管理与统计分析系统和 ERP 系统之间形成一个良好的互动模式。

在系统的实现过程中，采用了 MFC ODBC 数据库访问技术，因为 MFC ODBC 数据库访问技术是比较传统的数据库访问技术，为访问数据库提供了统一的接口，而且，主要提供了 CDatabase 和 CRecordset 两个类为该技术提供支持，其中，CDatabase 对象描述了到一个数据源的连接，通过它就可以对数据源进行操作，CRecordset 对象描述了从数据源中所选择记录的集合个数据源。在应用程序中，由于每个记录集的字段不同，因此不应该直接使用 CRecordset 类，可以从 CRecordset 类中产生一个导出类，以对应具体的记录集，此时派生记录集类中就添加了相应字段的成员变量，并通过记录字段交换（RFX）完成与结果记录集的数据交换，将结果记录集中的数据赋值给 CRecordset 派生类的成员变量。

4.3.5 主-子形数据表设计方法

按照系统的功能要求，系统数据库中的数据分为三类：实时数据（Temp Data）、历史数据（History Data）和系统数据（System Data），其中实时数据（Temp Data）主要用来为远程客户端提供基础数据，并为服务器端及时了解设备的运行状态以及设备的生产数据提供人机界面，其主要临时产量表结构如图 4－17 所示；历史数据（History Data）是交接班后的归档数据，将其按照日期、班次顺序进行永久性的存储，通过它们可以得知机台在一段时间以来的运转状况，并为各类报表的打印，图表的绘制提供基础数据，为厂级、车间领导的统计分析提供数据依据，以此了解设备未来的运行情况或设备的损耗情况；系统数据（System Data）是保证归档数据正确性的核心数据，主要包括一些系统正常运行的系统参数，诸如交接班时间、轮班信息、技术指标、生产品种信息等，这些数据可通过 LAN 进行录入、查询和打印。

经数据分析，车间为了方便管理，最初给机台编号时针对不同的机型采取都从 01 开始编号的方法进行编号，导致机台编号重复，这给机台信息表的设计带来了不便，因为在机台信息表中若以机台编号为主键，则机台编号重复，违反了主键的唯一性，若以其他组合字段作为主键，则会降低系统的检索效率，为此，在数据库设计过程中，充分考虑系统数据库的各类数据，在设计机台信息表时，采取了主-子表结构的设计方法，将机台信息表中的两类机台按车间机型进行分类，形成子表，在主表中存储机台编号、机型、是否监测标志、组、岗、所属车间、品种名称等机台主要信息，在子表中存储机台的基本信息，这样主-子表间通过所属关系建立了相互联系，使其呈一树形结构，如图 4－18 所示。

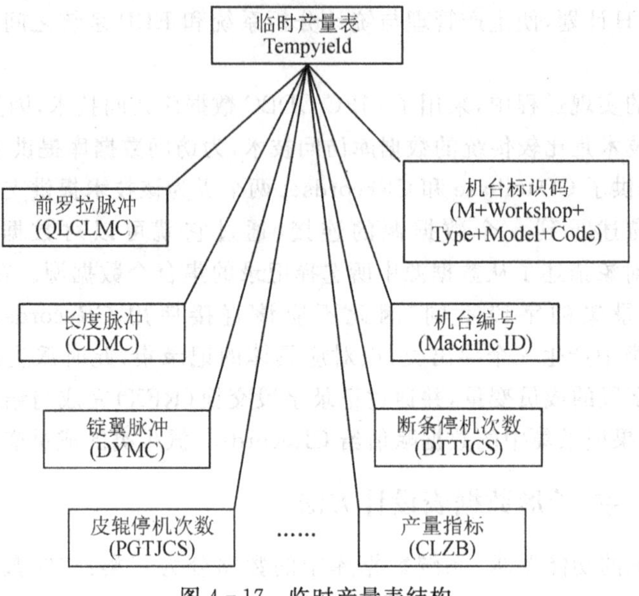

图 4-17　临时产量表结构

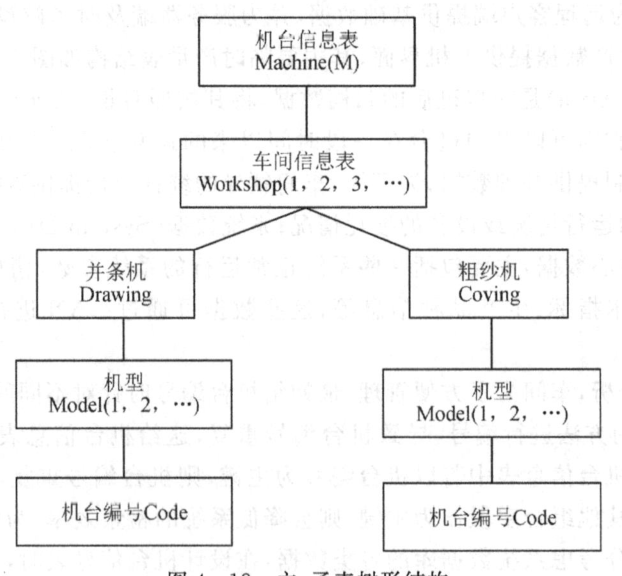

图 4-18　主-子表树形结构

将“机台信息表(Machine)”作为一个根节点，“车间信息表(Workshop)”作为一个中间节点，“机型表(Type)”作为中间节点(Workshop)的子节点，“机台编号表(Code)”作为叶子节点，叶子节点代表机台对象(Object)，其主要存储机台编号、机型、组、岗、所属车间、品种名称、是否有效等信息。为了使车间的每个机台具有唯一标识，在主表中引入了“机台标识符(MFlag)”字段，并且此字段采取从根节点到叶节点，从左向右的编码规则为其编码，其值为“M＋车间(Workshop)＋类型编号(Type)＋机型编号(Model)＋机台编号(Code)”，这样保证了在主表中机台标识符是唯一的，从根本上解决机台编号重复的现象。在录入机台信息时，首先检查子表中是否有相应机型对应的机台编号，若有则为主表中的机台标识字段编码，并将其值存储在“机台标识符”字段，否则，提示错误。在数据采集过程中，所有机台以“机台标识符(MFlag)”作为主键将所有有效机台信息装入数据链表中，并按其顺序与下位机进行通信。

第5章　棉纺工艺管理及智能设计方法

5.1　棉纺工艺的准备与管理

棉纺生产工艺管理是保证生产稳定，实现高质、高效、低耗，提高劳动生产率和实现最佳经济效益的重要手段，又是保证新产品试制和投产、达到设计要求的重要手段。工艺管理是生产技术管理的中心环节。

1.棉纺生产工艺准备

棉纺生产工艺解决如何制造的问题。工艺是劳动者利用生产工具对各种原材料、半成品进行加工或处理，最后使之成为产品的方法。

棉纺工艺准备组织工作，是保证新产品试制和正式生产以及老产品改造达到设计要求、指导工人操作、保证产品质量、决定产品制造经济效益的重要环节。

棉纺生产工艺准备工作的根本任务：根据产品的设计的要求，采用先进的工艺技术，保证产品的加工制造符合高效率、高质量、低消耗、安全环保的要求，使产品达到预定的质量标准。

棉纺新品生产工艺准备组织工作的基本内容：产品设计的工艺性分析和审查，工艺方案的制定，工艺技术文件的编制，工艺设计方案的优选，工艺方案的技术经济分析以及组织文明生产等。

2.产品设计工艺性分析

对产品设计进行工艺性分析和审查的目的，是根据技术上的要求、本企业的设备能力以及外界协作的可能性，来评定产品设计是否合理，是否能够保证企业在制造这种产品时，获得良好的经济效益，以及保证设计出来的产品既能在性能上满足使用要求，又能在制造上符合工艺技术和经济上的要求。

产品设计的工艺性分析和审查工作，一般由新产品研发部门或技术部门负责，以主管工艺师为主，会同该产品的专业工艺员、有关车间生产技术人员和技术工人共同进行。对一些重要产品的关键工艺，工艺部门应聘请有关单位的技术负责人参加分析审查工作。工艺审查之前，要进行必要的工艺试验与研究，并提出试验研究报告，审查后应履行会签手续。在审查过程中，如果设计和工艺部门发生意见分歧，应由总工程师会同总设计师、总工艺师在充分发扬技术民主、尊重科学的基础上作出决定。

3. 工艺设计方案的优选

在实际工作中，对新产品工艺设计方案的各项参数(或有关因素)要进行优先，以实现工艺方案的最优化。在这方面，通常采用的是试验法。在棉纺生产中，比较常用的试验法，有单因素方案优选法、双因素方案优选法、多因素方案正交试验法等。

4. 新产品研发过程与工艺准备的交叉

新产品研发与棉纺工艺准备有关工作相互交叉，这既体现在工作本身方面，又体现在工作人员方面。

(1)新产品研发与工艺准备工作的交叉。一方面，新产品研发过程中包含工艺准备工作，新产品的工艺准备是新产品研发过程中的一个非常重要的环节。另一方面，不仅是新产品，所有的产品在上机生产之前都需要工艺准备工作，只是不同产品工艺准备工作的内容有差异。对于新产品，工艺准备需要完成前述所有工作。对于以前生产过的、相隔一段时间后又重新生产的产品，若工艺技术非常成熟，则工艺准备工作就简化很多，甚至可以使用原有生产工艺；倘若生产设备条件有变化，则需要根据当前的生产设备条件对生产工艺稍加调整，同时对其他相关工作进行相应的调整。若以前生产过类似产品，则该产品的工艺文件可作为制定新上机产品的重要参考，所有工艺准备工作可参考之完成。此外，新产品研发时的工艺文件，在正式生产时可能需要进行一些调整，并且必须进行严格的跟踪检查。对于工艺成熟的产品，纳入日常的工艺管理。对于工艺不甚成熟的产品，除了纳入日常工艺管理工作之外，还需开展工艺试验与工艺研究，必要时开展工艺准备工作中的其他工作，如新工艺方案的技术经济分析、材料消耗定额的制定等。

(2)新产品研发与工艺准备工作人员的交叉。新产品研发工作和正常产品的生产工作，都需要有工艺技术人员做工艺准备工作。对于大中型企业，新产品研发是一项常抓不懈的战略性工作，常年都有，工作量大，若要技术部门的工艺技术人员同时兼顾新产品研发和日常产品的工艺工作，常常在时间和精力上无法满足，通常将新产品研发工作交给专门设立的新产品研发部门来完成，而工艺技术部门仅负责日常产品的工艺技术工作。新产品研发成功，正式投产时，新产品研发部门将所有工艺技术文件和工作转交工艺技术部门负责。有些企业在技术部门里同时设置两组技术人员，一组负责新产品研发，另一组负责成熟产品生产。其优点是机动灵活，当新产品和老产品的技术工作有较大变化时，方便相互调配人员。对于小型企业或新产品研发工作很少的企业，工艺技术人员则同时肩负着新产品研发和老产品的工艺准备工作。

5.2 生产工艺文件的编制与管理

在棉纺生产基础技术中，工艺是龙头，设备、操作、环境温湿度和原料均为工艺服务。它们之间的地位是不平行的，但又相互依赖，相互渗透。工艺受设备状况、操作熟练程度、工艺流程环境的温湿度以及原材料等条件的制约，只有设备、操作、环境温湿度和原料等各项条件同时符合工艺的要求，工艺才能发挥最佳的效果，生产线上才能加工出质优、能耗低和产量高的成品。可见，在五大棉纺生产基础性技术管理工作中，工艺占主导地位，而其他四项是从属地位。设备、操作、环境温湿度和原料等四项工作，必须同时符合工艺的上机要求，生产线上任何一项加工条件的削弱，都会影响加工效果，因此，工艺又紧密地依赖于这四个基础。

5.2.1 产品工艺流程的选用

工艺流程是由原材料到产品完成的整个加工过程中所经过的路线。在这个路线上，依次排列着由原材料到加工成成品所需要的工序和设备。

(1)纺纱工艺流程。棉纺生产中所用的纤维种类很多，其纺纱性能差别很大，需选用不同的纺纱系统加工制成纱线。纺纱系统有棉纺纺纱系统、毛纺纺纱系统、苎麻纺纺纱系统、绢纺纺纱系统等，每种系统中又都有不同的子系统。生产中需要根据纤维特性、产品要求和具体生产条件选用合适的工艺流程。其中，棉纺系统的典型工艺流程如下。

①普梳棉纺系统。普梳棉纺系统主要生产粗、中特纱，工艺流程：开清棉→梳棉(或清疏联)→头道并条→末道并条→粗纱→细纱。

②精梳棉纺系统。精梳棉纺系统用来生产高档棉纱或棉混纺纱，工艺流程：开清棉→梳棉(或清疏联)→精梳准备→精梳→头道并条→二道并条→三道并条→粗纱→细纱。

③废棉纺系统。废棉纺系统利用生产中的废料，加工低档的粗特棉纱，工艺流程：开清棉→梳棉→粗纱→细纱。

(2)新型纺纱工艺流程。新型纺纱是加捻与卷绕分开进行的，其加捻速度和卷绕速度互补限制，因此具有高速高产、大卷装和短流程的特点。新型纺纱技术按其纺纱原理分为自由端纺纱和非自由端纺纱两大类。自由端纺纱方法有转杯纺纱、摩擦纺纱、涡流纺纱、静电纺纱、管道纺纱等；非自由端纺纱方法有自捻纺纱、喷气纺纱、平行纺纱、无捻纺纱等。现简述几种新型纺纱流程。

①转杯纺纱。转杯纺纱，俗称气流纺纱，是目前各种新型纺纱中较为成熟并已大量推广应用的一种纺纱方法。工艺流程：开清棉→梳棉(或双联梳棉机)→头并→二并→转杯纺纱。

②摩擦纺纱。摩擦纺纱采用棉条喂入,其前纺设备工艺与转杯纺纱类似,但摩擦纺纱除了省去了粗纱工序外,还省去两道并条,即采用高效开清棉联合机和高产梳棉机制成的生条直接喂入摩擦纺纱机。工艺流程:开清棉→梳棉→摩擦纺纱。

③涡流纺纱。涡流纺纱是利用空气涡流对已松开的纤维进行凝聚加捻,使之成纱的一种纺纱方法。工艺流程:开清棉→梳棉→头并→二并→涡流纺纱。

④自捻纺纱。自捻纺纱是握持两根须条的两端,中间加捻,形成两根具有正、反捻交替的假捻单纱,再将两根单纱平行地紧靠在一起,依靠两纱条的抗扭力矩自行捻合成具有自捻捻度的双股自捻纱。工艺流程:开清棉→梳棉→头并→二并→自捻纺纱。

⑤喷气纺纱。喷气纺纱是利用旋转气流来推动须条形成高速旋转的气圈运动,使之假捻包缠成纱。工艺流程:开清棉→梳棉→头并→二并→喷气纺纱。

⑥平行纺纱。平行纺纱又称包缠纺纱,或称空心锭子纺纱,它是利用空心锭子进行纺纱的一种新型纺纱技术。平行纺纱的工艺流程类似于传统纺纱,仅将细纱机改为平行纺纱机即可。

(3)织造工艺流程。各种机棉纱在纤维材料、棉纱组织、棉纱规格和用途等方面都具有各自的特殊性,因此要有针对性地选择适宜的织造加工流程和设备。织造系统有棉型、麻类、毛型和丝类棉纱织造系统等,每类系统中依据加工对象的不同又有不同的子系统。例如,棉型棉纱有白坯棉纱和色织棉纱,丝类棉纱有真丝棉纱和仿真丝棉纱。下面简述棉织系统的典型工艺流程。

①纯棉白坯纱棉纱。工艺流程:

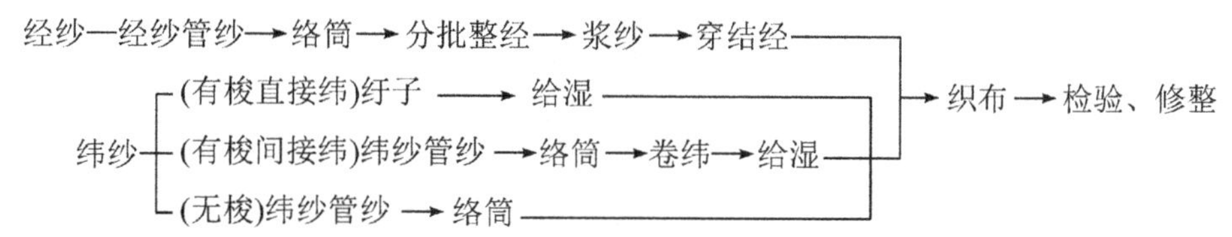

注意,检验和修整包括验布→(刷布→烘布→)折布(又称码布)→分等→修布→复验、拼件→打包。其中,刷布可清除布面棉结杂质和回丝,烘布将棉纱烘干到规定回潮率以下,以防止霉变。刷布和烘布为非必须工艺过程,视具体情况取舍。

②涤/棉白坯纱棉纱。工艺流程:

③白坯(半)线棉纱。工艺流程:

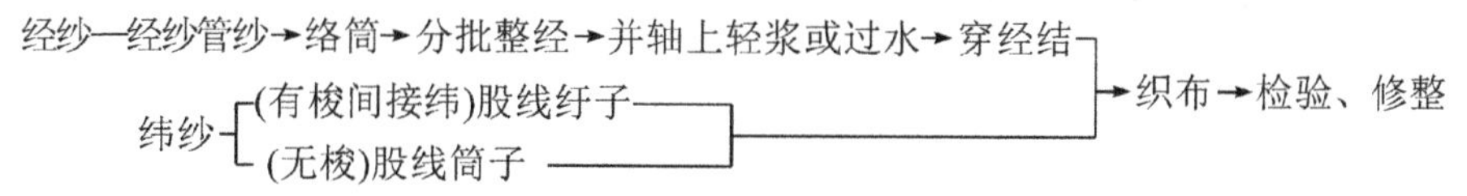

④单纱色棉纱。以绞纱、筒子纱染色为例，其工艺流程如下：

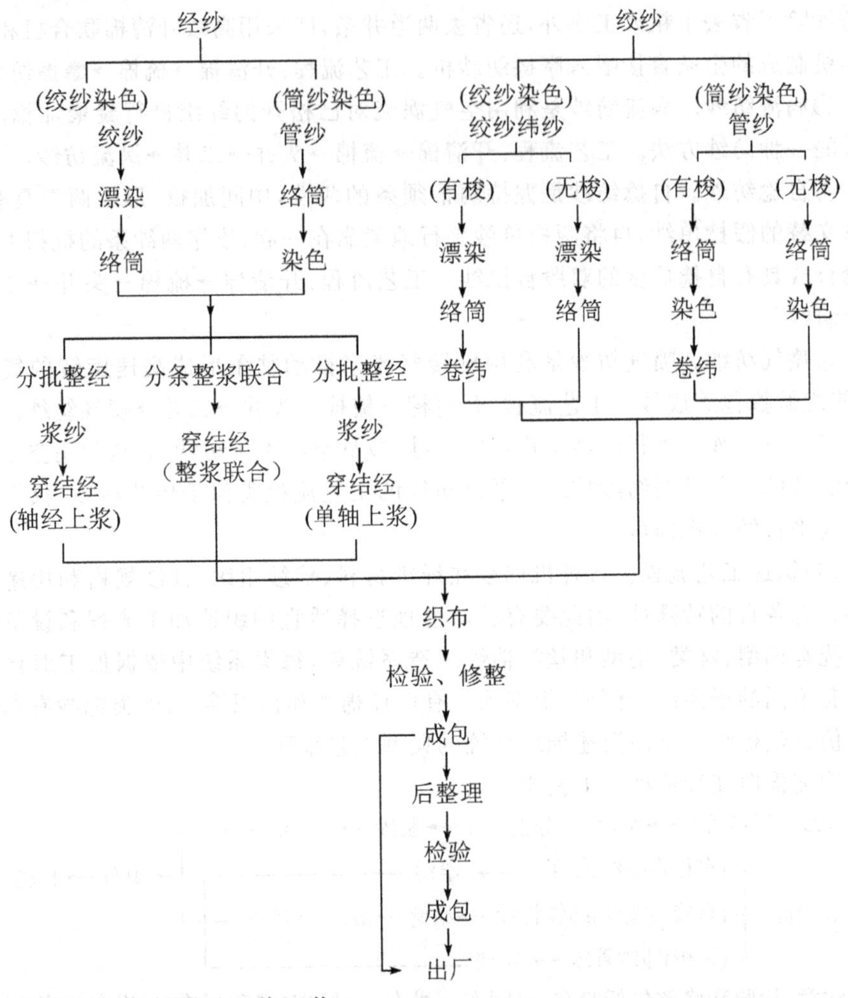

色棉纱上浆有以下三种工艺。

a.经轴上浆，同本色坯布的分批整经→上浆工艺，适合大批量、组织结构简单的色棉纱上浆。

b.分条整浆联合法，即在整浆联合机上先浆后整，适应小批量、多品种、组织复杂、色泽繁多的色棉纱生产。

c.单轴上浆，即在浆纱机上采用轴对轴上浆，其工艺比较简单，但浆纱覆盖系数高，上浆效果稍差。

(4)股线色棉纱。其工艺流程如下：

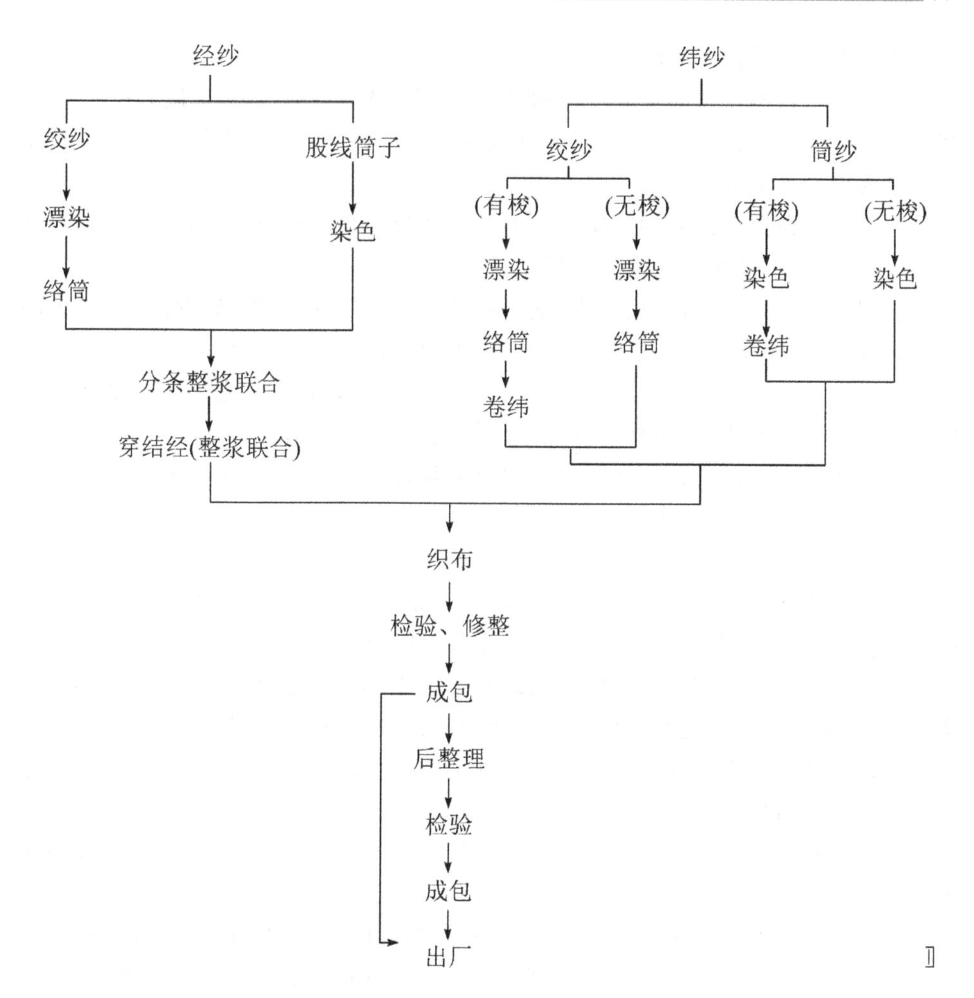

]

5.2.2 主要工序工艺参数设计

工艺参数，是指为完成产品设计指标所规定的技术数据。产品品种的变化会引起这些工艺参数的变化，工艺参数的变化会引起设备生产率的变化，而设备生产率的变化又会导致各工序设备数量比例关系的变化。因此，一个企业在多品种生产的条件下，在合理利用现有设备的基础上，要既保证产品质量和产量，又能获得良好的经济效益，关键就在于选择合理的工艺参数。

各种工艺参数的确定，直接影响产品的质量、数量、消耗以及劳动生产率等一系列指标，与企业的经济效益有密切联系。

(1)纺布主要工艺参数。以棉纺为例，纺布工艺设计是按纱线的技术要求，如线密度、捻度、强力及不匀率范围等，设计相应机台的工艺参数，主要内容有以下几个方面。

①确定开清点。根据选用原料含杂情况、成熟度的好坏、纤维粗细的程度等，

在清棉机上合理选择开松除杂打击点,即开清点。

②选择机器速度。如棉卷罗拉速度、梳棉机刺辊、锡林、道夫速度,并条、粗纱、细纱、捻线等工序机台的罗拉速度等,应根据机械的条件、工人操作的技术水平、产品质量要求进行选择。

③定量。根据产品品种和质量的要求及机器速度的快慢,确定各道工序半制品和成品的定量(即单位长度的重量)。

④定隔距。如并条机、粗纱机、细纱机各自前罗拉、中罗拉、后罗拉之间的隔距等,都要根据各个工艺加工点的不同要求、不同机器性能来确定。

⑤定牵伸倍数。如棉卷压辊到棉卷罗拉之间的牵伸倍数,梳棉机上的总牵伸倍数,并条机、粗纱机、细纱机上罗拉牵伸倍数的选定。

⑥定压力。如并条机、粗纱机、细纱机上胶辊的压力等,要认真选择确定。

⑦定捻向、捻度。确定粗纱和细纱的捻向和捻度。

(2)织布主要工艺参数。

①调节纱线张力。络筒、整经、浆纱、织造的战略,都要有一个标准,既不能过低,又不能过小,要根据产品质量要求和设备时间情况加以调节。

②选择最佳速度。络筒、整经、浆纱和织机的转速不能太高,否则很容易产生次品。也不能太低,以免影响效率。这些速度必须严格控制在技术水平范围内。

③选择清纱器形式和工作参数。清纱范围应合理设置,范围过宽会造成漏切,范围过窄又会造成误切。

④计算整经头份、轴数和长度,分条整经还需计算条带数、条宽、定幅筘每齿穿入数等。

⑤合理配置浆料和浆纱的工艺参数,包括浆液的黏度、浓度和配方,上浆温度,加压形式和重量,上浆三率、墨印长度等。浆纱质量直接决定着织造效率。

⑥确定穿经工艺。确定钢筘、综框、综丝、经停片的规格以及穿经的规律。钢筘筘号对棉纱经密起着决定性作用,是织布最重要的工艺参数之一。

⑦选择最佳织造工艺参数。经位置线对棉纱的质量特别是棉纱的外观有很大影响。开口时间的早晚对开口清晰度、引纬顺利进行以及打紧纬纱有较大影响。上机张力的合理与否,对棉纱的形成和织造经纱断头率有极大的影响。梭口高度(开口量)对经纱的伸长与断头有很大的影响。

5.3 棉纺工艺的智能优化与推荐

5.3.1 棉纺生产工艺优化策略

工艺优化一直是纺纱生产企业质量控制的核心,企业在面对大量生产数据和客户个性化需求时，若无法进行有效的分析与决策，及时准确地调整棉纺的生产工艺参数，将严重影响棉纺企业的经济效益和市场竞争力。

棉纺工艺优化主要包括生产工艺参数优化和上位机参数优化两部分，由于生产工艺参数直接决定棉纺产品的质量，因而主要探讨棉纺生产工艺参数的优化。对于棉纺生产工艺参数的优化国内外学者已经开展了相关的研究，主要是采用基于案例推理(Case Based Reasoning，CBR)模型以及支持向量机(Support Vector Machine，SVM)模型。而通过CBR相似度计算寻求的近似解不是最终的工艺方案，而是在此基础上，在满足用户纱线质量要求的前提下，根据成本最小化原则，利用SVM模型对棉纺生产工艺参数进行棉纺制品的质量预测，最终得到相应的工艺优化方案。

为此，以纺纱系统工艺优化为目标，在分析纱线断裂机理的基础之上，选取“断裂强力”为主要质量指标，并采用多工序质量控制点间的递阶关系模型，实现棉纺过程多工序质量间的知识关联；进而，以纱线断裂强力质量损失函数为目标函数，建立基于质量损失最小为约束条件的纺纱工艺智能优化模型，并借助棉纺过程产生的海量小数据及多目标烟花算法，对工艺参数进行求解，实现对棉纺工艺参数的智能优化。

5.3.2 工艺优化建模

1. 影响纱线质量指标的关键工艺因素分析

按照纺纱工艺理论，纱线强力性能主要由纤维性能和纱线的结构决定，而纤维性能和纱线结构很大程度上取决于原材料的性能和工艺参数，为此，从原料和工艺视角对影响纱线“断裂强力”的关键因素进行探讨。

从原料性能视角判断，影响纱线断裂强力的主要因素有纤维长度 L_f、纤维整齐度 M_f 以及纤维的断裂长度 L_{fb}，而纤维的断裂长度 L_{fb} 主要由纤维断裂和纤维滑落决定。其中，纤维断裂主要是由断裂面纤维根数过少、断裂面单根纤维强力过低以及纤维强力不均等原因引起，而纤维滑落的主要原因在于纤维长度过短、短绒集聚度较低、纤维卷曲较少、纤维柔软度较低以及纤维之间抱合力差。

从纺纱工艺参数视角判断，不同工序(如清梳联、并条、粗纱)对应的纱线形态不同(如生条、熟条、粗纱)，设备不同(如生产商、类型、转速)，则对应的包括纱线断裂强力在内的纺纱质量输出特征值也存在差异。同时，不同品种的纱线其断裂强力也不同，而且断裂强力与纱线中纤维内部分子结构之间还存在着耦合的作用关系。具体而言，清梳联工序担负着清除原棉中杂质的任务，影响纱线断裂强力的主要因素有刺棍转速 S_p、锡林转速 S_c；并条工序的任务是将6～8根生条随机并和，以降低熟条的重量不匀，并通过牵伸作用改善生条结构，影响纱线断裂强力的主要

因素有转速 S_d、罗拉加压 F_r；粗纱工序的主要任务是借助机械力将纱线牵伸、加捻、卷绕并成形，以供细纱工序使用，影响纱线断裂强力的主要因素有回潮率 E_{mr}、捻系数 N_n；细纱工序是纺纱工艺流程中最后一道工序，其主要任务是牵伸、加捻和卷绕成型，影响纱线断裂强力的主要因素有牵伸倍数 $\mathbf{N}_q$ 以及锭速 S_r 等。

2. 基于阈值的纺纱质量控制点及损失函数

在纱线质量指标选择的基础之上，构建了如图 5-1 所示的多工序递阶的纺纱质量控制点框图，具体设计思路如下。

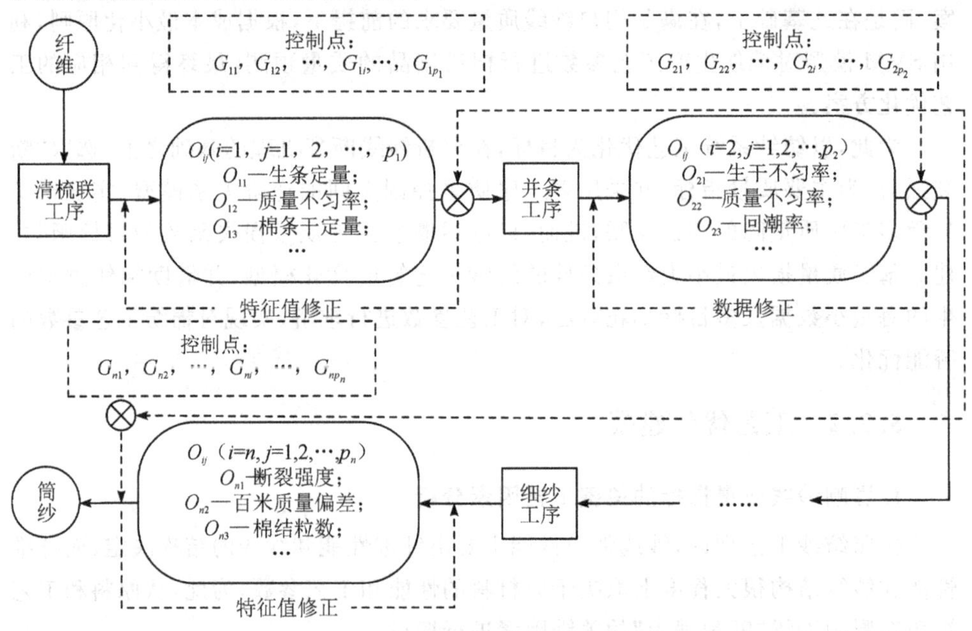

图 5-1 多工序递阶的纺纱质量控制点框图

首先，将纱线工序描述为集合 $S=\{S_1, S_2, \cdots, S_n\}$，并分别对每个工序建立质量控制点集合 $G=\{G_{i1}, G_{i2}, \cdots, G_{ij}, \cdots, G_{im}\}$，其中 S_i 表示纺纱生产中的第 i 个工序，G_{ij} 表示第 i 个工序，第 j 个质量控制点，且 $0<i\leqslant n$，$0<j\leqslant m$。同时，令 $L_1(G_{ij})$ 表示质量控制点 G_{ij} 对应工艺参数 y_{ij} 控制阈的下限，$L_2(G_{ij})$ 表示质量控制点 G_{ij} 对应工艺参数 y_{ij} 控制阈的上限。

这样，对于每个工序 S_i 而言，都有对应的质量控制点 G_{ij} 以及对应的质量控制点的质量输出特征值 O_{ij}。另外对于纺纱质量控制点集合 $G=\{G_{i1}, G_{i2}, \cdots, G_{ij}, \cdots, G_{im}\}$ 中的任一个质量控制点 G_{ij}，都有与其对应的工艺参数的实际值 y_{ij} 及其控制阈 $[L_1(G_{ij}), L_2(G_{ij})]$，即工序集合 S、质量控制点集合 G 以及实际的工艺参数集合 y_{ij} 间存在着相互的映射关系。基于此，利用人机系统工程学理论，从人、机、系统、料、工艺等角度着手，在文献[18]中提出的改进的质量损失控制阈函数的基础

之上,定义面向纺纱过程中各工序中表达影响纱线断裂强力的多载荷影响因子 β_{ij}:

$$\beta_{ij}=\frac{B\sqrt{2\sum_{j=1}^{l}(y_{ij}^{*}-y_{ij})^{2}}}{n[(L_{1}(G_{ij})+L_{2}(G_{ij})]} \tag{5-1}$$

式中:y_{ij} 和 y_{ij}^{*} 分别为第 i 个工序、第 j 个质量控制点对应的影响纱线断裂强力的工艺参数实际值和质量最优条件下的工艺参数理论值;$L_1(G_{ij})$ 和 $L_2(G_{ij})$ 分别表示质量控制点 G_{ij} 的下限、上限;n 为所选择的工序个数;$y_{i,j}$ 表示第 i 个工序第 j 个质量控制点工艺参数的实际值;B 对于特定的质量控制点其为常数。

在式(5-1)定义的多载荷影响因子的基础之上,结合纺纱生产的具体工艺流程,定义如式(5-2)所示的第 i 个工序,第 j 个质量控制点的质量损失函数:

$$C_{i}(y_{ij})=\frac{k_{ij}\ [(1+\beta_{ij})y_{ij}-y_{t}]^{2}}{C_{\mathrm{mpt}}} \tag{5-2}$$

式中:k 为一系数,即 $k=A_{0i}/\Delta_{0i}^{2}$,其中 Δ_{0i} 为设备允许工艺参数的容差,A_{0i} 为工艺参数超出容差 Δ_{0i} 时的纱线断裂强力损失值;β_{ij} 为各工序中各种因素共同作用下影响纱线断裂强力的多载荷影响因子,是质量控制点 G_{ij} 与其上游质量控制点之间的耦合作用关系变量;y_{ij} 和 y_t 分别表示第 i 个工序、第 j 个质量控制点中工艺参数的实际值以及控制阈函数的目标值;C_{mpt} 为工序能力指数,表示产品质量的波动状态。

进而,在式(5-2)定义的每个工序质量控制点质量损失函数的基础之上,对于棉纺纱过程中的每个具体的工序而言,则有如式(5-3)所示的质量损失函数:

$$f_{i}(x)=\sum_{j=1}^{n}C_{q}(y_{ij}) \tag{5-3}$$

式中:$C_i(y_{ij})$ 表示第 i 个工序、第 j 个质量控制点的质量损失函数;$f_i(x)$ 表示 i 个纺纱工序的质量损失函数,$j=1,2,\cdots,n$。

3. 基于质量损失函数的纺纱工艺智能优化模型

对于整个纺纱系统而言,上游工序的质量输出对下游工序质量输出以及最终纱线的质量输出都会产生影响。当然,从根本上讲这种影响是主要源于分布在不同工序质量控制点之间存在着相互作用关系,具体表现为从清梳联、并条、粗纱以及细纱等生产工序中上游质量控制点到下游质量控制点依次向下传递和累加的过程。为了表达纺纱系统中多工序质量控制点间的相互作用关系,在提出的多阶段质量预测模型的基础之上,按照棉纺工艺流程中的各质量控制点间的输入-输出关系,建立基于多工序递阶的纺纱质量输出特征值的知识关联。对于式(5-3)中定义的各工序质量控制点对应的质量损失函数 $f(x)=\{f_1(x),f_2(x),\cdots,f_j(x),\cdots,f_n(x)\}$,则某一具体工序的质量损失函数可以表示为如式(5-4)所示的单个工序质量控制点质量损失函数的串联关系：

$$\prod[f_1(x),f_2(x),\cdots,f_j(x),\cdots,f_n(x)] \tag{5-4}$$

对于整个纺纱过程而言，纱线质量可视为一种以在制品为载体的质量损失的传递和累加过程，因而纺纱质量控制过程可视为一种寻优过程，通过不断地迭代和寻优求解得出质量损失最小时对应的各个质量控制点工艺参数的最优解。为此，在上述定义的纺纱质量控制点及其耦合作用关系的基础之上，建立的纺纱质量优化目标函数为

$$\min f(x)=\min[\prod_q^n f_q(x)] \tag{5-5}$$

并且，基于式(5-1)～(5-4)对式(5-5)的纺纱质量优化模型的目标函数展开，可得纺纱质量优化模型为

$$\min f(x)=\prod_{i=1}^n\left(\sum_{j=1}^{p_i}\frac{k_{ij}\,(O_{ij}-y_t)^2}{C_{\text{mpt}}}\right) \tag{5-6}$$

$$\text{s.t.}\begin{cases}O_{ij}=(1-\beta_{ij})\cdot y_{ij}\\ y_t=\dfrac{L_1(G_{ij})+L_2(G_{ij})}{2}\\ L_1(G_{ij})\leqslant y_{ij}\leqslant L_2(G_{ij})\\ i=1,2,\cdots,n\\ j=1,2,\cdots,m\end{cases}$$

式中：β_{ij} 为考虑影响纱线断裂强力的原料因素、工艺因素以及设备因素等多种因素间相互作用条件下，质量控制点 G_{ij} 与其上游质量控制点之间的耦合作用关系变量；O_{ij} 表示纺纱生产过程中第 i 个工序中的第 j 个质量控制点的质量特征输出值；C_{mpt} 为工序能力指数。

5.3.3 基于多目标烟花算法的工艺优化模型求解

对于非线性优化问题的求解，随着优化问题维数的增多以及实际工程应用中目标函数的不连续且不可微，使得传统的求解优化问题的方法具有很大的局限性。而进化算法作为一种新型群体智能算法，其要求目标函数值是可以计算而不要求其具有连续可微的性质，因而其在处理复杂优化问题方面逐渐受到了学者们的关注。

当然，进化算法作为一种无约束的进化搜索技术，在求解约束优化问题前还需要对其约束条件进行处理。为此，在式(5-6)的求解过程中，需要对约束条件进行处理构建一个惩罚度最小化的目标函数，进而将单目标多约束优化问题转换为双目标优化问题，具体包含如下三个步骤。

(1)引入惩罚函数 $H(x)$ 对模型中的约束条件进行处理：对于前 q 个等式约束

条件 $g_i(x)$，需要通过引入等式约束违反的容忍值 δ 转换成为不等式约束，对于其他的 $r-q+1$ 个不等式约束条件 $h_i(x)$ 不做处理。

$$H_i(x)=\begin{cases}\max\{0,|g_i(x)|-\delta\},1\leqslant i\leqslant q\\ \max\{h_i(x)\},q+1\leqslant i\leqslant r\end{cases} \tag{5-7}$$

式中：$H_i(x)$ 表示解空间中的解个体 x 对第 i 个约束条件的违反程度；q 表示等式约束条件的个数；r 为所有约束条件的个数；δ 为等式约束违反的容忍值；$H(x)=\sum_{i=1}^{r}H_i(x)$ 表示某个解违反了所有约束条件的程度。

(2)定义双目标函数：

$$\min_{x\in s}\{t_1(x),t_2(x)\} \tag{5-8}$$

式中：$t_1(x)$ 为原模型中的目标函数，且 $t_1(x)=f(x)$；$t_2(x)$ 为违反约束条件的最大惩罚度，且 $t_2(x)=H(x)$。当且仅 $t_2(x)\geqslant 0$ 时，变量 x 满足所有约束条件。同时，当 $t_1(x)$ 最小化，可以搜索到纱线断裂强力损失值最小时的最优工艺参数可行解集合。当 $t_1(x)$ 和 $t_2(x)$ 同时取得最小值时，不仅可以搜索到纱线断裂强力损失值最小时的最优工艺参数集合可行解，而且使得各个质量控制点的工艺参数在对应控制阈范围内，即可以搜索到纱线断裂强力损失值最小时的最优工艺参数解集合。

(3)基于通过上述转换策略将原单目标优化模型可以转化为如式(5-9)、(5-10)所示的双目标优化模型：

$$\min t_1(x)=\sum_{i=1}^{n}\sum_{j=1}^{p_i}\frac{k_{ij}\,(O_{ij}-y_t)^2}{C_{\mathrm{mpt}}} \tag{5-9}$$

$$\min t_2(x)=\sum_{i=1}^{r}H_i(x) \tag{5-10}$$

多目标进化算法，在每一次执行的过程中可以确定多个帕累托最优解，所以被认为是求解多目标优问题最有效的方式。为此，在混合多目标进化算法设计思想和新型进化模型的启发下，借助多目标烟花算法(Multi-objective Fireworks Algorithm，MOFWA)在解决多目标优化问题时表现出的寻优性特性，经过多次的仿真实验和结果对比分析，采用多目标烟花算法(MOFWA)对基于多工序递阶的纺纱质量控制模型进行求解及控制多工序递阶的纺纱工艺优化流程图如图 5-2 所示。

基于上述流程图，对具体的流程进行梳理，并从以下五个步骤进行阐释。

(1)关键参数编码。在如式(5-9)、(5-10)所示的控制模型的基础上，求解得出的优化反馈数据是工序 S_i所对应质量控制点 G_{ij} 中的最优工艺参数 y_{ij}，现将多目标烟花算法的烟花种群数与各个质量控制点中的工艺参数相对应，则形成的具体编码如下所示：

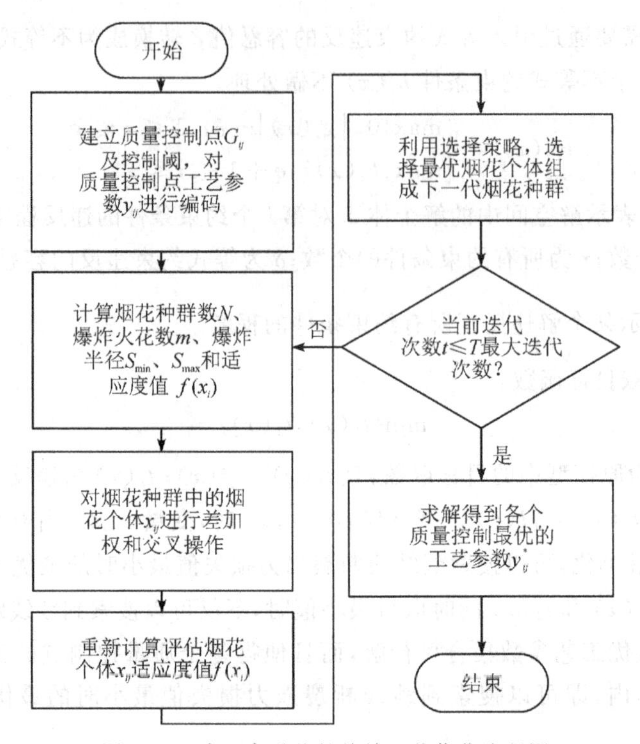

图 5-2　多工序递阶的纺纱工艺优化流程图

$$y=\begin{bmatrix} y_{11} & y_{12} & \cdots & y_{1m} \\ y_{21} & y_{22} & \cdots & y_{2m} \\ \vdots & \vdots & & \vdots \\ y_{n1} & y_{n2} & \cdots & y_{nm} \end{bmatrix}$$

(2)选择适应度函数。选取纺纱质量优化模型中的目标函数，将其作为多目标烟花算法的适应度函数，通过算法的不断进化和迭代，以及适应度函数的评估，获得整个纺纱质量优化模型的最优解，构建如式(5-11)所示的适应度函数。

$$r(x)=\prod_{i=1}^{n}\left(\sum_{j=1}^{p_i}\frac{k_{ij}\ (O_{ij}-y_t)^2}{C_{\mathrm{mpt}}}\right)+\sum_{i=1}^{r}H_i(x) \tag{5-11}$$

(3)烟花种群寻优。对于式(5-11)中任意解 y_{ij}，计算初始烟花个数 N、爆炸火花数 m、最小烟花爆炸火花数 $S_{\min}$、最大烟花爆炸火花数 $S_{\max}$。进而，对于解空间中每一个解，随机选择其他两个解，通过式(5-12)所示的变异策略进行差加权操作并得到变异解，同时利用式(5-13)所示的交叉策略对原解和变异解 x_i进行交叉操作，从而得到交叉解 u_i。

$$V_i=x_{r_1}+\gamma(x_{r_2}-x_{r_3}),q_1,q_2,q_3\in\{1,2,\cdots,p\} \tag{5-12}$$

$$u_i^i = \begin{cases} v_i^j, & \text{rand}(0,1) < \theta \\ x_i^j, & \text{其他} \end{cases} \tag{5-13}$$

式中：γ为常数且$\gamma > 0$；θ为烟花个体交叉概率；q_1, q_2, q_3为区间$(0, N]$内的随机整数。

在此基础上，利用质量控制点G_{ij}所对应的控制阈函数中的实际工艺参数y_{ij}来初始化烟花算法。

(4)选择最优解。在式(5-12)、(5-13)的基础上，构建如式(5-14)所示的选择策略。如果生成的交叉解u_i的适应度值$r(u_i) > r(x_i)$，则用u_i替换x_i，并利用u_i更新解决空间，即从当前种群中选择适应度值较好的个体组成新的烟花种群，并通过烟花种群的不断迭代获得最优解。

$$x_i = \begin{cases} u_i, r(u_i) \leqslant r(x_i) \\ x_i^j, \text{其他} \end{cases} \tag{5-14}$$

(5)获得最优解并进行反馈更新。如果满足终止条件，则求解过程停止并获得最优解及其容差，若容差超出对应的质量控制阈，则利用最优解对工艺参数进行更新，实现对纱线质量的反馈控制。否则，执行步骤(3)。

5.3.4 算例分析与验证

选取咸阳某棉纺企业纺纱车间JC7.29品种纱线的生产工艺数据和质量数据，对提出的质量控制模型进行验证。

在Windows 10操作系统环境下，利用MATLAB R2019a软件搭建实验平台，并采用多目标烟花算法(MOFWA)对节中建立的工艺优化模型进行求解，同时开展比较研究。

1. 数据选取

以咸阳某棉纺厂为例，其主要纺纱工序为开清棉、梳棉、并条、粗纱、细纱及后加工等工序，因而将纺纱质量控制关键工序集合定义为$S = \{S_1, S_2, S_3, S_4\}$，其中$S_1$表示清梳联工序，$S_2$表示并条工序，$S_3$表示粗纱工序，$S_4$表示细纱工序。

与此同时，在纺纱生产过程中不同品种纱线的原料、工艺以及对应的纱线的质量输出特征值也存在差异，为此选取该企业纺纱车间JC7.29品种纱线，建立如表5-1所示的纱线断裂强力的质量控制点及其控制阈。

表 5-1　纱线断裂强力的质量控制点及其控制阈

工序名称 S	控制点编号	质量控制点 G_{ij}	控制阈 $[L_1(G_{ij}),L_2(G_{ij})]$
清棉	1	棉纤维长度/mm	[16,30]
工序	2	棉纤维整齐度/%	[80,90]
梳棉	3	刺辊转速/($r \cdot min^{-1}$)	[600,1 000]
工序	4	锡林转速/($r \cdot min^{-1}$)	[280,450]
精梳	5	梳理隔距/mm	[0.2,0.5]
工序	6	罗拉转速/($r \cdot min^{-1}$)	[25,30]
并条	7	回潮率/%	[6,10]
工序	8	罗拉转速/($kr \cdot min^{-1}$)	[15,30]
粗纱	9	回潮率/%	[6.5,9.0]
工序	10	捻系数	[80,100]
细纱	11	牵伸倍数	[25,40]
工序	12	锭速/($kr \cdot min^{-1}$)	[11,17]

在表 5-1 中，$L_1(G_{ij})$ 分别表示各个质量控制点 G_{ij} 的上限值，$L_2(G_{ij})$ 表示质量控制点 G_{ij} 的下限值，其中具体的控制阈值是基于该企业纺纱生产的历史工艺数据分析得出的。

2. 参数设置

模型参数主要包括工序能力指数 C_{mpt}、多载荷影响因子 β_{ij} 以及质量损失函数中的系数 k。

(1)工序能力指数。根据纺纱质量国家标准(GB/T 398—2008)以及该棉纺企业纱线产品质量控制要求，得到 JC7.29 品种的优等纱线产品单纱断裂强力的质量规格为 16.40±0.02(cN/tex)，取 $\sigma=0.025$，则有工序能力指数：

$$C_{mpt}=\frac{USL-LSL}{6\sigma}=\frac{0.04}{0.025}=1.6$$

(2)多载荷影响因子。根据该棉纺企业历史工艺设计数据显示，对于 JC7.29tex品种纱线而言，当细纱工序中的锭速为 12.72 kr/min 时生产纱线断裂强度最高，同时从细纱机读取的实际锭速数据为 13.765 kr/min。为此，在多工序质量控制点及控制阈的基础之上，结合该棉纺厂 JC7.29tex 纱线的某一生产班次的历史工艺数据，以细纱工序中的锭速控制点为例并选取该质量控制点常数 $B=0.24$，进而以细纱工序中的锭速为例，借助该质量控制点历史工艺数据计算多载荷影响因子：

$$\beta_{62}=\frac{0.24\times\sqrt{2\times(12.72-13.765)^2}}{6\times(11+17)}=0.002$$

(3)质量损失函数中的系数。质量损失函数中的系数根据该棉纺企业历史数据可得，对于细纱工序中的纱线锭速质量控制点而言，当细纱机锭速偏离目标值 $\Delta_{62} = 2.5$ kr/min 时，对应的纱线断裂强度损失值 $A_{62} = 7.92$ cN/tex，则计算得到质量损失函数中的系数：

$$k_{62} = A_{62}/\Delta_{62}^2 = \frac{7.92\ \text{cN/tex}}{(2.5\ \text{kr/min})^2} = 1.27\ \frac{\text{cN/tex}}{(\text{kr/min})^2}$$

对于多目标烟花算法参数的设置，根据求解的具体问题以及前期编者研究的基础之上，对多目标烟花算法的参数设置为，烟花个数 $q=25$，最大爆炸火花数 $S_{\max}=50$，最小爆炸火花数 $S_{\min}=20$，常数 $\gamma=10$，烟花个体交叉概率 $\theta=0.85$，算法最大迭代次数 $T=1000$。

3. 算例分析

在计算得到的工序能力指数 C_{mpt} 和多载荷影响因子 β_{ij} 以及系数 k 的基础之上，以该企业纺纱车间生产的 JC7.29 品种纱线为例，对该算例进行具体的分析。

现以该棉纺企业的纺纱工序为例，结合历史工艺数据以及上述计算得出的参数值，说明纺纱工序中的质量损失值的计算过程。首先，利用式(5-2)计算细纱工序中细纱机锭速控制点的质量损失值：

$$C_6(y_{62}) = \frac{k_{12}\,[(1+\beta_{62})y_{62} - y_t]^2}{C_{\text{mpt}}} = 0.91\ \text{cN/tex}$$

类似地，分别计算细纱工序中其他质量控制点的质量损失值 $C_6(y_{61})$，并基于式(5-3)计算整个细纱工序的质量损失值：

$$f_6(x) = \sum_{j=1}^{p_6} C_6(y_{ij}) = C_6(y_{61}) + C_6(y_{62})$$

然后，根据式(5-4)对整个棉纺生产过程的质量损失函数进行具体分析，得到的结果如下：

$$f(x) = \prod [f_1(x), f_2(x), \cdots, f_5(x)]$$

最后，将上述参数代入所定义的多工序递阶的纺纱质量优化模型，得到如下所示的纺纱质量控制模型的目标函数：

$$\min f(x) = \prod_{i=1}^{6}\left(\sum_{j=1}^{p_i} \frac{k_{ij} \times (O_{ij} - y_t)^2}{1.6}\right)$$

4. 算例验证

选取该棉纺企业纺纱车间 5 个批次 JC7.29 纱线品种的质量及工艺数据，采用多目标烟花算法(MOFWA)对上述建立的纺纱质量控制模型进行求解，经过 20 次的迭代得到了如图 5-3 所示的 pareto 前沿。

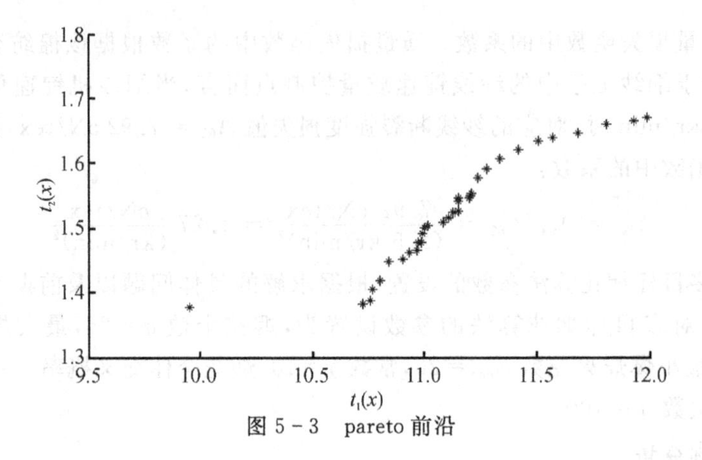

图 5-3　pareto 前沿

由图 5-3 可知，在解集的分布方面，整个解集的分布相对集中，随着质量损失函数 $t_1(x)$ 取值的增加对应约束条件的惩罚函数 $t_2(x)$ 取值也逐渐增加，两者呈现出一种非线性关系；从收敛性来看，整个解集相对集中，并且在图的左下区域中目标函数 $t_1(x)$ 呈现了收敛的趋势，说明了基于 MOFWA 算法求解得到的解空间具有较好的收敛性和分布性。

进而，为了验证纺纱质量控制模型的有效性，分别对多工序间耦合作用的纺纱质量控制模型 MPI-CON(Multi Process Influence-Control)、未考虑多工序间耦合的纺纱质量控制模型 CON(Control)得到的结果与控制前 NON-CON(None-Control)的结果进行对比，并统计控制前后因纱线断裂强力不符合标准而出现的不合格品率，得到了如图 5-4 所示的优化控制前后工艺参数对比结果及如表 5-2 所示的基于质量损失的纺纱工艺参数优化结果。

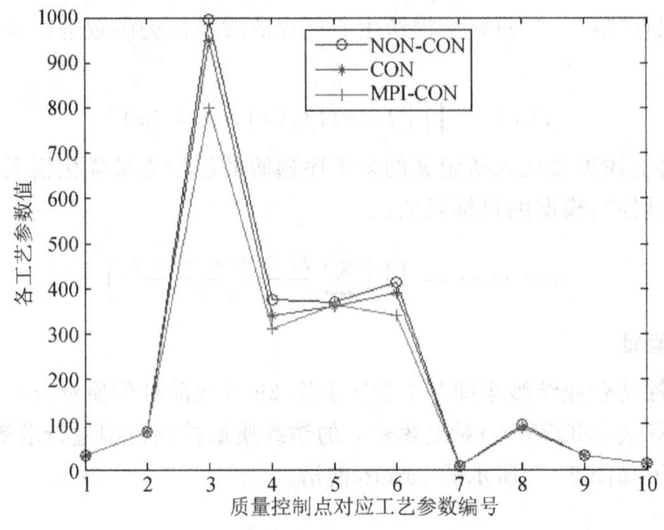

图 5-4　优化控制前后工艺参数对比结果

由图 5－4 可知，在纱线断裂强力相同的条件下，采用基于考虑多工序间耦合作用关系的纺纱质量控制模型（MPI-CON）得到的控制结果与未考虑多工序间耦合作用关系的纺纱质量控制模型（CON）得到的控制结果以及控制前（NON-CON）的结果相比，在质量控制点 3、控制点 4 以及控制点 6 上对应的工艺参数要求有了降低。进而，这也说明了提出的基于多工序递阶的纺纱质量智能控制模型能够通过对各个质量控制点对应工艺参数的优化和反馈，提高纱线产品的断裂强力，并实现对纱线产品质量的控制。

表 5－2　基于质量损失的纺纱工艺参数优化结果

原料/工序/质量输出值	参数编号	质量控制点工艺参数值	控制前（NON-CON）	未考虑多工序间耦合作用关系的控制结果（CON）		考虑多工序间耦合作用关系的控制结果（MPI-CON）	
				结果（y_{ij}）	变化量（Δ）	结果（y_{ij}）	变化量（Δ）
清棉工序	1	纤维长度/mm	29.45	29.40	−0.05	29.07	−0.38
	2	纤维整齐度/%	84.38	84.27	−0.11	83.94	−0.44
梳棉工序	3	刺辊转速/($r \cdot min^{-1}$)	996	948	−48	800	−196
	4	锡林转速/($r \cdot min^{-1}$)	375	340	−35	310	−65
精梳工序	5	梳理隔距/mm	0.45	0.38	−0.07	0.32	−0.13
	6	罗拉转速/($r \cdot min^{-1}$)	26.3	27.40	1.1	28.0	1.7
并条工序	7	回潮率/%	8.5	8.9	4	8.7	2
	8	罗拉转速/($kr \cdot min^{-1}$)	24.83	21.46	−3.37	16.65	−8.18
粗纱工序	9	回潮率/%	7.60	7.96	0.36	8.50	0.90
	10	捻系数	97.80	93.50	−4.30	92.30	−5.5
细纱工序	11	牵伸倍数	29.98	30.42	0.44	31.94	1.96
	12	锭速/($kr \cdot min^{-1}$)	12.82	12.72	−0.10	13.42	0.60
纱线断裂强度/($cN \cdot tex^{-1}$)			15.76	15.96		0.20	

由表 5－2 中优化控制前后的原棉质量、工艺参数对比可以得出，使用基于质量损失函数的纺纱工艺智能优化模型，不仅提高了纱线断裂强力、降低了纱线的不合格品率，而且也在保证纱线断裂强力不下降的条件下，降低了纺纱生产过程中的原料、设备以及工艺参数等要求，从而实现了对纺纱工艺的优化。

第 6 章　棉纺过程质量智能控制

6.1　棉纺质量不确定因素辨识

6.1.1　纺纱质量特征值波动机理

由于棉纺厂高温、高湿、高噪的环境，使棉纤维、纱线、坯布及设备的纱织轴表面覆盖一层薄水膜，导致纱线、坯布与纱织轴之间的微观接触面上产生作用力(吸引力、排斥力)，并呈现两个极端黏滑特征：①在吸引力作用下，纱线突然黏着纱轴，坯布向织轴转动方向偏转；②在排斥力作用下，纱线突然脱离纱轴，坯布向织轴转动的反方向偏转。而且，这两种黏滑特征会在纺纱过程中无规则、频繁出现，使纱轴对纱线、织轴对坯布的界面摩擦力(即作用力)无规则变化，从而对纱线、坯布外观产生频繁的拉伸或挤压行为，造成棉纤维属性值(比如条干值)，纱线、坯布表面特性值(比如经向强力、纬向强力等)产生偏差，导致棉纱质量在多工序的过程中无法精准控制。因此，需要海量数据入手，通过数据的拟合与处理，从中探究偏差问题产生的机理及其成因，构建基于数据的棉纱质量控制方法是亟待解决的问题。

棉纱质量波动问题的研究，国外纺织学者主要集中在两个方面。一是模型构建，比如 Yang S 和 Lamb P 通过对纱线不匀、纱线强力和纺纱断头三变量之间的相关关系研究，提出纱线强力与纤维强力成正相关关系，由此设计了单一变量的预测模型；Admuthe L S 和 Apte S D 结合减聚类、模糊神经网络和遗传算法，提出了一种混合棉纱质量预测模型；以及 Mwasiagi J I 针对 BP 训练算法收敛于局部极小的问题，将差分进化和 LMBP 算法结合形成一种混合算法(Hybrid Algorithm)，提出了一种基于混合算法的棉纱质量预测模型等。二是优化算法设计，比如 Selvanayaki M 等提出利用支持向量机的方法预测纱线强力波动行为；Mozafary V 等借助棉纱质量数据，提出了一种将聚类和人工神经网络相结合的数据挖掘算法，并将其用于棉纱质量预测；Fattahi S 利用稳健回归和附加平方和的方法提出了一种了棉纱质量预测方法，并通过输入纤维属性来预测棉纱质量性能指标(如拉伸、不匀和毛羽)；以及 Mokhtar S 等研究出了织造过程质量与影响因素之间的非线性关系，并由此提出了与之对应的纺纱预测方法等。在我国，众多的纺织学者也从不同的角度探讨了这一主题，目前的热点主要集中在基于支持向量机的棉纱质量预测模型与方法研究。比如杨建国等提出的“基于支持向量机(SVM)的纱线质量预测模型”,认为该模型在小样本和噪音数据环境下仍能保持一定的预测精度;李蓓智等针对支持向量机(SVM)在参数选择方面的费时问题,充分利用遗传算法的全局搜索能力,提出了一种基于遗传算法的 SVM 参数选取方法等。除此之外,研究的次重点在于基于神经网络的棉纱质量预测,比如梁霄和丁永生等人提出了一种基于免疫神经网络的双向智能优化模型,用于解决纤维生产过程中的过程优化和品种开发,实现在工艺配置和产品性能之间的双向建模,其计算性能优于神经网络优化模型等。

综上所述,国内外学者主要围绕纤维属性、棉纱质量及工艺参数之间的三角依赖关系而进行模型或算法的设计,真正缺少纤维属性与棉纱质量之间非线性关系的探讨,以及影响因素与棉纱质量之间相关关系的研究。为此,借助海量纺纱数据,利用统计学方法探究各类因素对棉纱质量的影响行为,从而探究棉纺过程质量特征值波动的行为轨迹,由此提出一种基于数据源的棉纱质量波动行为预测模型,为棉纱质量的实时在线检测提供新的理论依据。

6.1.2 纺纱质量波动行为辨识

从如图 6-1 所示的棉纱质量形成过程原理图可见,决定纱线质量的主导因素是纤维属性值(如纤维长度、断裂强度、断裂伸长等),而且纤维属性与棉纱质量指标之间应呈线性关系。因为纤维强度与纱线强度之间呈正相关,纤维条干与纱线条干(通过牵伸过程浮游纤维机理)之间呈正相关,纤维强度与纱线强度(细纱不匀、纤维之间的抱合力)之间呈正相关关系,而且,纤维的强度和断裂伸长决定了纤维断裂功(即纤维强度和断裂伸长的乘积),同样也决定了纱线的断裂功。

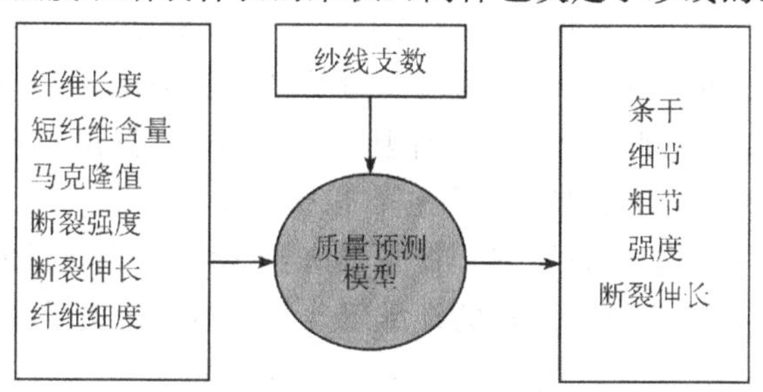

图 6-1　棉纱质量形成过程原理图

为此,令纤维属性参数集合 $X=\{x_i|i=1,2,\cdots,n\}$,棉纱质量的输出特征值集合 $Y=\{y_i|i=1,2,\cdots,m\}$,棉纱质量特征值非线性关系如图 6-2(a)所示。当 x_1 的波动误差为 Δx_1 时,则 y_1 的波动误差为 Δy_1,而当 x_2 的波动误差为 Δx_2 时,输出特征值 y_2 的波动误差为 Δy_2。若 x_i 与 y_i 两者之间是线性关系,则当 $\Delta x_1=\Delta x_2$ 时,应存在关系 $\Delta y_1=\Delta y_2$。但是,由图 6-2(a)的结果可知:$\Delta y_1>\Delta y_2$,说明 x_i 与 y_i

两者之间并非遵循严格意义上的线性关系。

问题的根源在于，虽然在 x_1、x_2 点上以线性关系输出质量特征值 y_1、y_2，但实际上 y_1、y_2 在纺纱过程中由于受到影响因素的干扰而导致 Δy_1、Δy_2 波动，如图 6－2(b)所示，从而造成质量输出特征值 $\Delta y_2-\Delta y_1$ 对应的标准值 M 增加，使得 x_i 与 y_i 之间非线性化。

为此，在整个纺纱过程中，找到一个元素最佳的参数 x_i，通过其测度出异常因素对整个棉纱质量特征值 y_i 的影响程度，从而做到对 y_i 的修正，使 x_i 与 y_i 之间呈线性关系，达到抑制标准值 M 增加的目的。

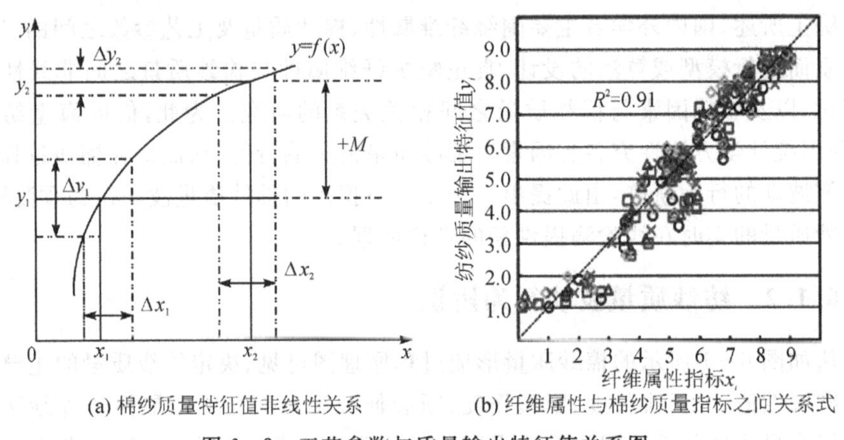

(a) 棉纱质量特征值非线性关系　　(b) 纤维属性与棉纱质量指标之间关系式

图 6－2　工艺参数与质量输出特征值关系图

6.1.3　纺纱质量波动的灰色关联分析

灰色关联分析法作为灰色系统理论中的一种分析方法，在分析和确定系统诸因素间的影响程度方面具有优势，为在海量纺纱数据环境下辨识棉纱质量异常行为提供了理论依据。为此，设计了一种基于 Dk-means 算法与灰色关联分析的棉纱质量异常因素辨识方法。具体过程包含以下几个步骤。

(1)确定参考序列和比较序列。首先，将整个棉纺过程质量的形成过程视为一个灰色系统，而该系统蕴含着海量的纤维属性与棉纱质量关系的异常数据信息，使得现有的统计方法难以表达这个复杂系统中的强相关性。为此，利用 Dk-means 算法的全局寻优能力，只需传送聚簇过程中的中心点和异常数据的总数，无须传送大量的纺纱数据，很大程度上提高了异常数据分类的效率。进而，通过海量纺纱异常数据的聚类结果，构建参考序列与比较序列。可先将每个异常因素对应的棉纱质量特征值波动幅度定义为 $\{X_0(j)\}$，其中 $j=1,2,\cdots,n$(n 为质量特征值数)，将其作为参考序列，再将各类异常因素构成的时间序列定义为 $\{X_i(j)\}$，并将其作为比较序列，其中 $i=1,2,\cdots,m$，且 m 为异常因素总数。

根据灰色关联分析法，利用参考序列与比较序列之间的相关关系，以参考序列为行，以比较序列为列构造棉纱质量形成过程对应的矩阵 $\boldsymbol{X}$，即

$$\boldsymbol{X}=\begin{bmatrix} x_{01} & x_{02} & \cdots & x_{0n} \\ x_{11} & x_{12} & \cdots & x_{1n} \\ \vdots & \vdots & & \vdots \\ x_{m1} & x_{m2} & \cdots & x_{mn} \end{bmatrix} \tag{6-1}$$

式中：x_{0j} 作为参考序列表示棉纱质量特征值的波动幅度，x_{ij} 作为比较序列用来表示异常因素的序列，且 $i=1,2,\cdots,m;j=1,2,\cdots,n$。

(2)数据初始变换。由于各序列数据的量纲和绝对值的大小存在相异问题，为此，需要对序列中的原始数据进行变换处理，使其成为数量级相近的无量纲数据。目前，常用的数据变换主要有初值化、均值化以及区间值化等方法。由于棉纱质量形成过程中与其相关的数据主要以时间段为区间进行数据采集，为此采取区间值化方法处理由 Dk-means 算法聚类后的数据，具体的转化公式如下所示：

$$x'_{ij}=\frac{x_{ij}-\min(x_{ik})}{\max\limits_{k}(x_{ik})-\min\limits_{k}(x_{ik})} \tag{6-2}$$

式中：$i=0,1,\cdots,m$; $k=1,2,\cdots,n$。由 $\boldsymbol{X}_{ij}$ 形成新的矩阵 $\boldsymbol{X}'_{ij}$。

(3)求 $\boldsymbol{X}'$ 中比较序列与参考序列之间的求差序列。令

$$\Delta_{ij}=|\boldsymbol{X}_{0j}-\boldsymbol{X}_{ij}| \tag{6-3}$$

式中：$i=1,2,\cdots,m;j=1,2,\cdots,n$。

(4)求两极最小差和最大差。两极最小差和最大差计算公式为

$$\begin{cases} \Delta(\min)=\min\limits_{i}(\min\limits_{i}|\boldsymbol{X}_{0j}-\boldsymbol{X}_{ij}|) \\ \Delta(\max)=\max\limits_{i}(\max\limits_{j}|\boldsymbol{X}_{0j}-\boldsymbol{X}_{ij}|) \end{cases} \tag{6-4}$$

式中：$i=1,2,\cdots,m;j=1,2,\cdots,n$。

(5)计算关联系数 L_{ij}。关联系数计算公式为

$$L_{ij}=\frac{\Delta(\min)-\rho\Delta(\max)}{|\boldsymbol{X}_{0j}-\boldsymbol{X}_{ij}|+\rho\Delta(\max)} \tag{6-5}$$

式中：ρ 为一分辨系数，且其值范围为(0,1)，主要用于体现影响因子之间的关联程度。

(6)计算关联度 γ_i。将棉纱质量各影响因素的关联系数相加求平均数即为各影响因素的关联度。具体的计算公式为

$$\gamma_i=\frac{1}{N}\sum_{j=1}^{N}L_{ij} \tag{6-6}$$

式中：$i=1,2,\cdots,m$。

(7)关联度分析。在上述所得结果的基础上，对计算所得的关联度进行排序，

并分析比较序列(影响因素)与参考序列(棉纱质量)之间的关联度。若关联度越大,则对棉纱质量输出特征值影响越大。

6.1.4 实验验证与讨论

试验环境设计为 Windows 10+浪潮 PC 服务器 2 台+其他服务器 2 台,形成 32 GB 内存,1 TB 硬盘容量,1 G/s 通信带宽峰值,通过 VS 2019 进行算法编程并测试。

现从纺纱数据存储系统中,选取表 6-1 中五个关键棉纱质量性能指标(细度不匀、细节、粗节、强度、断裂伸长)所对应的异常数据,其小表数据量为 1 TB,大表数据量为 2 TB,并设定测试时间为 10 s,Dk-means 算法的最大迭代次数为 50。这样,利用 Dk-means 算法,数据聚类结果对比图如图 6-3 所示。

表 6-1 测试与监测数据误差对照表

试样	细度不匀/%		细节/(个/km)		粗节/(个/km)		强度/(cN/tex)		断裂伸长/%	
	数据	误差	数据	误差	数据	误差	数据	误差	数据	误差
1	21.79	-0.20	656	-2	249	-3	5.91	0.07	7.77	0.5
2	21.74	-0.08	721	-2	219	-1	6.03	-0.12	8.32	0.56
3	22.19	0.79	893	1	269	-1	5.72	-0.02	7.35	1.51
4	18.87	-0.28	203	-2	90	-2	5.94	0.32	7.21	-0.33
5	21.97	-0.13	767	-1	248	-1	6.50	-0.14	10.01	0.15
6	22.08	0.76	784	-1	237	-3	6.20	-0.08	9.67	0.59
7	17.65	0.75	194	2	53	-1	7.50	-0.23	16.32	-1.86
8	21.64	0.31	806	2	219	-2	6.36	-0.33	9.61	-0.38
9	20.97	-0.15	645	-1	189	-3	5.58	-0.12	7.45	-1.1
10	17.31	-0.25	125	-1	32	-1	6.77	0.09	14.02	1.06

从图 6-3 所示的结果可知,当数据量为 1 TB 时,Dk-means 聚类算法的收敛速度快,但全局寻优能力较弱,而且对棉纱质量异常因素的聚类能力也较弱。当数据量为 2 TB 时,Dk-means 聚类算法表现出了较强的全局寻优能力,使得棉纱质量异常因素的聚类效果更明显,而且收敛速度快且平稳。可见,当数据集越大时,Dk-means 算法的全局寻优能力越强。同时,结合图 6-3 的聚类结果可知,其中断裂伸长、细度不匀及强度三个棉纺质量输出特征值(质量性能指标)受异常因素影响的程度较大。因此,Dk-means 聚类算法的结果说明:与棉纱质量特征值 y_i 建立线性输入-输出关系的纤维属性参数值 x_i,应尽可能源于聚类结果参数(断裂伸长、细度不匀、强度)作为纤维属性参数。

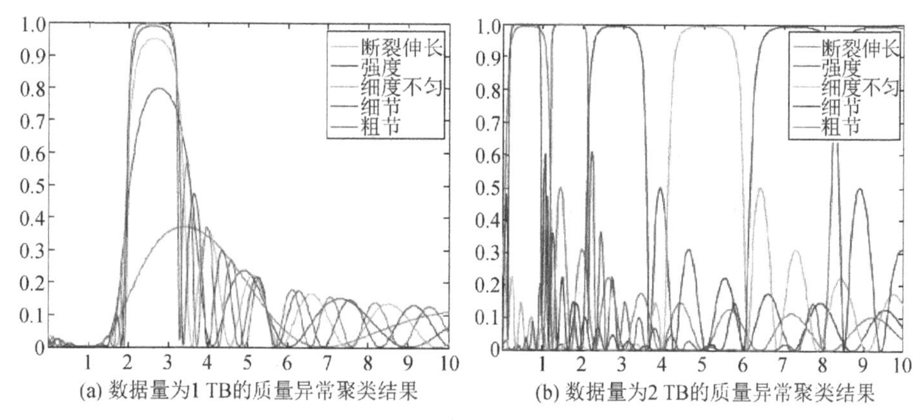

图 6-3 数据聚类结果对比图

现选择断裂伸长作为变量，选取 1 TB 的棉纱质量异常数据，设定测试时间为 10 s，并根据表 6-1 中各特征值对应的误差值特设定 Δy_i 的变化范围为[0,10]。这样，借助 Dk-means 算法，通过 Matlab R2019a 软件仿真出断裂伸长与棉纱质量特征值(断裂伸长)之间的关系，如图 6-4 所示。

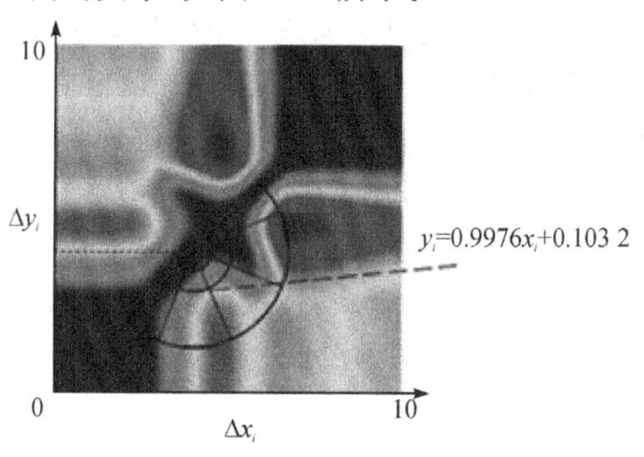

图 6-4 x_i 与 y_i 之间关系图

由图 6-4 可见，在测试时间段内，断裂伸长与棉纱质量特征值(断裂伸长)之间存在线性关系：$y_i=0.997\,6x_i+0.103\,2$，且 $\dfrac{\mathrm{d}f(y_i)}{\mathrm{d}x_i}=0.997\,6$，说明无论变量断裂伸长的取值如何变化，其并不影响棉纱质量输出特征值 Δy_i 的变化率。

而且，经函数 $y_i=0.997\,6x_i+0.103\,2$ 对 y_i 进行线性处理后，其棉纱质量特征值线性关系如图 6-5 所示，其中 Δy_i 随着 Δx_i 减小而减小，y_i 对应的曲线整体趋于平稳，未出现较大的突变现象，而且波动误差逐渐变小。当 x_i 的波动误差 $\Delta x_1=\Delta x_2$ 时，则 y_i 的波动误差 $\Delta y_1\approx\Delta y_2$，说明两者的变化趋势呈现线性关系，可有效抑制标准值 M 的增加。

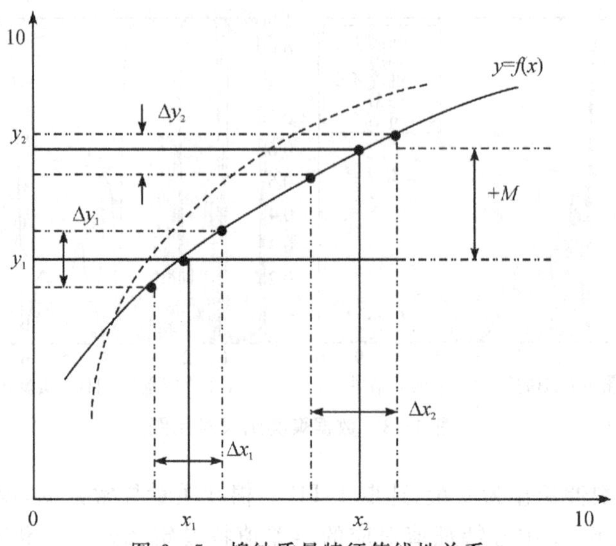

图 6-5　棉纱质量特征值线性关系

根据相关文献，将影响棉纱质量异常波动的各类因素分为原料、系统、人、设备、环境、工艺方法 6 个方面，并将其定义成一个矢量 $\boldsymbol{Z}$，即 $\boldsymbol{Z}=(Z_1, Z_2, \cdots, Z_6)^{\mathrm{T}}$，并结合表 6-1 中的 5 个质量特征值（细度不匀、细节、粗节、强度、断裂伸长）波动的误差数据，以及函数 $y_i=0.997\,6x_i+0.103\,2$，构建矢量 $\boldsymbol{Z}$ 与 5 个具体质量特征值 y_i 之间的函数关系，即 $\boldsymbol{Z}_k=\boldsymbol{g}_k(y_1, y_2, \cdots, y_5)$，其中 $k=1,2,\cdots,6$。

结合表 6-1 中的误差数据，设定测试时间为 10 s，通过 Matlab R2019a 软件计算、仿真得出的棉纱质量异常因素波动过程如图 6-6 示。由此，得出如下所示的参考序列和由影响因素构成的时间序列。

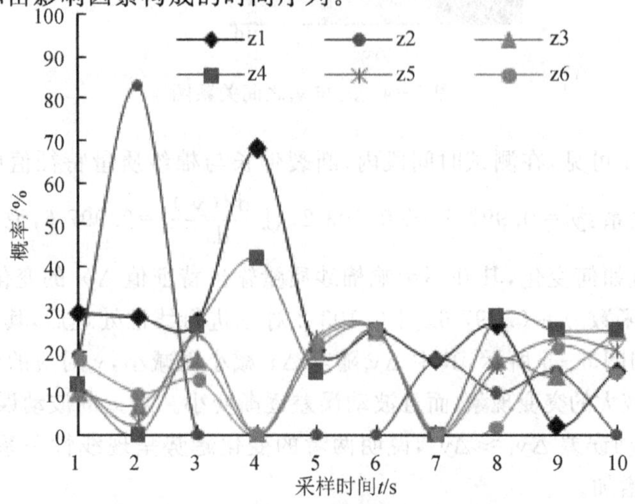

图 6-6　棉纺质量异常因素波动过程

$$\boldsymbol{X}_0(j)=\{0.51,0.68,0,0.68,0.37\}$$
$$\boldsymbol{X}_1(j)=\{0.21,0.82,0.83,0.39,0\}$$
$$\boldsymbol{X}_2(j)=\{0.11,0.54,0.65,0,0.23\}$$
$$\boldsymbol{X}_3(j)=\{0.33,0.23,0.24,0,0.39\}$$
$$\boldsymbol{X}_4(j)=\{0.30,0.82,0,0.58,0.53\}$$
$$\boldsymbol{X}_5(j)=\{0.56,0,0.52,0.74,0.26\}$$

进而，以参考序列为行、以比较序列为列，构建的影响棉纱质量形成过程的矩阵 $\boldsymbol{X}_{ij}$ 如下所示，其中 $i=0,1,\cdots,3,j=0,1,\cdots,5$。

$$\boldsymbol{X}_{ij}=\begin{bmatrix}0.51 & 0.68 & 0 & 0.68 & 0.37\\0.21 & 0.82 & 0.83 & 0.39 & 0\\0.11 & 0.54 & 0.65 & 0 & 0.23\\0.33 & 0.23 & 0.24 & 0 & 0.39\\0.30 & 0.82 & 0 & 0.58 & 0.53\\0.56 & 0 & 0.52 & 0.74 & 0.26\end{bmatrix}$$

利用式(6－2)对矩阵 $\boldsymbol{X}_{ij}$ 中的数据进行采取区间值化处理，得到转化后的矩阵 $\boldsymbol{X}'_{ij}$：

$$\boldsymbol{X}'_{ij}=\begin{bmatrix}0.47 & 1 & 1 & 0 & 0\\0 & 0 & 0.98 & 0.29 & 0.98\\0 & 0.80 & 0 & 0.20 & 1\\0.63 & 0 & 0.06 & 1 & 0\\0 & 1 & 0.54 & 0.44 & 0\\0.63 & 0.54 & 0 & 0 & 1\end{bmatrix}$$

对矩阵 $\boldsymbol{X}'_{ij}$，利用式(6－3)、(6－4)计算得出的两极最小差和最大差分别为 $\Delta(\min)=0$；$\Delta(\max)=1$。

同时，根据式(6－5)和(6－6)，利用 Matlab R2019a 软件仿真得出各个因素影响棉纱质量特征值的关联系数 L_{ij} 和关联度 γ_i，并按关联度 γ_i 进行排序，棉纱质量异常因素关联系数与关联度如图 6－7 所示。

由图 6－7(a)可知，各因素对棉纱质量的影响程度均不同。其中，影响质量特征值波动最大(关联程度最高)的是纤维属性，而环境、设备及工艺方法对棉纱质量特征值的影响程度(关联系数)基本接近，而影响程度最小的是人为因素。

同时，由图 6－7(b)可知，纤维属性(Z_1)、设备(Z_2)、环境(Z_4)三因素的结果排序为 Z_1、Z_2、Z_4，说明这三因素与棉纱质量特征值波动的关联度最大，是影响质量波动的主要因素。在三者的相关关系中，纤维属性与环境因素之间呈现正相关关系，并且对纤维属性的影响行为最为显著，环境因素的影响行为次之，可以确定纤维属性是影响棉纱质量特征值波动的关键因素。相对而言，设备因素与纤维属性、

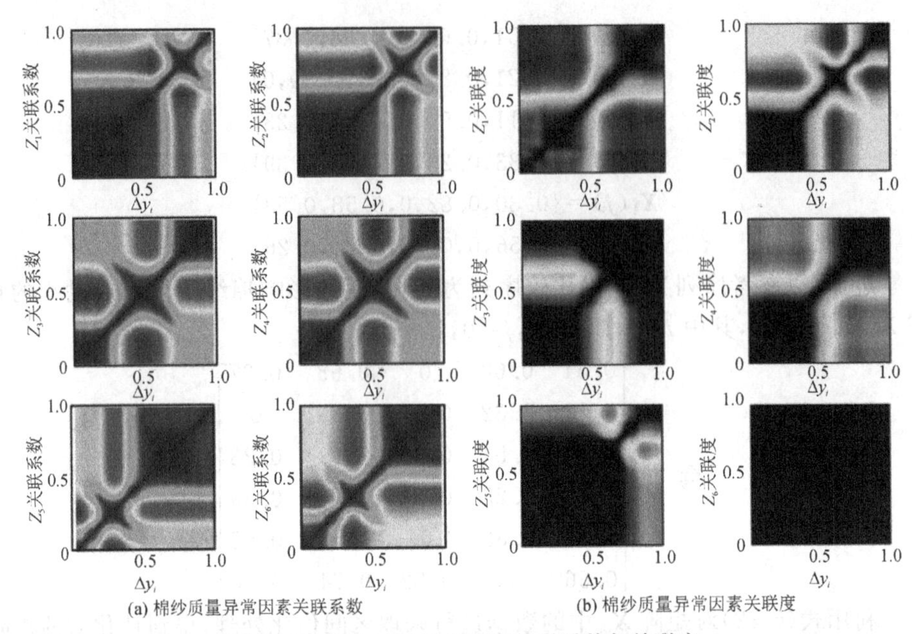

图 6-7　棉纱质量异常因素关联系数与关联度

环境因素间表现出不相关性。而且,实验结果表明,工艺方法(Z_3)、系统(Z_5)两个因素间呈现出一种互补关系,并与纤维属性(Z_1)、设备(Z_2)、环境(Z_4)三因素间无关联,但与棉纱质量特征值的关联度较小,说明工艺方法、系统两个因素对质量特征值波动的影响较小,属于次要因素。同时,设备因素与系统、工艺方法两个因素间呈现出一种线性相关性,而人为因素(Z_1)与色棉纱质量特征值的关联度最小,说明其对棉纱质量特征值的影响最小,并与其他五个因素不相关。

综上所述,从棉纱质量特征值波动问题角度出发,对棉纱质量形成过程中的另一个重要方面——影响因素进行了理论分析,并对影响因素与质量特征值之间的相互作用过程进行了研究。进而,基于海量的纺纱数据,设计了一种 Dk-means 聚类算法,从中找到了一个性能最优的纤维属性变量,用于棉纱质量特征值的预测,并从纤维属性(纤维长度、马克隆值及断裂伸长)角度对棉纱质量输出特征值进行修正,使得纤维属性值与纺纱特征值之间呈线性关系,对棉纱质量输出特征值的波动问题进行了修正,从根本上解决和拓展了现有研究成果从纤维属性(纤维长度、马克隆值及断裂伸长)角度构建棉纱质量预测模型时函数过于单一的问题。同时,提出了一种基于 Dk-means 算法与灰色关联分析的棉纱质量异常因素估计方法,结合仿真与实验,结果表明,提出的估计方法从关联系数和关联度的角度可实现棉纱质量异常因素的实时估计,并可从质量特征值的波动成因、规律到影响因素的产生机理及与棉纱质量特征值之间相关关系表达,再到影响因素异常行为辨识的全方位分析。

6.2 棉纱质量与棉纤维关系研究

6.2.1 实验设计

课题在棉纺企业共收集取样200余组。为了使收集到的成品具有代表性，即性能指标值具有一定均匀的跨度，课题根据原棉混棉的指标综合值选用棉纺半成品，即每次取样的对应原棉混棉的指标综合值要在指标常见分布区间中，并保持一定均匀的跨度。课题对取样试样进行了删选，删去了同指标值接近的部分组数，以及某些密集跨度内的组数。

最终选取了具有代表性的59组C40s棉卷、生条的棉纺半成品以及78组JC40s棉卷、生条的棉纺半成品，并使同组半成品基本保证是在同一型设备、工艺条件下纺制而成。然后运用XJ120、Y111、Y046等测试仪器对收集到的样品进行相关检测，最终建立棉纤维与成纱的关系模型。

通过整理测试这些半成品数据也验证了收集到的棉卷/生条具有一定的代表性，即各个指标的变化范围基本覆盖了大部分常见区间，如表6-2所示。

表6-2 纺纱半成品指标测试范围

指标	种类	范围	指标	种类	范围
上半部平均长度Luhm	C40s棉卷	26.57～30.91	反光亮度RD	C40s棉卷	75.25～85.08
	C40s生条	27.93～31.03		C40s生条	78.41～84.33
	JC40s棉卷	28.71～34.72		JC40s棉卷	73.88～83.77
	JC40s生条	27.65～34.88		JC40s生条	73.88～107.96
马克隆值Mic	C40s棉卷	3.36～4.67	黄色深度+B	C40s棉卷	8.50～11.18
	C40s生条	3.71～4.75		C40s生条	8.81～11.46
	JC40s棉卷	3.7～4.2		JC40s棉卷	7.95～9.71
	JC40s生条	7.73～9.93		JC40s生条	7.73～9.93
成熟度指数Mat	C40s棉卷	0.82～0.92	色泽等级CG	C40s棉卷	11～40
	C40s生条	0.84～0.91		C40s生条	11～31
	JC40s棉卷	0.85～0.91		JC40s棉卷	11～51
	JC40s生条	0.85～0.90		JC40s生条	11～41
整齐度指数Ui	C40s棉卷	78.89～84.21	杂质数TC	C40s棉卷	2～30
	C40s生条	82.44～84.50		C40s生条	0～20
	JC40s棉卷	74.02～84.47		JC40s棉卷	3～25
	JC40s生条	82.47～84.22		JC40s生条	0～18

续表

指标	种类	范围	指标	种类	范围
短绒率 SFC	C40s 棉卷	9.8～13.6	含杂面积百分率 TA	C40s 棉卷	0～4.05
	C40s 生条	9.1～11.5		C40s 生条	0～1.90
	JC40s 棉卷	10.8～14.9		JC40s 棉卷	0.11～3.74
	JC40s 生条	9.7～12.1		JC40s 生条	0～2.89
断裂比强度 Str	C40s 棉卷	26.03～36.72	杂质等级 TG	C40s 棉卷	1～8
	C40s 生条	28.57～32.32		C40s 生条	1～8
	JC40s 棉卷	27.26～33.33		JC40s 棉卷	1～8
	JC40s 生条	28.15～32.75		JC40s 生条	1～8
断裂伸长率 Elg	C40s 棉卷	6.13～7.21	含杂重量百分率 PTC	C40s 棉卷	0.34～1.09
	C40s 生条	6.34～7.14		C40s 生条	0.47～0.39
	JC40s 棉卷	6.38～7.49		JC40s 棉卷	0.45～1.14
	JC40s 生条	6.32～7.13		JC40s 生条	0.47～0.76

6.2.2 纺纱半成品与成纱性能

运用 XJ120 快速棉纤维性能测试仪分别测试 C40s 棉卷、生条，JC40s 棉卷、生条的上半部平均长度 Luhm、马克隆值 Mic、成熟度指数 Mat、整齐度指数 Ui、断裂比强度 Str、断裂伸长率 Elg、反光亮度 RD、黄色深度＋B、色泽等级 CG、杂质数 TC、杂质面积 TA、杂质等级 TG 等 12 项性能。运用 Y111 型罗拉式纤维长度分析仪分别测试 C40s 棉卷、生条，JC40s 棉卷、生条的短绒率 SFC。

两变量之间变化方向一致时，称为正相关，其相关系数大于 0；反之则称为负相关，相关系数小于 0。相关系数 R 没有单位，其值在[－1,1]之间。对棉纤维性能和成纱品质指标进行相关关系分析，并对其进行双尾检验，得到 Pearson 相关系数和相关系数的显著性水平，如表 6-3、6-4 所示，通过观察这些相关系数得到影响成纱质量的纤维各指标，为预测模型的建立打下基础。

表 6-3　C40s 和 JC40s 棉卷短纤维指数与短绒率相关性

	指标	C40s 短绒率	JC40s 短绒率
短纤维指数	Pearson Correlation	－0.118	0.081
	Sig. (2-tailed)	0.373	0.481
	N	59	78

表 6-4 C40s 和 JC40s 生条短纤维指数与短绒率相关性

	指标	C40s 短绒率	JC40s 短绒率
短纤维指数	Pearson Correlation	−0.096	0.104
	Sig. (2-tailed)	0.468	0.365
	N	59	78

运用 YG046 型原棉杂质分析机分别测试 C40s 棉卷、生条，JC40s 棉卷、生条的含杂重量百分率 PTC。由于 HVI 测试棉纤维杂质含量的原理与我国传统测量棉纤维杂质含量原理存在本质区别，故在建立预测系统模型时添加了我国传统的这一指标。并且通过对比测得同指标数据之间的相关性得到两指标之间根本没有显著相关关系，如表 6-5、表 6-6 所示。

表 6-5 C40s 和 JC40s 棉卷含杂质面积百分率与含杂重量百分率相关性

	指标	C40s 重量含杂率	JC40s 重量含杂率
短纤维指数	Pearson Correlation	−0.107	0.216
	Sig. (2-tailed)	0.420	0.058
	N	59	78

表 6-6 C40s 和 JC40s 生条含杂质面积百分率与含杂重量百分率相关性

	指标	C40s 重量含杂率	JC40s 重量含杂率
短纤维指数	Pearson Correlation	−0.080	0.114
	Sig. (2-tailed)	0.546	0.322
	N	59	78

6.2.3 实验结果

通过对于棉纺各个工序的理论分析，已经得到棉卷和生条相比之下可作为棉纤维的备选，在对棉卷和生条的各种原棉性能检测之后，得到了棉纤维性能与成纱条干 CV 值的单相关性关系及其 R^2 拟合值，如图 6-8 所示。

通过观察图 6-8 可以发现：以上与成纱条干 CV 指标理论相关的棉纤维性能指标大多基本上具有线性相关性，如马克隆值 Mic、上半部平均长度 Luhm、整齐度指数 Ui、成熟度指数 Mat、短绒率 SFC、含杂重量百分率 PTC 等指标；由于制样及其仪器测试方法的限制，杂质数 TC、含杂面积百分率 TA、杂质等级 TG 等指标的线性关系不是很明显，但是这些指标相对来说不是重要指标。总体来说可用多元线性回归法对棉纤维指标与成纱条干 CV 品质进行回归分析，研究它们之间的非确定性关系。

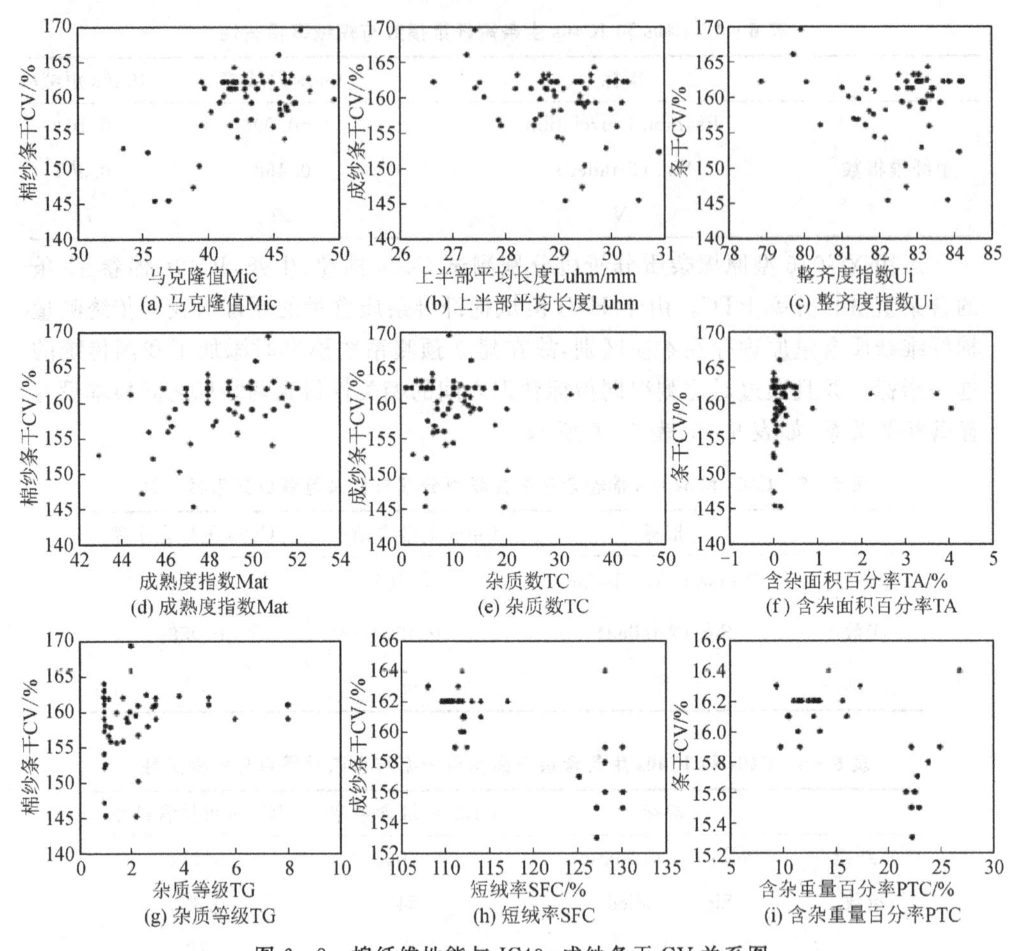

图 6－8　棉纤维性能与 JC40s 成纱条干 CV 关系图

综上，在棉纱条干 CV 与棉纤维性能关系图中，棉纱质量与对应棉纤维中 Mic、Luhm、Ui、Str、Elg、Mat、RD、＋B 等重要指标性能基本上符合线性关系，相关系数也比较理想，与理论的相关性比较吻合，可以进行棉纤维性能指标与成纱品质指标的多元线性回归关系研究。很明显地，普梳比精梳的线性关系要明显，这是由于精梳工序使成纱与原棉的原始状态相离更远，从而使得单相关性自然要有所减弱。

6.3　棉纺过程质量预测

在国外，Ghanmi H 等提出了一种基于模糊理论和人工神经网络的混合模型，该模型采用模糊控制理论来提高神经网络的收敛速度；Pulido M 等采用了基于粒子群优化算法和模糊理论的混合优化算法对神经网络预测模型的权重和阈值进行了优化;Jaddi N S等采用共同进化的蝙蝠算法对基于神经网络预测模型的权重和阈值进行了优化;Bullinaria J A等将人工蜂群算法引入到BP神经网络模型中实现了对神经网络节点间权重的优化,解决了神经网络模型因过早收敛而陷入局部最优解的问题。在国内,乔俊飞等提出了一种基于改进LM学习算法的自组织模糊神经网络预测模型,结果表明该模型的网络结构紧凑且预测精度有了显著提高。同时,张立仿等针对遗传算法自身存在的搜索速度慢且易早熟的问题,提出了一种基于改进量子遗传算法优化的神经网络模型;周爱武和翟增辉等提出一种基于模拟退火算法改进的BP神经网络,其通过模拟退火算法寻找更优的样本子集对BP神经网络进行训练,从而提高了网络的性能;许少华等提出一种基于混沌遗传与带有动态惯性因子的粒子群算法相结合的神经网络算法,解决了神经网络模型在训练过程中训练速度慢的问题。

综上所述,针对单一神经网络模型收敛速度慢且易陷入局部最优的问题,现有的研究主要集中在使用基因遗传算法(GA)、粒子群优化算法(PSO)等智能优化算法对神经网络进行优化与改进,在一定程度上解决了单一神经网络预测模型算法预测性能低的问题。但是,随着研究的深入,学者们发现上述算法自身也存在着待改进的方面,如遗传算子设定不当将影响算法的搜索性能并使得算法易陷入局部最优解,PSO算法中初始种群过大将导致算法搜索速度变慢的问题。这些问题将会使得组合优化算法的性能降低,并制约着整个神经网络优化模型预测的性能。烟花算法是Tan等通过模拟烟花在空中多点同时爆炸时的扩散机制,提出的一种新型的群体智能优化算法烟花算法(Fireworks Algorithm),其在解决优化问题时表现出较高的寻优性,受到了国内外学者的关注。与遗传算法和粒子群算法相比,FWA引入了免疫浓度的思想并具有分布式的信息共享机制,保证了烟花种群的多样性,从而具有更强的全局搜索能力。

为此,将烟花算法中引入到神经网络模型中对神经网络的权重和阈值进行优化,提出一种基于烟花算法改进BP神经网络(FWA-BP)的预测模型,以解决传统BP神经网络预测模型在训练过程中存在着算法收敛速度慢且易于陷入局部最优解的问题。

6.3.1 BP神经网络

BP神经网络在解决非线性问题中表现出较好的自学习和自调整能力,被广泛用于解决多种因素相互交错的复杂系统预测问题。BP神经网络基本结构由输入层、隐含层及输出层组成,根据隐含层个数的不同将神经网络分为单层神经网络和多层神经网络,图6-9所示为单隐层前向神经网络结构图。

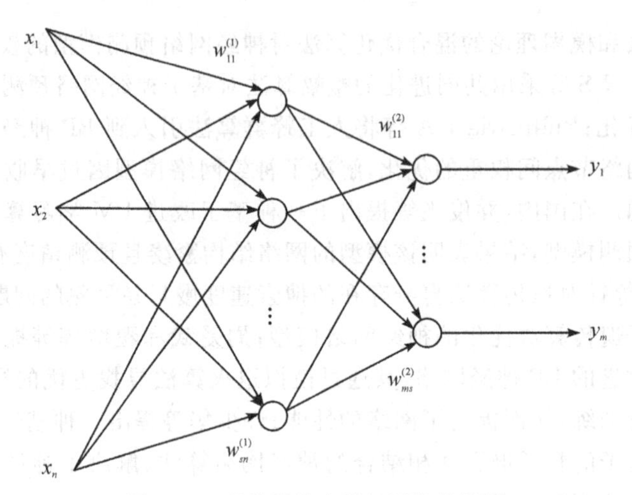

图 6-9　单隐层前向神经网络结构图

BP 神经网络模型的主要参数有隐含层的层数 e、隐含层神经元的个数 s，激活函数 $f(x)$、网络节点权重 w_{ij} 以及网络阈值 θ_i，参数选择的恰当与否将很大程度上影响网络模型的训练预测性能。

BP 神经网络训练本质上就是在有限解空间内，寻找网络神经元间的权值 w_{ij} 和阈值 θ_i 等一系列参数，使得网络误差达到最小，具体的训练过程如下所示。

(1)初始化网络权重和阈值。在 $[-0.1,0.1]$ 区间内随机选择网络的初始权重和阈值。

(2)前馈计算。假设已知第 k 次迭代过程中网络的权重值 $w_{ij}^{(l)}(k)$、第 l 层中第 i 个神经元的阈值 $\theta_i^{(l)}(k)$ 和第 i 个神经元节点的期望输出 $t_i(k)$，则有

$$\begin{cases} V_i^{(l)}(k) = \sum_{j=1}^{S^{l-1}} w_{ij}^{(l)}(k) y_j^{(l-1)}(k) + \theta_i^{(l)}(k) \\ y_i^{(l)}(k) = f_l[V_i^{(l)}(k)] \end{cases} \tag{6-7}$$

式中：$V_i^{(l)}(k)$ 表示神经网络第 l 层中第 i 个神经元的输入；$y_i^{(l)}(k)$ 表示第 l 层的输出；l 为网络的层数且 $l=1,2,\cdots,L$；$1 \leqslant i \leqslant S^L$ 并且 $y^{(0)}(k)=x(k)$。

(3)误差反向传播。通过式(6-8)、(6-9)计算神经网络第 k 次迭代过程中的第 l 层的误差 $\delta_i^{(l)}(k)$：

$$\delta_i^{(L)}(k) = -2(t_i(k) - f_L[V_i^{(L)}(k)]f'_L[V_i^{(L)}(k)] \tag{6-8}$$

式中：$t_i(k)$ 为第 i 个神经元节点的期望输出值，且 $1 \leqslant i \leqslant m = S^L$。基于此，通过递推公式(6-8)可计算出 $\delta_i^{(l)}(k)$，$l = L-1, L-2, \cdots, 1$。

$$\delta_i^{(l)}(k) = \sum_{j=1}^{S^{l+1}} w_{ji}^{(l+1)}(k) f'_l[V_i^{(l)}(k)] \delta_j^{(l+1)}(k) \tag{6-9}$$

(4)更新网络权重和阈值。使用式(6-10)对网络的权重和阈值进行更新：

$$\begin{cases} w_{ij}^{(l)}(k+1) = w_{ij}^{(l)}(k) - \alpha\delta_i^{(l)}(k)y_j^{(l-1)}(k) \\ \theta_i^{(l)}(k+1) = \theta_i^{(l)}(k) - \alpha\delta_i^{(l)}(k) \end{cases} \tag{6-10}$$

式中：$w_{ij}^{(l)}(k+1)$ 和 $\theta_i^{(l)}(k+1)$ 分别为第 $k+1$ 次迭代过程中网络的权重和阈值；α 为动量因子；$1 \leqslant i \leqslant S^l, 1 \leqslant j \leqslant S^{l-1}, 1 \leqslant l \leqslant L$。

6.3.2 烟花算法(FWA)

烟花算法(FWA)是一种新型群体智能(SI)优化算法，主要由爆炸算子、变异操作、映射规则和选择策略四部分组成，其中爆炸算子是烟花算法的核心。对于待求解的优化问题 $\min f(x) \in R$ ，$x \in \Omega$ ，使用FAW算法求解该优化问题的具体步骤如下。

(1)种群初始化。在特定解空间中随机产生一些烟花，每一个烟花个体 x_i 代表解空间中的一个解，即 $x_i \in \Omega$。

(2)计算适应度值。对初始种群中的每一个烟花个体 x_i 根据适应度函数 $f(x)$ 计算适应度值 $f(x_i)$，并根据式(6-11)、(6-12)计算每个烟花爆炸产生烟花的个数 S_i和爆炸半径 A_i。

$$S_i = m \times \frac{y_{\max} - f(x_i) + \varepsilon}{\sum_{i=1}^{N}[y_{\max} - f(x_i)] + \varepsilon} \tag{6-11}$$

$$A_i = d \times \frac{f(x_i) - y_{\min} + \varepsilon}{\sum_{i=1}^{N}[f(x_i) - y_{\min}] + \varepsilon} \tag{6-12}$$

式中：$y_{\max} = \max[f(x_i)](i = 1,2,\cdots,N)$ 是当前种群中所有烟花个体适应度值最差个体的适应度值；$y_{\min} = \min[f(x_i)](i = 1,2,\cdots,N)$ 为当前种群中所有烟花个体适应度最优个体的适应度值；m 和 d 为常数，分别用来限制火花产生的总数以及表示最大的爆炸半径；ε 是一个用来避免分母为零的常数。

(3)生成火花。随机选取 z 个维度组成集合 Z，其中 $z = \text{rand}[1, d \times \text{rand}(0, R_i)]$，且 $\text{rand}(0, R_i)$ 为爆炸半径 A_i内产生的随机数。在集合 Z 中，对于每个维度 k，用式(6-13)、(6-14)对烟花进行爆炸变异操作，通过式(6-15)中的高斯变异映射规则对超出边界的火花进行映射处理并保存在火花种群中。

$$h = A_i \times \text{rand}(1, -1) \tag{6-13}$$

$$ex_{ij} = x_{ij} + h \tag{6-14}$$

$$mx_{ik} = x_{ik} \times e \tag{6-15}$$

式中：A_i为第 i 个烟花的爆炸半径；h 为位置偏移量；x_{ik} 表示种群中第 i 个烟花的第 k 维；ex_{ik} 为第 i 个烟花经过爆炸后的火花；mx_{ik} 为 x_{ik} 经过高斯变异后的高斯变异火花，$e \sim N(1,1)$。

(4)选择下一代群体。应用选择策略选择得到下一代烟花群体，即从烟花、爆炸火花及高斯变异火花种群中选择 N 个烟花个体形成下一代烟花候选种群。对于候选烟花种群 K,选择策略如下:选择适应度值最小的 $\min[f(x_i)]$ 个体 x_k 直接为下一代烟花种群个体,其余的 $N-1$ 个烟花个体采取轮盘赌方式,对于候选个体 x_i,其被选择的概率为

$$p(x_i)=\frac{R(x_i)}{\sum_{j\in K}R(x_j)} \tag{6-16}$$

式中:$R(x_i)$ 表示烟花个体 x_i 与其他个体的距离之和,通过式(6-17)计算得出。

$$R(x_i)=\sum_{j=1}^{K}d(x_i,x_j)=\sum_{j=1}^{K}\|x_i-x_j\| \tag{6-17}$$

(5)判断终止条件。若满足终止条件则停止迭代,否则继续执行步骤(2)。

6.3.3 烟花算法对 BP 神经网络的改进

由于神经网络训练的本质就是在有限解空间内寻找一系列权重 w_{ij} 使得网络误差达到最小,所以确定网络节点中权重值是神经网络模型的关键。为此,将烟花算法引入到神经网络模型中,利用烟花种群中烟花个体的位置 x_{ik} 来表示网络节点的权重系数和网络神经元的阈值,因而每个烟花个体表示神经网络模型中的一个神经元。基于以上规则具体的改进策略如下:

(1)关键参数编码。由于神经网络中权重系数 $w_{ij}^{(l)}(k)$、阈值 θ_i 以及烟花种群中烟花个体 x_{ik} 是由一系列向量组成,因而选取实数向量的编码策略对模型中的关键参数进行编码。记 $X=[x_1,x_2,\cdots,x_D]$ 表示一组待优化的参数,其每一维由网络权重和阈值组成。在神经网络中,记 $n_{IW(1,1)}$ 为输入层与隐含层间的权重值的个数,$n_{b(1,1)}$ 为隐含层神经元阈值的个数,$n_{IW(2,1)}$ 为隐含层与输出层间的权值的个数,$n_{b(2,1)}$ 输出层神经元阈值的个数,则有

$$D=n_{IW(1,1)}+n_{b(1,1)}+n_{IW(2,1)}+n_{b(2,1)}$$

(2)权重系数及阈值初始化。将神经网络中各节点间的权重系数 $w_{ij}^{(l)}(k)$ 和阈值 θ_i 初始化在区间$[-1,1]$内,即 $x_i\sim U[-1,1]$,并用烟花算法中烟花个体 x_i 的位置表示网络节点的权重系数和网络神经元的阈值,因而每个烟花个体表示神经网络模型中的一个神经元。

(3)选择适应度函数。算法模型训练的目标是通过不断地迭代计算,使得网络输出层结果与期望结果尽可能地相近,从而得到网络输出结果最优时各节点间的权重参数 $w_{ij}^{(l)}(k)$ 和阈值 θ_i。在 FWA-BP 神经网络中,引入平方误差函数,来计算烟花个体的适应度值,则有

$$\mathrm{SSE}=\sum_{p=1}^{p}\sum_{t=1}^{S}(t-y)^2 \tag{6-18}$$

式中:t 为网络的期望输出;p 为网络的层数;S 为网络输出单元的个数;y 为网络输出值的误差,其具体形如下:

$$y_i = f_i(\sum_{j=1}^{n} w_{ij}x_j + \theta_i) \tag{6-19}$$

式中：x_j 为网络的输入；w_{ij} 为网络节点的权重；θ_i 为网络中第 i 个神经元的阈值，且 $\theta_i = -w_i(n+1)$；适应度函数 $f_i(x)$ 为

$$f_i(x) = \sum_{p=1}^{p}\sum_{t=1}^{s}(t-y)^2 = \sum_{p=1}^{p}\sum_{t=1}^{s}[t - f_i(\sum_{j=1}^{n} w_{ij}x_j + \theta_i)]^2 \tag{6-20}$$

(4)烟花种群寻优。对于每一个烟花个体 x，利用式(6－20)计算其适应度值 $f(x_i)$，利用式(6－11)、(6－12)计算爆炸烟花个数 S_i 和爆炸半径 A_i. 与此同时，并基于式(6－13)～(6－15)对每个烟花进行爆炸、位移和变异操作，并使用式(6－16)、(6－17)的选择策略，选择最优的烟花个体组成下一代烟花种群。

(5)判断终止条件。根据式(6－19)和式(6－20)计算烟花种群中烟花个体的适应度值 $f(x_i)$ 和烟花个体间的欧式距离 $r(x_i)$，并判断是否满足最大迭代次数的终止条件，若满足则计算得到当前烟花种群中具有最小适应度值 $\min[f(x_i)]$ 的烟花个体以及具有最大的距离 $\max[r(x_i)]$ 的烟花个体组成新的烟花种群，并取当前的烟花种群为最优的烟花种群 $\boldsymbol{X}_{best}$，否则继续执行步骤(4)。

(6)更新网络权重和阈值。利用步骤(5)中得到的最优烟花种群 X_{best} 对网络模型中的权重和阈值向量 $\boldsymbol{X}$ 进行初始化更新。

综上所示，FWA-BP 算法改进 BP 神经网络流程如图 6－10 所示。

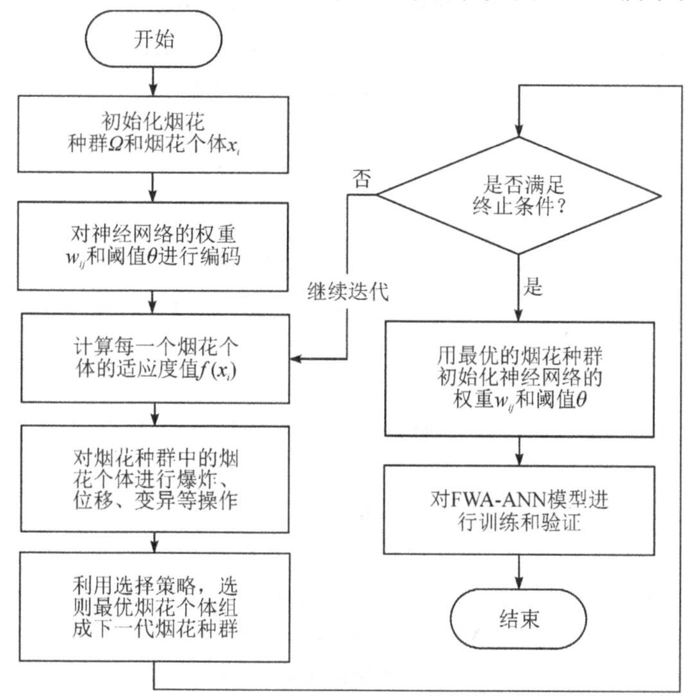

图 6－10 FWA 算法改进 BP 神经网络流程

首先，初始化神经网络参数和烟花种群 Ω 和烟花个体 x_i，计算每一个烟花个体的适应度值 $f(x_i)$ 和 $y_{\min} = \min[f(x_i)]$ 时计算并确定权值 w_{ij} 和阈值 θ 的局部最优值，并对网络权重 w_{ij} 和阈值 θ 进行更新。然后，判断是否满足终止条件，若不满足则继续迭代并重新计算适应度值 $f(x_i)$ 和 $y_{\min} = \min[f(x_i)]$ 时的权值 w_{ij} 和阈值 θ 并进行更新；若满足则迭代结束，将得到的最优权重 w_{ij} 和阈值 θ 作为神经网络的输入参数，对 FWA-BP 神经网络模型进行训练和验证。

6.3.4 改进的 FWA-BP 算法实现

基于烟花算法改进 BP 神经网络(FWA-BP)的预测算法的伪代码如表 6-7 所示，算法中输入的参数有烟花种群的大小 N，烟花爆炸半径调节常数 d，烟花爆炸火花数调节常数 m，烟花爆炸火花个数上界值 lm，烟花爆炸火花个数下界值 bm，高斯变异火花数 g，算法输出的参数为优化的网络权重 $w_{ij}(k)$，网络阈值 θ_i。

表 6-7 FWA-BP 预测算法的伪代码

	Input: Parameter N, d, m, lm, bm, g Output: weights $w_{ij}(k)$, threshold θ_i
1	Coding $w_{ij}^{(l)}(k)$ and θ_i with X_i.
2	Initializing $\boldsymbol{X}_i = (X_{11}, X_{12}, \cdots, X_{1D})$
3	while terminal condition is not met do
4	for each firework $x_i \in X$ do
5	computing($f(x_i)$)
6	computing(S_i, A_i)
7	end for
8	for $k=1$ to g do
9	$ex_{ik} = x_{ik} + \text{rand}(-1,1)$
10	$mx_{ik} = x_{ik} \times e$
11	end for
12	selecting($\Omega = \{x_{ik}, ex_{ik}, mx_{ik}\}$)
13	for each $x_i \in \Omega$ do
14	computing($f(x_i)$, min $f(x_i)$)
15	end for
16	end while
17	$\boldsymbol{X}_{\text{best}}$ = selecting(min $f(x_i)$, max($r(x_i)$))
18	updating($\boldsymbol{X}_{\text{best}}$, $w_{ij}(k)$, θ_i)
19	training(net, $w_{ij}(k)$, θ_i))

6.3.5 改进的FWA-BP算法性能分析

(1)时间复杂度分析。FWA-BP神经网络作为一种组合算法,可分别对FWA算法和BP神经网络算法的时间复杂度进行分析。为此,通过对算法运算的或存取数据的次数,对FWA-BP神经网络算法的时间复杂度作如下分析。

①BP神经网络算法。记BP神经网络输入层神经元数为m,输出层神经元数为n,隐含层神经元数为s,则整个BP神经网络前馈计算的时间复杂度为$O(\mathrm{m}\times s+s\times n)=O(s)$。可见,对于FWA-BP算法时间复杂度分析,关键在于分析FWA算法的时间复杂度。

②FWA算法。假设最大迭代次数为T,烟花种群大小为N,迭代过程中爆炸产生的火花数为p,高斯变异火花数为g,子任务数为q。则可在相关文献研究的基础之上,分析计算可得初始化烟花种群的时间复杂度为$O(q\times N)$,每一次迭代过程中计算烟花爆炸半径、炸火花数、生成爆炸火花以及生成高斯变异火花的时间复杂度均为$O(q\times N)$并且选择下一代烟花种群的时间复杂度为$O[(N+p+g)^2\times q]$,则有烟花算法迭代T次的时间复杂度为$O[T\times q\times(N+p+g)^2]$。

③FWA-BP神经网络算法。基于①和②的分析,可得整个FWA-BP神经网络算法的时间复杂度为$O[T\times q\times s\times(N+p+g)^2]$。

(2)算法收敛性分析。对于FWA-BP神经网络算法的收敛性分析,首先采用常用于分析群体智能优化算法的马尔可夫过程进行分析,然后对BP神经网络的收敛性进行分析,最后探讨两种组合算法FWA-BP算法的收敛性。

①FWA算法的收敛性分析。首先给出收敛性的定义,引入相关文献中的定义对FWA-BP神经网络的时间收敛性作如下分析。

定义1 对于一个吸收的马尔可夫过程$\{\xi(t)\}_{t=0}^{\infty}=\{F(t),T(t)\}$和一个状态空间$Y^*\subset Y$,其中$t$时刻随机状态达到最优状态的概率为$\lambda(t)=P\{\xi(t)\in Y^*\}$。如果存在$\lim\limits_{t\to\infty}\lambda(t)=1$,则有$\{\xi(t)\}_{t=0}^{\infty}$收敛。

另由相关学者的研究可知烟花算法是一个典型的马尔可夫过程,则可以使用马尔可夫链来对烟花算法优化过程的收敛性进行分析。

对于一个描述烟花算法的马尔可夫链,另其状态数为Q,则在FWA算法爆炸、高斯变异以及选择操作对其状态转移矩阵$\boldsymbol{P}$按状态的优劣排序。对每代烟花种群经过爆炸、高斯变异以及选择操作后得到对应的状态转移矩阵分别为$\boldsymbol{M}_{\mathrm{e}}$、$\boldsymbol{M}_{\mathrm{g}}$和$\boldsymbol{M}_{\mathrm{s}}$,并且状态转移矩阵都为如下所示的三角阵:

$$\begin{bmatrix}1 & 0 & 0 & 0\\ u_{21} & u_{22} & 0 & 0\\ \vdots & \vdots & & \vdots\\ u_{Q1} & u_{Q2} & \cdots & u_{QQ}\end{bmatrix}$$

其中：$u_{ij}=0$，对于所有的 $j>i$，且 $\sum_{j=1}^{|Q|}u_{ij}=1$。

基于此，结合上述定义可知，证明 FWA 算法的收敛性的关键在于证明 FWA 算法的状态转移矩阵存在 $\lim_{t\to\infty}\boldsymbol{P}(F_t=F)=1$。

证明　对于 FWA 算法的状态转移矩阵：

$$\boldsymbol{M}_{\mathrm{p}}=\boldsymbol{M}_{\mathrm{e}}\boldsymbol{M}_{\mathrm{g}}\boldsymbol{M}_{\mathrm{s}}=\begin{bmatrix}1 & 0 & 0 & 0\\ p_{21} & p_{22} & 0 & 0\\ \vdots & \vdots & & 0\\ p_{Q1} & u_{Q2} & \cdots & p_{QQ}\end{bmatrix}$$

$\boldsymbol{M}_{\mathrm{p}}$是一个可约的随机矩阵，另定义单位矩阵 $\boldsymbol{C}=[1]$，矩阵 $\boldsymbol{R}=[p_{21}\quad p_{31}\quad\cdots\quad p_{Q1}]^{\mathrm{T}}$ 以及矩阵：

$$\boldsymbol{T}=\begin{bmatrix}p_{22} & 0 & 0 & 0\\ p_{32} & p_{33} & 0 & 0\\ \vdots & \vdots & & 0\\ p_{Q1} & u_{Q2} & \cdots & p_{QQ}\end{bmatrix}$$

则有 $\boldsymbol{C}$ 为一阶正定随机矩阵，$\boldsymbol{R}\neq0$，$\boldsymbol{T}\neq0$，另外有

$$\boldsymbol{M}_p^{\infty}=\lim_{t\to\infty}\boldsymbol{P}n_{ij}^{t}=\boldsymbol{T}=\begin{bmatrix}1 & 0 & \cdots & 0\\ \vdots & \vdots & & \vdots\\ 0 & 0 & \cdots & 0\end{bmatrix}$$

即存在 $\lim_{t\to\infty}\boldsymbol{P}(F_t=F)=1$，则 FWA 算法可以收敛到全局最优解。

②BP 神经网络算法收敛性分析。对于单隐层的 BP 神经网络，其学习的过程就是寻找一个权重和阈值(w,θ)使得网络的误差函数 $E(w,\theta)=\frac{1}{2}\{\sum_{j=1}^{J}[O^j-g(w\cdot G(\theta\cdot\xi^j))]\}^2$ 最小。而对于误差函数 $E(w,\theta)$ 可构成级数 $\|E_w(w^k,\theta^k)\|$ 和级数 $\|E_{\theta i}(w^k,\theta^k)\|$，则由级数收敛的必要条件可知，对于 BP 神经网络收敛性分析的关键在于分析误差函数 $E(w,\theta)$ 所构成的级数的收敛性。为此引入文献中的定理对 BP 神经网络的收敛性进行分析。

证明　对于一个单隐层的 BP 神经网络，有 $E(w^{k+1},\theta^{k+1})\leqslant E(w^k,\theta^k)$ 和 $E(w^{k+1},\theta^{k+1})\leqslant\cdots\leqslant E(w^0,\theta^0)-\beta\sum_{t=0}^{k}(\|E_w(w^t,\theta^t)\|^2+\sum_{i=1}^{n}\|E_{\theta i}(w^t,\theta^t)\|^2)$。

又因 BP 神经网络误差 $E(w^{k+1},\theta^{k+1})\geqslant0$，故有 $\beta\sum_{t=0}^{k}(\|E_w(w^t,\theta^t)\|^2+\sum_{i=1}^{n}\|E_{bi}(w^t,\ \theta^t)\|^2\leqslant E(w^0,\theta^0)$。当 $k\to\infty$有 $\sum_{k=0}^{\infty}(\|E_w(w^k,\theta^k)\|^2+$

$\sum_{i=1}^{n} \| E_{\theta i}(w^k,\theta^k) \|^2) \leqslant \infty$和 $\sum_{k=0}^{\infty} \| E_w(w^k,\theta^k) \|^2 \leqslant \sum_{k=0}^{\infty}(\| E_w(w^k,\theta^k) \|^2 + \sum_{k=0}^{\infty} \| E_{\theta i}(w^k,\theta^k) \|^2$。

另由级数收敛的必要条件得到下式成立：$\lim_{k\to\infty} \| E_w(w^k,\theta^k) \| = 0$ 且 $\lim_{k\to\infty} \| E_{\theta i}(w^k,\theta^k) \| = 0$，其中，$i = 1,2,\cdots,n$，则 BP 神经网络收敛性得证。

③FWA-BP 算法收敛性分析。由上述①②的证明可知 FWA 算法能够收敛到全局最优解，BP 神经网络也能够收敛。对于 FWA 算法与 BP 神经网络的组合算法，引入文献中的定义对 FWA-BP 的收敛性进行分析。

由此可知，对于两个收敛的级数 $\sum a_n$ 和 $\sum b_n$，则其乘积 $a_n b_n$ 也收敛，因而有 FWA-BP 神经网络也能够收敛于全局最优解。

6.3.6 基于 FWA-BP 的棉纺质量预测

(1)输入输出指标选取。选取棉条含杂率、粗纱捻系数、回潮率、纤维直径、纤维长度、直径离散系数、纤维质量不匀率、纤维牵伸倍数、细纱钢丝圈号以及罗拉转速等 10 个指标作为网络预测模型的输入指标，选取纱线 CV 值作为网络预测模型的输出指标。

(2)数据标准化处理。为了消除不同量纲对预测模型准确性造成的影响，需要对数据进行标准化处理，使各指标数据处于同一量级上，从而以提高数据之间可比性。本模型中使用式(6-21)对数据进行标准化处理。

$$X^* = \frac{x_k - \min(X)}{\max(X) - \min(X)} \tag{6-21}$$

式中：$\max(X)$ 为数据集中最大值；$\min(X)$ 为数据集中最小值。通过对数据进行标准化处理后，将训练数据映射到区间[0,1]，以便进行对比评价分析。

(3)关键参数设置。根据预测模型的输入、输出指标，设定基于 FWA-BP 神经网络的主要参数如下：输入层的节点数 $m=10$，输出层节点数 $n=1$，选取神经网络的隐含层数 $e=1$，隐含层神经元个数 s 通过经验公式(6-22)计算得到 $s\approx 6$，公式中 $m=10$ 和 $n=1$ 分别为网络的输入层节点的个数和输出层节点的个数。

$$s = \sqrt{0.43mn + 0.12n^2 + 2.54m + 0.77n + 0.35} + 0.51 \approx 6 \tag{6-22}$$

对于激活函数的选取，输入层、输出层分别选取 tansig 和 purelin 激活函数，选取 trainlm 函数作为网络模型的训练函数。在网络训练过程中，设置学习速率为 0.01，动量因子为 0.9，最大迭代次数为 20 000，训练最小误差为 0.05。而对于网络节点间的权重值 w_{ij} 和阈值 θ，采用经过烟花算法迭代选择的最优烟花种群对网络权重和阈值进行初始化。与此同时，根据待优化的网络权重值 w_{ij} 和阈值 θ 的具体优化的目标，并结合文献中的相关实验结果，对烟花算法中的关键参数设置如下:种群大小 $N=70$,烟花爆炸半径调节常数 $d=5$,烟花爆炸火花数调节常数 $m=40$,烟花爆炸火花个数上限值 $lm=0.8$,烟花爆炸火花个数下限值 $bm=0.04$,高斯变异火花数 $g=5$,最大迭代次数 $T=100$。

6.3.7 模型验证与讨论

1. 实验环境

为了验证 FWA-BP 算法的有效性,在 Windows 10 操作系统环境下,利用 MATLAB R2019a 软件搭建仿真实验平台。并在 MATLAB R2019a 的 GUI 集成开发环境下,对基于 FWA-BP 神经网络预测模型进行了可视化实现,开发了如图 6-11 所示的基于 FWA-BP 神经网络的纺纱质量预测系统。

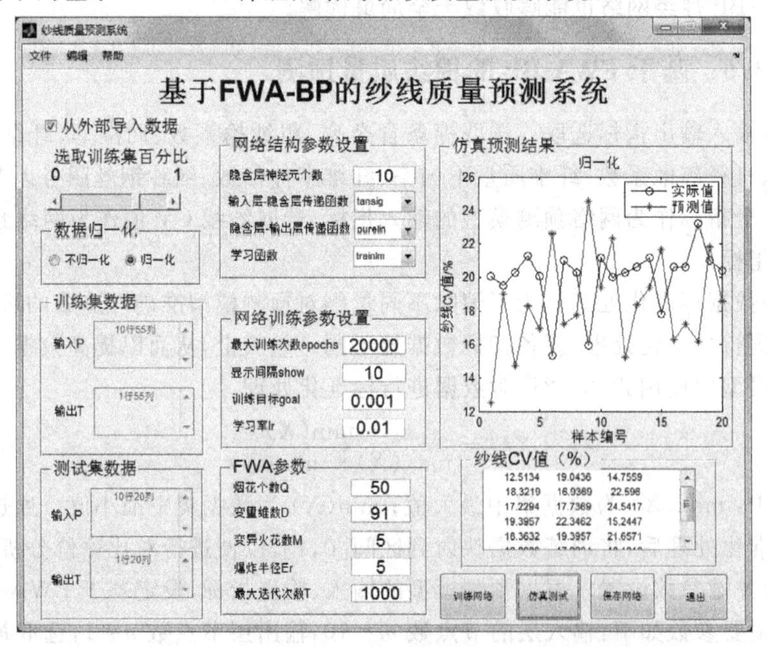

图 6-11 基于 FWA-BP 神经网络的纺纱质量预测系统

2. 实验设计

实验 1:选取某棉纺企业的棉纺纱质量数据并对其进行标准化处理,用标准化处理后的数据建立数据集,对基于 FWA-BP 神经网络预测模型进行训练和测试。选取实验数据集中的前 80%的数据作为训练数据集,选取数据集中后 20%的数据作为测试数据集。通过使用图 6-11 中的预测系统来对模型进行测试和验证,得到了如图 6-12 所示的基于 FWA-BP 神经网络预测模型的预测结果。

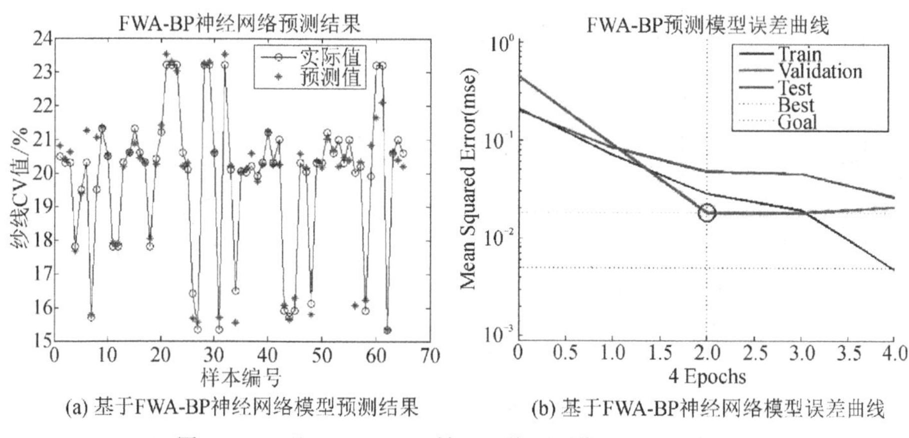

(a) 基于FWA-BP神经网络模型预测结果　　(b) 基于FWA-BP神经网络模型误差曲线

图 6-12　基于 FWA-BP 神经网络预测模型的预测结果

可见，基于 FWA-BP 神经网络的预测值与实际值更逼近，而且算法的迭代次数为 4 次，其中验证集数据经过 2 次迭代就能够收敛，因而基于 FWA-BP 神经网络的预测模型表现出较优的性能。

实验 2：为了进一步验证基于 FWA-BP 神经网络的预测性能，分别使用与实验 1 中相同的数据集对传统的 BP 神经网络、GA-BP 神经网络以及 PSO-BP 神经网络等模型进行训练。

(1)对比发现算法参数设置主要是在基于文献研究的基础之上进行的。GA 算法：种群规模 popu＝30、遗传代数 gen＝100、交叉概率 pcross＝0.8 以及变异概率 pmutation＝0.05；PSO 算法：速度更新参数 $c_1=c_2=1.494\ 45$、进化次数 maxgen＝150、种群规模 sizepop＝30、个体最大值 popmax＝ 7、个体最小值 popmin＝－7、个体最大速度 Vmax＝1 以及个体最小速度 Vmin＝－1。而对于不同算法中的 BP 神经网络的参数选取与 FWA-BP 网络模型中神经网络部分相同的参数。

(2)为了降低实验过程中的偶然性因素，对同一种算法模型使用同样的数据训练测试 10 次，分别取 10 次预测误差和迭代次数的平均值作为该算法的预测误差值和迭代次数。

在相同的实验条件下，分别对基于 GA-BP 神经网络以及 PSO-BP 神经网络模型进行实验仿真，分别得到了如图 6-13 和图 6-14 所示的不同算法优化神经网络预测模型的预测结果及结果对比图，同时也统计得出如表 6-8 所示的不同算法模型测试样本预测结果。

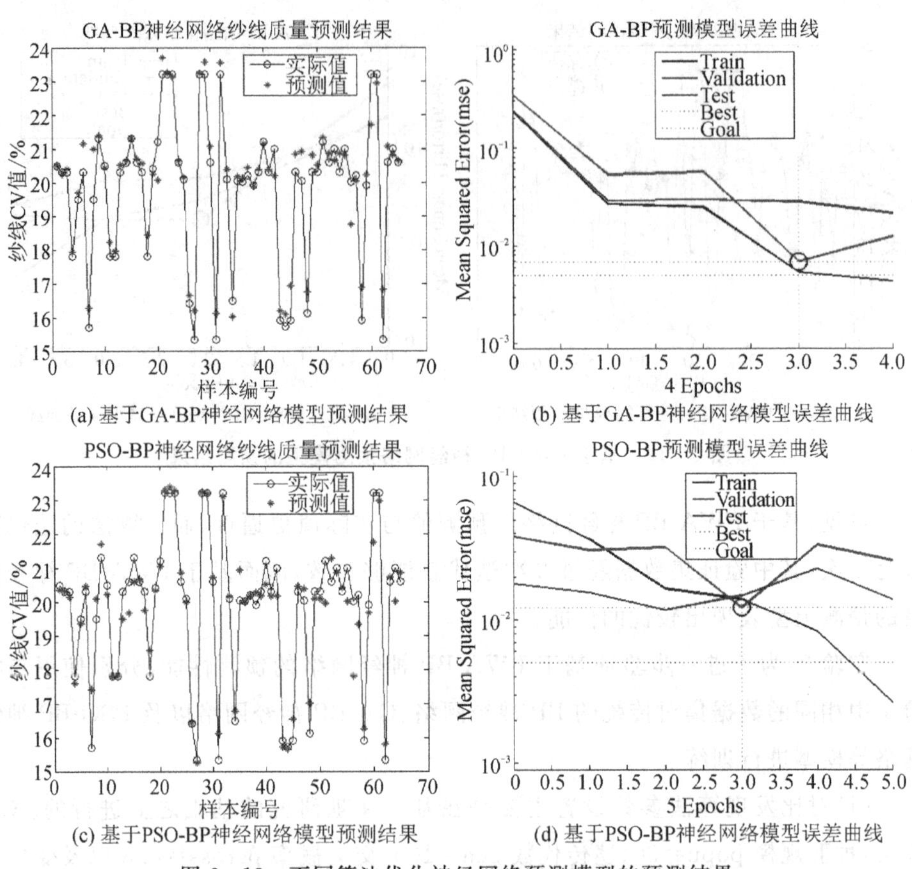

(a) 基于GA-BP神经网络模型预测结果　(b) 基于GA-BP神经网络模型误差曲线

(c) 基于PSO-BP神经网络模型预测结果　(d) 基于PSO-BP神经网络模型误差曲线

图 6－13　不同算法优化神经网络预测模型的预测结果

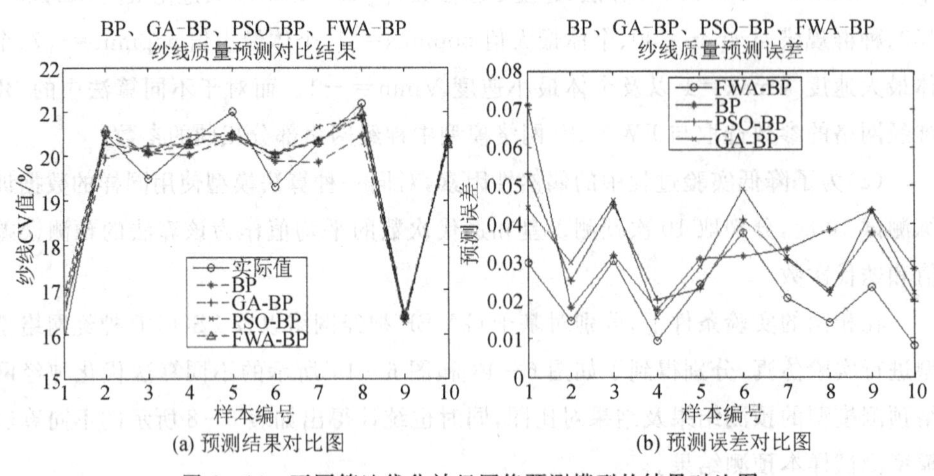

(a) 预测结果对比图　(b) 预测误差对比图

图 6－14　不同算法优化神经网络预测模型的结果对比图

可见，虽然不同算法优化神经网络的预测结果与实际值相比都存在一定的波动，但提出的基于FWA-BP神经网络的预测模型对纺纱质量预测结果与实际值更逼近，而基于PSO-BP神经网络对范式质量预测的精度优于基于GA-BP神经网络模型。

在算法收敛速度方面，由表6-8可以看出传统的BP神经网络达到训练最小目标值的平均迭代次数为4.5次，基于GA-BP神经网络和PSO-BP神经网络模型达到既定训练目标值时的平均迭代次数均为3.9次，而基于FWA-BP神经网络的平均迭代次数为3.1次，因而与传统的BP神经网络和GA-BP神经网络以及PSO-BP神经网络模型相比，基于FWA-BP神经网络的预测模型达既定训练目标值时迭代次数分别下降了31.11%和13.3%。

表6-8 不同算法模型测试样本预测结果

测试样本编号	实际测量数值	细纱CV值							
		BP		GA-BP		PSO-BP		FWA-BP	
		预测值	相对误差/%	预测值	相对误差/%	预测值	相对误差/%	预测值	相对误差/%
1	15.92	16.89	7.12	16.52	4.42	16.73	5.30	16.39	2.97
2	20.50	20.47	1.83	19.97	2.98	20.29	2.50	20.59	1.46
3	19.49	20.07	3.17	20.24	4.63	20.08	4.51	20.08	3.02
4	20.30	20.01	1.76	20.28	1.55	20.47	2.01	20.25	0.93
5	21.00	20.41	3.07	20.42	2.86	20.52	2.29	20.50	2.40
6	19.30	19.88	3.13	20.07	4.90	20.00	4.12	20.03	3.76
7	20.30	19.86	3.34	20.35	3.12	20.65	3.04	20.33	2.05
8	21.20	20.45	3.82	20.84	2.15	20.88	2.24	20.99	1.41
9	16.40	16.33	4.37	16.32	4.33	16.23	3.79	16.39	2.34
10	20.30	20.43	2.80	20.33	2.21	20.42	1.96	20.26	0.82
平均相对误差		—	3.44	—	3.31	—	3.17	—	2.12
平均迭代次数		4.5		3.9		3.9		3.1	

实验3：为了进一步对比分析基于FWA-BP网络的预测性能，引入相关系数R对不同算法优化的神经网络的预测结果进行分析。通过对预测结果数据的分析，利用MATLAB工具仿真得到如图6-15所示的不同算法优化神经网络预测相关性分析。图中○表示数据的坐标点，实线表示理想的线性回归结果对应的直线，虚线表示最优的回归结果对应的拟合直线。

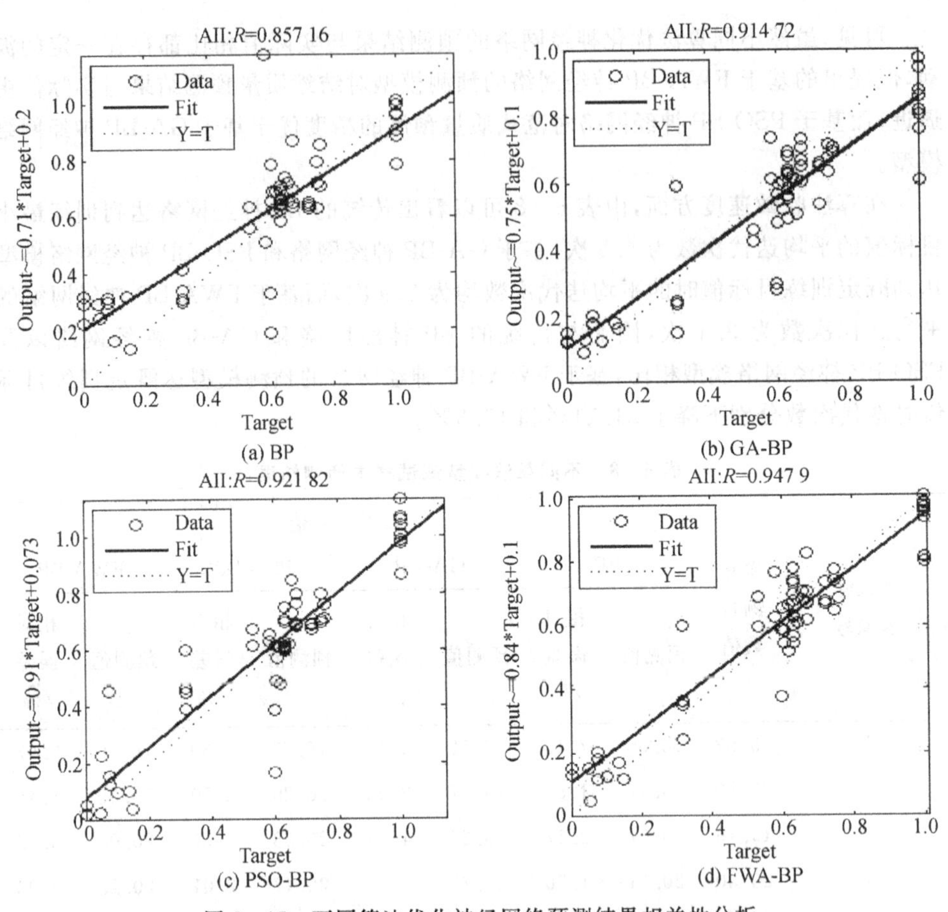

图 6-15　不同算法优化神经网络预测结果相关性分析

可见，相比传统的神经网络模型，经过 GA 算法、PSO 算法以及 FWA 算法优化的神经网络模型的相关系数 R 分别提高了 6.72%、7.54%和 10.59%。并且通过对比分析表明，基于 FWA-BP 神经网络的纱线质量预测值与实际值的相关程度高于基于 GA-BP 和 PSO-BP 的神经网络预测模型。

综上所述，采用烟花算法对 BP 神经网络的权值和阈值进行了优化，提出了一种基于烟花算法改进 BP 神经网络（FWA-BP）的预测方法，并对基于 FWA-BP 神经网络的预测方法进行了实现。并以某棉纺织企业的纺纱质量数据为例，对基于 FWA-BP 神经网络的预测方法的性能进行了实验验证，并与基于 BP 神经网络、GA-BP 神经网络以及 PSO-BP 神经网络预测方法进行了对比实验研究。结果表明：在既定的训练目标值下，相对于传统 BP 神经网络以及基于 GA-BP、PSO-BP 神经网络的预测方法而言，提出的基于 FWA-BP 神经网络的预测方法具有较低的预测误差率和较少的迭代次数。

6.4 棉纺过程质量智能控制

为解决棉纺过程棉纱质量难以精准控制的问题，首先对棉纺业务流程进行了梳理与分析，并对各工序间的业务数据流程及其数据属性进行了研究。然后，借助多 Agent 理论，构建了一个基于多 Agent 的棉纺过程协同控制模型，并对模型中多 Agent 间的工作原理、协同过程和工序间的资源调度进行了详细设计，进而提出了一种面向棉纺过程的数据拟合方法，其利用积分算子对工序间的业务数据进行拟合与处理。通过实际应用，结果表明设计的模型与数据拟合方法优化了棉纺业务流程，整合了棉纺各工序之间的质量数据，做到了数据的实时拟合与处理，有利于实现棉纺过程质量的在线智能控制。

在美国、德国、日本等纺织技术比较先进的国家，对棉纺过程质量的智能控制，主要采用一些基于参数的拟合方法或数据处理系统。比如基于棉纱舒适性的拟合方法、棉纤维断裂强度响应拟合方法以及电子纺织品的模拟环境等，然而，现有的拟合方法主要集中判断两三个变量(比如断裂强度、纤维长度)之间的关系，尚未探讨三个以上参数之间的相关关系，即缺乏一定的普适性。同样，在棉纺过程数据处理系统构建方面，主要探讨了棉纺生产数据处理系统、电子纺织系统等，而且通过对现有文献的研读，发现这些系统已在棉纺过程得以成功应用，并基于此开展了诸如棉纱性能测试、服装透气性测试以及棉纱湿处理等方面的研究。然而，这些系统主要以处理棉纺过程历史数据为主，仍未彻底揭示棉纺过程实时数据处理的文献报道。在我国，针对棉纺过程质量控制的研究始于 20 世纪 90 年代。早期的探讨主要基于过程参数的模型构建，比如 2008 年香港城市大学的陈涛研究的面向棉纺设备器件中水分转移的数学模型和数值模拟方法。随着理论研究的不断深入，研究设计的方案愈加复杂，对棉纺过程数据拟合的探讨重点逐渐由历史生产数据转移到了设备状态实时数据的处理方面。比如将人工神经网络技术应用到织造过程，从而提出了一种数据模拟纺织法；同时，将有限元法应用到棉纺过程，提出了一种面向棉纺材料的热湿传递属性数值模拟方法等。而且，通过透视现有文献，发现国内学者近几年的研究焦点在棉纤维属性与成纱质量输出特征值之间的线性问题方面，但是目前还尚未探讨对棉纺过程实时数据的拟合与处理，更未涉及基于数据的棉纺质量智能控制方法研究。

为此，从棉纺过程的各工序入手，对各工序产生的实时数据进行采集、拟合处理，构建面向棉纺过程的数据拟合方法，进而构建基于数据驱动的棉纺质量智能控制模型及其系统，实现棉纺设备生产效率的提高，以及棉纺过程质量的精准控制。

6.4.1 问题的描述

随着近两年德国“工业 4.0”，以及“中国制造 2025”的提出，给我国包括棉纺织业在内的纺织工业这个传统制造业也提出了技术改造的更高要求，同样面临着技术改造的强烈需求。然而，我国的棉纺企业因普遍存在工艺设计、生产过程以及生产管理之间数据断层、各工序流程数据集成度低等基础问题，严重制约了棉纺企业的生产效率提升和棉纱成品的品质。因此，如何通过技术创新，在保证棉纺过程数据正确性的前提下，探讨通过数据进行棉纺质量的在线控制及预测，从而构建面向棉纺过程的智能控制方法，是摆在棉纺企业面前亟待解决的问题。

为此，提出多 Agent 的棉纺过程模型。

6.4.2 多 Agent 的棉纺过程控制模型

构建如图 6-16 所示的面向棉纺过程的多 Agent 智能控制框架，整个棉纺过程的协作过程主要包括任务的数目、所需的任务处理和子任务的激励程度。

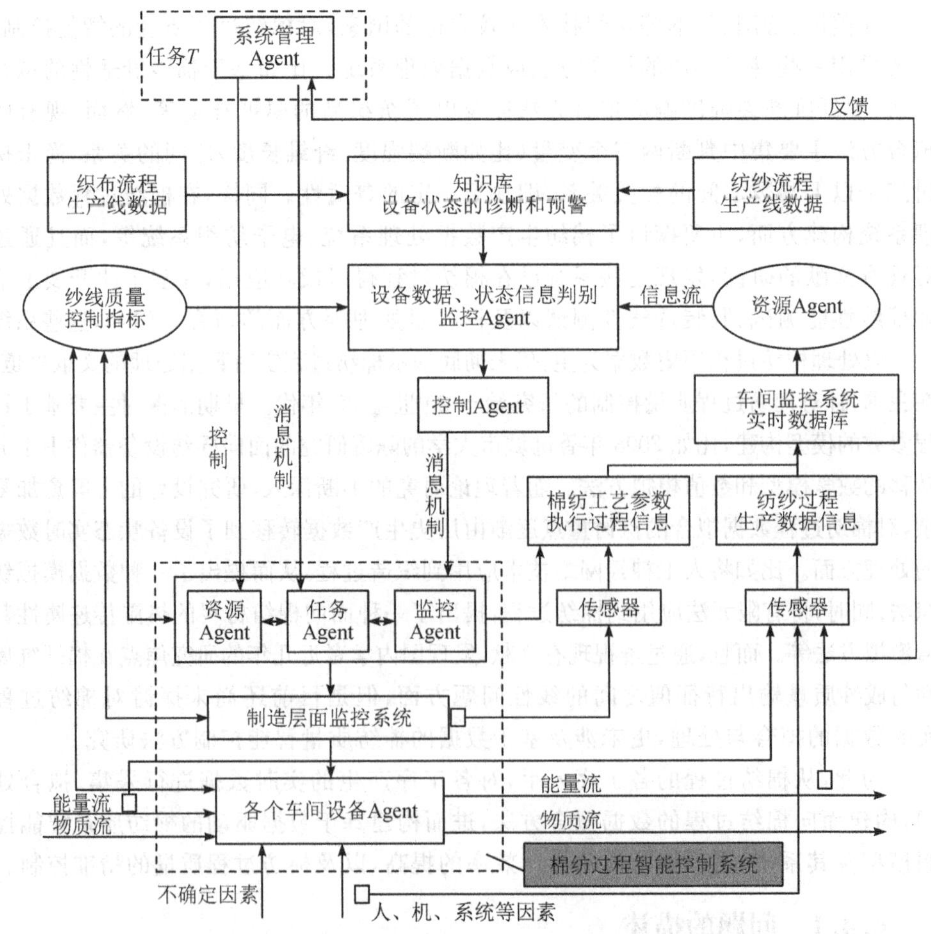

图 6-16　面向棉纺过程的多 Agent 智能控制框架

具体而言,任务 Agent 主要从任务 T 中接收任务,然后将任务通过消息机制,传递给监控 Agent 和资源 Agent,以获取特定子任务及其所需的资源。同时,监控 Agent、资源 Agent、设备 Agent 通过知识库,对任务信息所需的资源及其任务优先度进行判断。若在知识库中尚未发现任务信息,则直接调用系统管理 Agent,由系统管理 Agent 统一调控并释放系统资源;若在知识库中发现了任务信息,则监控 Agent 将直接通知资源 Agent,由其按照任务信息的紧急程度及其优先度分配资源,并启动设备 Agent 进行生产计划任务的执行,同时监控 Agent 对工序间产生的数据进行采集、处理。具体过程分如下 3 步。

(1)对资源 Agent 而言,当其接收到任务 T 后,将全面收集系统推荐生产线上选定设备的参数(比如额定转速、额定效率、所属工艺能力等),并确定设备当前的工作状态。

对于任务 Agent 而言,根据其定义,对于任何一个子任务 T_m,假设任务处理的时间为$\{t_{m1},t_{m2},\cdots,t_{mr}\}$,任务处理类型为 $L_m=\{L_{m1},L_{m2},\cdots,L_{mr}\}$,任务资源集 $R_m=\{R_1,R_2,\cdots,R_j\}$,其中 j 是设备数量。则一个子任务对应于一个处理操作,即一个处理时间 t_{mj},也意味着 t_{mj} 需要拥有一定的资源 R_j。那么,对任一设备 p,假设设备空闲的时间为 $s_p=\{s_{p1},s_{p2},\cdots,s_{pt}\}$,其中 t 是在空闲时间段的可选设备的数量,相应地,需要处理的任务类型表示为 $K_p=\{K_{p1},K_{p2},\cdots,K_{pq}\}$,其中 q 表示设备数量且 $q=\sum p$。由此,任务 T 的执行过程存在如下判断准则:

$$\sum_{m=1}^{1}\sum_{n=1}^{n=r}t_{mn}\leqslant\sum_{m=1}^{p}\sum_{n=1}^{n=t}S_{mn}$$

且

$$L_{m1}\cup L_{m2}\cup\cdots\cup L_{mr}\subseteq K_{p1}\cup K_{p2}\cup\cdots\cup K_{pq}$$

由上式可以看出,在任务执行过程中,对设备能力的判断存在条件 $t_{mn}\leqslant\max s_{pt}$,即所有子任务执行的总时间应小于所有推荐设备空闲时间的总和。同时,棉纺过程各个工序对应的设备(比如清梳联联合机、并条机、粗纱机等),应完成相应工序(比如清棉、梳棉、精梳、并条、粗纱等)的加工需要。此刻,若上述条件满足,则整个工作流将跳转到步骤(3)。否则,工作流程将转向步骤(2)。

(2)资源 Agent 根据系统推荐的生产线,自动形成可供选择的设备清单。现假定有 n 个设备,则被选中设备的目标函数可以表示成如下公式:

$$\min\alpha_1\Big(\sum_{i=1}^{r}\alpha_2 M_{T_{mi}}+\sum_{i=1}^{r-1}N_{T_{mi+1}}\Big)+\alpha_3\Big(\sum_{i=1}^{r}\alpha_4 O_{T_{mi}}+\sum_{i=1}^{r-1}P_{T_{mi+1}}\Big)$$

式中:α_1,α_2,α_3 和 α_4 是加权系数;M_{Tmi} 是加工成本,表示被选设备需完成的子任务

T_{mi}；$N_{T_{mi+1}}$表示从任务T_{mi}调度到T_{mi+1}时所需成本，其中包括设备磨损、设备异常造成生产线终端，以及原料（棉花）的浪费等；$O_{T_{mi}}$、$P_{T_{mi+1}}$分别表示完成时间和调度时间。为此，成本价格的计算过程，可表示为$M_{T_{mi}} = \delta\alpha t$，其中$\alpha$表示设备的负荷系数（设备的闲置率越小负载系数越大），δ表示子任务处理的单位成本，T表示子任务处理所需时间（通过多任务的协同工作，可将加工成本降至最小，而且设备的负载接近平衡）。

(3)在任务被分解或被资源 Agent 调用后，任务 Agent 开始向设备进行招标。具体过程：首先，在已完成的子任务中估算产能信息，以获取设备 Agent 所需的资源，而且，可以从中获取完成任务所需的一些专用设备，以避免后续工序在设备选择方面造成的网络阻塞和计算负荷；同时，通过多 Agent 之间的消息机制，设备产能的计算主要以设备产能的临界值为主，而该值的计算主要从以下四个方面进行考虑。

①在处理队列中，尽可能缩短子任务的等待时间。

②相同模块之间的任务应连续，以减少设备切换时的耗时。

③任务的优先级应充分考虑任务的紧急程度以及完成时间。

④在相同工艺、任务的前提下，处理任务的设备类型应尽量相同，设备产能临界值取阈值。

由此，阈值的计算公式可表示为$\theta_{ij} = \theta'_{ij} + ka$，其中$a$表示转换或传输时间。在等待队列中，当一个品种不需要翻改时，其k值趋向于零。

θ_{ij}的导数为$\theta'_{ij} = k_1 + k_2 t_{ij} + k_3 a_{ij}$，对每个子任务，它有一个值$k_1$，而且$k_1$对应的子任务优先级也相对较小。$t_{ij}$是完成子任务的时间。$a_{ij}$是影响任务$t_i$的强度系数，它源于对象$A_j$。同时，较好的$A_j$输出一个特定类型的处理过程$t_i$和较小的$a_{ij}$。同时，$k_2$、$k_3$为加权系数，其值取决于完成子任务的时间。

(4)任务 Agent 用来调用设备 Agent、资源 Agent，并计算每个子任务T_i的激励程度S，且$S = S_0 + k_4 t$，其中S_0为初始值，t是任务序列的等待时间，k_4是一个加权系数，用来确定等待时间。

按照上述四步，将所有的子任务进行打包，并在棉纺工序中进行排队等待调用。这样，当任务 Agent 调用资源 Agent 时，资源 Agent 接受调用命令并判断子任务所需的资源。同时，结合步骤(3)，根据公式$\theta_{ij} = \theta'_{ij} + ka$，可将资源 Agent 调用资源的概率公式写成$P(\theta_{ij}, S) = S^2/(S^2 + \theta_{ij}^2)$。这样，意味着子任务的优先级较高，则分配资源的概率就越大。

现假设有m个队列和n台设备，则根据排列组合，形成$m \times n$个可选择的生产线。由此，在步骤(3)和(4)中，资源 Agent 可以反馈给监控 Agent $m \times n$ 个可选择的工艺推荐路线，而且该路线拥有最短时间和最小成本的优点。

(5)对监控 Agent 而言，首先要对所接收到的工艺路线进行编码，而且一个工艺路线对应一个编码。然后，监控 Agent 开始执行迭代操作，并通过交叉算子产生新的编码。最后，根据步骤(2)中得到的目标函数，经过资源分配概率的计算，得到棉纺过程多 Agent 协作的控制函数模型，即

$$f(k) = \varepsilon_1 U_{k-1} + \varepsilon_2 V_{k-1}$$

其中：

$$U_k = \sum_{i=1}^{r} \alpha_2 M_{T_{mi}}^{(k)} T + \sum_{i=1}^{r-1} N_{T_{mi+1}}^{(k)}, V_k = \sum_{i=1}^{r} \alpha_4 O_{T_{mi}}^{(k)} + \sum_{i=1}^{r-1} P_{T_{mi+1}}^{(k)}$$

式中：$k = 1; K$、$m \times n$、ε_1、ε_2 为因素系数。

通过上式函数控制模型，可得到棉纺多工序流程对应的智能控制函数表达式。而且，通过工艺路线的优化，方便监控 Agent 调用资源 Agent，并由资源 Agent 反馈结果给系统管理 Agent，而系统管理 Agent 经过系统资源的评估后，结合智能控制函数表达式开始安排设备进行生产。

6.4.3 棉纺过程数据准备

由于棉纺过程流程长、工序多、数据杂的特点，加之近年我国棉纺企业的重组和转型，以及棉纺企业对“机器换人”的渴求和“智能车间”的需求日趋紧迫，因此如何将各车间、部门的与生产工艺、生产加工以及生产管理相关的业务数据整合起来，开展企业成本利润分析、质量控制、生产计划调度，以及用户需求的个性化定制等，关键在于如何保证整个棉纺过程数据的正确性和一致性，这是摆在棉纺学者面前的一大技术难点。

以咸阳某厂 2015 年的棉纺月产量数据为例，如表 6 - 9 所示，仅从分单耗的角度分析，每月的净用棉、单耗的定额与实际误差均应小于 5%，然而，多数月份（比如 1 月、4 月）的误差数据却超过了 10%。而且，在月报表数据中，同一品种分机型的月报表数据（比如混棉总量、净用棉量等）波动误差更大，几乎超过了 13.2%。这其中的原因有两个：一是在棉纺过程的先后工序中，纱耗棉量、布耗纱量数据的融合计算精度过低（比如再用棉量）；二是采集的棉纺过程数据中存在噪声，而且并未考虑棉纤维在加工过程其质量输出特征值的剧变。现选取 30 台一个班次的织机数据，详见表 6 - 9，对上述数据误差产生的原因进行分析。

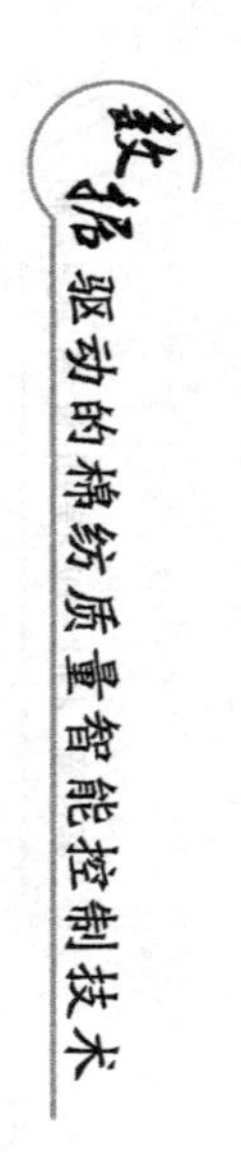

表 6-9 咸阳某厂 2015 年的棉纺月产量报表

月份	产量/t	投入量/kg 净用棉 原棉	化纤	小计	混用棉量/kg 回花量	再用棉量	混棉总量	净棉比例	实耗总量	实际单耗	净用棉量/kg 耗净用棉 定额	耗净用棉 实际	超节量(+、-)	单耗 定额	单耗 实际
1月	121.259	303 246	0	303 246	14 818	0	318 064	95.34	180 471	1 488.31	158 515	172 010	13 495	1 307.24	1 418.53
2月	203.036	278 656	0	278 656	13 881	0	292 537	95.25	280 713	1 382.58	267 785	267 449	−336	1 318.90	1 317.25
3月	323.152	422 792	0	422 792	19 240	0	442 032	95.65	443 923	1 373.73	428 404	423 701	−4 703	1 325.70	1 311.15
4月	395.101	515 410	5 121	520 531	24 496	0	545 027	95.51	537 442	1 360.26	521 762	512 673	−9 089	1 320.58	1 297.57
5月	425.413	512 855	38 176	551 031	21 479	0	572 510	96.25	572 326	1 345.34	553 924	550 184	−3 740	1 302.09	1 293.29
6月	478.469	550 557	43 904	594 461	21 951	0	616 412	96.44	623 404	1 302.91	619 289	600 717	−18 572	1 294.31	1 255.50
7月	494.817	627 452	33 536	660 988	22 072	0	683 060	96.77	663 318	1 340.53	646 122	641 471	−4 651	1 305.78	1 296.38
8月	385.696	473 800	15 724	489 524	15 361	344	504 885	96.96	517 447	1 341.59	509 100	501 295	−7 805	1 319.95	1 299.72
9月	502.847	568 237	70 380	638 617	22 805	663	661 422	96.55	669 803	1 332.02	651 915	649 989	−1 926	1 296.45	1 292.62
10月	476.118	529 224	75 779	605 003	23 696	902	629 088	96.17	626 443	1 315.73	607 017	599 923	−7 094	1 274.93	1 260.03
11月	362.137	203 690	149 567	353 257	22 300	21 331	396 888	89.01	489 895	1 352.79	405 757	447 905	42 148	1 120.45	1 236.84
12月	107.447	57 075	26 872	83 947	7 500	7 328	98 775	84.99	155 515	1 447.36	123 651	134 736	11 085	1 150.81	1 253.98
合计	4 275.492	5 042 994	459 059	5 502 053	229 599	30 568	5 760 700	95.51	5 760 700	1 347.38	5 493 241	5 502 053	8 812	1 284.82	1 286.88

由表6-10可见，同一品种、机型的设备之间，其工作效率相差较大，其值达到9.36%，而且部分设备的实时效率也大于100%。这种现象在棉纺过程中出现是合理的，原因在于效率的计算主要是通过单位时间内的计划产量与实际产量之比得到的。但是，从理论计算的角度，这种现象的产生源于如下两个方面：第一，尚未考虑所有的内外部因素及其因素的突变行为，使得一些混杂因素(比如白噪声)影响数据的正确性；第二，数据拟合算法选取得不合理，数据采集点间隔设计有待优化，结果容易导致所采集的生产数据不能真实反映设备运转效率。因此，需要在加工过程中进行资源、任务的调度，即多个Agent之间需要协调，通过系统管理Agent进行资源、子任务的二次分配，进一步优化数据拟合方法。

表6-10 分班分机台实时采集数据

设备编号	运转台时/h	实际生产/kg	定额产量/kg(台·h)$^{-1}$	实际产量	计划速度/(r·min^{-1})	实际速度/(r·min^{-1})	断头率/%	白花	白花率/%
1	4 352	20 102	4.31	4.62	130	139	32	55	0.27
2	3 542	16 430	4.31	4.64	130	138	33	207	1.26
3	2 915	13 611	4.31	4.67	130	139	35	294	2.16
4	2 260	10 545	4.31	4.67	130	139	30	253	2.4
5	1 414	6 586	4.31	4.66	130	139	48	107	1.62
6	1 151	4 857	4.21	4.22	125	126	45	100	2.06
7	1 095	5 082	4.31	4.64	130	139	15	100	1.97
8	1 351	5 108	4.21	3.78	125	112	29	119	2.33
9	751	3 473	4.31	4.62	130	139	0	78	2.25
10	2 329	9 856	4.21	4.23	125	126	17	164	1.66
11	676	3 142	4.31	4.65	130	139	15	40	1.27
12	3 001	12 638	4.21	4.21	125	126	13	220	1.74
13	971	4 511	4.31	4.65	130	139	10	200	4.43
14	2 929	12 389	4.21	4.23	125	126	25	215	1.74
15	1 191	5 503	4.31	4.62	130	138	18	67	1.22
16	2 798	11 819	4.21	4.22	125	125	15	159	1.35
17	1 111	5 143	4.31	4.63	130	138	20	130	2.53
18	2 959	12 672	4.21	4.28	125	127	5	79	0.62
19	874	4 024	4.31	4.6	130	138	5	60	1.49
20	4 419	18 764	4.21	4.25	125	126	22	139	0.74

6.4.4 质量指标函数拟合

按照纺织工艺理论,设备的运转效率计算公式如下:

$$\text{工作效率 (eff)} = \frac{\sum t_{\text{work}}(m) - \sum t_{\text{stop}}(m)}{\sum t_{\text{sum}}(m)}$$

其中,理论产量(typh)计算公式为

$$\text{typh(kg)} = \frac{s \times D \times \pi \times E \times 60 \times \text{tex}}{1\,000 \times 1\,000 \times 1\,000}$$

那么,单位时间内的实际产量公式(ryph),可以表示成如下的计算公式:

$$\text{ryph(kg)} = \text{typh} \cdot \text{eff}$$

在公式 ryph 中,s 为前罗拉速度($\text{r} \cdot \text{min}^{-1}$),$D$ 是罗拉的直径(mm),E 是前罗拉与压力轴间的拉伸倍率,或压力轴与锭翼间的故障率,tex 是棉纱或粗纱的支数。其中,D、π、tex 是常量,而罗拉的转速 s 是变量,E 随 s 的变化而变化。因此 s 不仅是一个重要的控制指标,也是一个有效的评价设备运转效率的指标,这充分说明棉纺过程中各个工序数据的正确性主要依赖于罗拉的转速 s。

假设设备罗拉转速的脉冲信号是在一个既定的有限范围$[a,b]$内,其中 $a \geqslant 0, b>0$,且 $b \geqslant a$,为保证整个罗拉转速的稳定性,可将区间$[a,b]$细分成 n 个子区间,使其成为一个 $a=x_0<x_1<\cdots<x_n=b$。在区间$[x_0, x_1]$,可将罗拉脉冲信号的产生过程写成一个 k 次幂多项式,即

$$f_0(x) = a_0 + a_1 x_1 + \cdots + a_k x_k, x \in [x_0, x_1]$$

在上式中,f_0 的系数和 $k+1$ 是任意的。为方便多项式的计算,现进行截断单项式的设计。

令
$$\begin{cases} (u)_+^k = u^k, u > 0 \\ \quad (u)_+^k = 0 \end{cases}$$

则在区间$[x_1, x_2]$内,x_1 的表达式可以表示成一个统一子节点多项式,即 $f_1(x) = a_0 + a_1 x_1 + \cdots + a_k x_k + b_1 (x - x_1)^k$,其中 $a_0, a_1, \cdots, a_k$ 和 b_1 是待定系数。对于 $k+2$,求 $k-1$ 在 x_1 处的 k 阶连续导数,存在 k 个约束条件,并在区间$[x_0, x_1]$内存在关系 $f_0(x) = f_1(x)$。

一般来说,$f_j(x) = f_{j-1}(x) + b_j (x - x_j)^k = f_0(x) + b_1 (x - x_1)^k + b_2 (x - x_2)^k + \cdots + b_j (x - x_j)^k$,基于此,$(1, x, \cdots, x_k; (x - x_j)^k, j = 1, 2, \cdots, n-1)$ 在节点 $x_0, x_1, \cdots, x_n$ 的基础之上,可以形成 k-spline 函数空间,方便了棉纺过程多工序间数据输入-输出关系的建立。但是,为防止数据节点的过多,导致数据采集效率的下降问题,还需对该 k-spline 函数进行改进,防止产生非带状矩阵且具有较差的矩阵条件数。

6.4.5 指标函数算子演绎

基于截断单项式，定义如下所示的关系运算符号：

$y_r = f(x_r), h = x_{r+1} - x_r, Iy_r = y_r$

$Ey_r = y_{r+1}, y_r = y_{r+1} - y_r, y_r = y_r - y_{r-1}$

$\Delta y_r = y_{r+\frac{1}{2}} - y_{r-\frac{1}{2}}, \mu y_r = \frac{1}{2}(y_{r+\frac{1}{2}} - y_{r-\frac{1}{2}})$

$D^m y = \frac{d^m y}{dx^m}$

假设 Δ^0，E^0，∇^0 和 D^0 是不变的运算符 I，即存在如下关系式：

$$Ey_r = y_{r+1} = y_{r+1} - y_r + y_r = (1 + \Delta) y_r$$

则 $E=1+\Delta$。

$$\mu\Delta y_r = \Delta(\mu y_r) = \frac{1}{2}(\Delta y_{r+\frac{1}{2}} + y_{r-\frac{1}{2}}) = (\Delta + \nabla) y_r$$

可以得到关系式

$$\mu\Delta = \frac{1}{2}(\Delta + \nabla)$$

同样，可以建立以下公式：

$$\Delta = E^{\frac{1}{2}} - E^{-\frac{1}{2}}, \mu = \frac{1}{2}(E^{\frac{1}{2}} - E^{-\frac{1}{2}}), \mu^2 = 1 + \frac{1}{4}\bar{\Delta}^2$$

$$E = 1 + \frac{1}{2}\bar{\Delta}^2 + \bar{\Delta}\sqrt{1 + \frac{\bar{\Delta}^2}{4}},\ \nabla\Delta = \nabla - \Delta = \bar{\Delta}^2$$

由此，泰勒公式的展开式可以写成如下关系式，即

$$Ey_r = y_{r+1} = y_r + hy_r' + \frac{h^2}{2!}y_r'' + \cdots = (1 + hD + \frac{h^2}{2!}D^2 + \cdots)y_r = e^{hD}y_r,\ E = e^{hD}$$

因此，$E = e^{hD}$，$hD = lnE$

6.4.6 指标样条函数设计

对于截断单项式 y_r，则存在 $y_r = f(x_r)$，而且，通过 $\frac{\mathrm{d}}{\mathrm{d}x}\int f(x_r)\mathrm{d}x = f(x)$，存在关系式 $\frac{\mathrm{d}}{\mathrm{d}x} \approx \frac{\bar{\Delta}}{h}$，故 $f_h(x_r) = \frac{\bar{\Delta}}{h}\int f(x_r)\mathrm{d}x \approx \frac{\mathrm{d}}{\mathrm{d}x}\int f(x_r)\mathrm{d}x = f(x)$。

为此，利用狄拉克广义函数 $f(x_r) = \delta(x_r)$，使 $\delta_h(x_r) = \frac{\bar{\Delta}}{h}\int_{-\infty}^{x}\delta(x_r)\mathrm{d}x$，积分算法可以使整体运算从无界函数转换为有界函数，并将粗糙函数变为光滑函数，故存在关系 $\delta_h(x) = \delta(x)$，且 $\int\delta_h(x)\mathrm{d}x = \int\delta(x)\mathrm{d}x = 1$，而且当 $|x| = \frac{h}{2}$ 时，

$\delta_h(x)=0$。

同时，对 $\delta_h(x)$ 函数进行 $k+1$ 积分和差商操作，即

$$\underbrace{\left(\frac{\bar{\Delta}}{h}\int\right)\cdots\left(\frac{\bar{\Delta}}{h}\int\right)}_{k+1}\delta(x)\,\underbrace{\mathrm{d}x\cdots\mathrm{d}x}_{k+1}$$

令 $h=1$，在差商运算和积分运算交换顺序之后，得到 $\bar{\Delta}^{k+1}=\int\cdots\int\delta(x)\mathrm{d}x\cdots\mathrm{d}x=\bar{\Delta}^{k+1}\left(\frac{x_+^k}{k!}\right)$，而且存在函数式 $\Omega_k(x)=\bar{\Delta}^{k+1}\left(\frac{x_+^k}{k!}\right)$，其中 k 是非负整数。由此，整个换算过程涉及如下两个步骤。

(1)通过运算得到 $E\lambda f(x)=f(x+\lambda)$，$\bar{\Delta}=(1-E^{-1})E^{\frac{1}{2}}$。

(2)在步骤(1)的基础上，得到二项扩展式 $\bar{\Delta}^n=(1-E^{-1})^n=\sum_{i=0}^{n}(-1)^i\binom{n}{i}E^{\frac{n}{2}-i}$。

则函数式 $\Omega_k(x)$ 可以表示成如下关系式：

$$\Omega_k(x)=\bar{\Delta}^{k+1}\left(\frac{x_+^k}{k!}\right)=\frac{1}{k!}\sum_{j=0}^{k+1}(-1)^j\binom{k+1}{j}\left(x+\frac{k+1}{2}-j\right)^k,k=0,1,2,\cdots$$

由此，$\Omega_k(x)$ 可视为棉纺过程的一个基本样条函数，而且存在如下性质。

(1) $\Omega_k(x)$ 是 k-spline 的函数，节点是 $\xi_j{}^{(k)}=-\frac{k+1}{2}+j,j=0,1,\cdots,k+1$，$\Omega_k^i(x)\mid x=\pm\frac{k+1}{2}=0,i=0,1,\cdots,k-1$。同时，对应的中断函数为 $[\Omega^{(k)k}(\xi_j^{(k)})]=(-1)^j\begin{bmatrix}k+1\\j\end{bmatrix}$。

(2) $\Omega_k(x)=\Omega_k(-x)\times\Omega_k(x)$ 的最大值在 $x=0$ 处取得，即 $\Omega_k(x)\geqslant 0$，$\mathrm{supp}[\Omega_k(x)]=\left(-\frac{k+1}{2},\frac{k+1}{2}\right)$。

(3) $\int_{\infty}^{+\infty}\Omega_k\mathrm{d}x=1$，对于任意 x，存在 $\Omega_k(x)=\int_{-\infty}^{+\infty}\Omega_k(x+n)=1$。

(4) $\Omega_k(x)=\int_{-\infty}^{+\infty}\Omega_{k-1}k(x-t)\Omega_0(t)\mathrm{d}t=\Omega_{k-1}\cdot\Omega_0$。

(5)通过傅立叶变换和反变换，使得 $\Omega_k(x)=\frac{1}{2\pi}\int_{-\infty}^{+\infty}\widetilde{\Omega}_k\mathrm{e}^{i\xi x}\mathrm{d}\xi$。

由此得到：

$$\widetilde{\Omega}_k(\xi)=\int_{-\infty}^{+\infty}\mathrm{e}^{-i\xi x}\Omega_k(x)\mathrm{d}x=\left(\frac{\sin\frac{\xi}{2}}{\frac{\xi}{2}}\right)^{k+1}$$

这样，$\Omega_k(x)$ 函数可被视为一个 B 样条函数，而且，通过 $\Omega_k(x)$ 函数可以得出适合棉纺设备转速拟合的 B 样条曲线函数 $s(t)$，即 $s(t)=\sum_i p_i\Omega_k(t-i)$。

6.4.7 实验验证

搭建的实验环境为 Windows 10＋浪潮 PC 服务器 8 台＋其他服务器 2 台，形成 32 GB 内存，4 TB 硬盘容量，1 G/s 通信带宽峰值，输入 16 个属性大小为1 TB 的数据集合，验证罗拉转速高精确拟合函数 $s(t)$ 的精准性。

实验方案：首先从咸阳华润纺织有限公司安装运行的 500 套在线智能控制系统、纺织制造执行系统中分别获取海量棉纺数据 1 TB 及 30 台在线监测器的实时数据；然后，根据棉纺设备罗拉转速脉冲信号的特点，即一个周期产生两个高电平，设备额定转速取最大值为 720 r/min，则产生高电平数为 24/s。由此，将数据采集区间定义为[0,2]，使其形成一个 $0=x_0<x_1<\cdots<x_{24}=2$。在区间[0, 2]，按照单项式截断公式，将罗拉脉冲信号的产生过程写成一个 k 次幂多项式，即 $f_0(x)=a_0+a_1x_1+\cdots+a_{24}x_{24}, x\in[0,2]$，并通过傅立叶变换和反变换 $\Omega_k(x)=\bar{\Delta}^{k+1}\left(\frac{x_+^k}{k!}\right)=\frac{1}{k!}\sum_{j=0}^{k+1}(-1)^j\binom{k+1}{j}\left(x+\frac{k+1}{2}-j\right)^k$，使 $\Omega_k(x)$ 成为表示罗拉脉冲信号的一个 B 样条函数 $s(t)=\sum_i p_i\Omega_k(t-i)$。由此，从分单耗的角度分析，每月的定额与实际单耗误差应<5%，然而，有的分月数据已超过了 10%。而且，在分月数据中，同一品种的分品种分月数据(比如混棉总量、净用棉量等)波动误差较大。这其中的原因有两个，一是在棉纺过程的先后工序中，纱耗棉量、布耗纱量数据的计算精度过低(比如再用棉量数据)，甚至还存在估算问题；二是棉纺数据采集过程中存在噪声，而且尚未考虑棉纺过程中棉纤维质量输出特征值的变化。某厂棉纺月产量修正结果如图 6－17 所示。

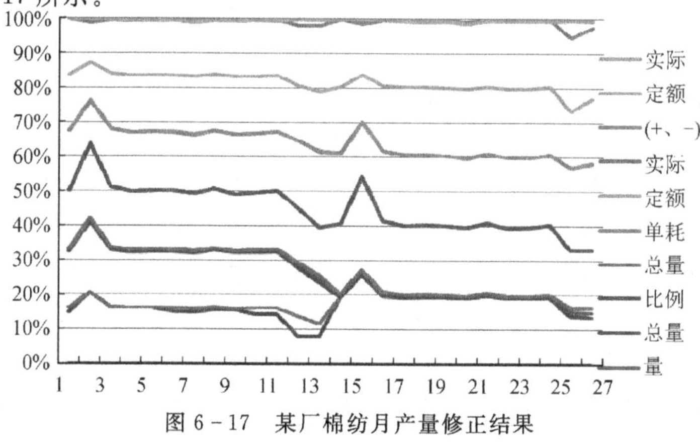

图 6－17 某厂棉纺月产量修正结果

而且，经过多次函数 $\delta(x)$ 的光滑处理，使得 $\Omega_k(x)=(\bar{\Delta}^{(n)}D^{-1})^k\Omega_{n,0}(x)=P_n^{k+1}(\mu)\Omega_k(x)$，其中 $P_0(\mu)=I$，$\Omega_{0,k}(x)=\Omega_k(x)$。最终得到的罗拉转速高精确拟合函数 $s(t)$，即 $s(t)=P_i(\mu)\Omega_{n,k}(t-i)$。分班分机台实时采集数据拟合结果如表6-11所示。

表 6-11　分班分机台实时采集数据拟合结果

编号	细度不匀/%		细节/(个·km⁻¹)		粗节/(个·km⁻¹)		断裂强度/(cN·tex⁻¹)		断裂伸长/%	
	质量数据	误差	质量数据	误差	质量数据	误差	质量数据	误差	质量数据	误差
1	21.79	−0.20	656	−2	249	−3	5.91	0.07	7.77	0.50
2	21.74	−0.08	721	−2	219	−1	6.03	−0.12	8.32	0.56
3	22.19	0.79	893	1	269	−1	5.72	−0.02	7.35	1.51
4	18.87	−0.28	203	−2	90	−2	5.94	0.32	7.21	−0.33
5	21.97	−0.13	767	−1	248	−1	6.50	−0.14	10.01	0.15
6	22.08	0.76	784	−1	237	−3	6.20	−0.08	9.67	0.59
7	17.65	0.75	194	2	53	−1	7.50	−0.23	16.32	−1.86
8	21.64	0.31	806	2	219	−2	6.36	−0.33	9.61	−0.38
9	20.97	−0.15	645	−1	189	−3	5.58	−0.12	7.45	−1.1
10	17.31	−0.25	125	−1	32	−1	6.77	0.09	14.02	1.06
11	21.45	−0.15	648	−3	215	−2	5.75	0.09	7.82	0.32
12	28.12	−0.11	752	−3	225	−2	6.64	−0.21	831	0.45
13	23.05	0.52	792	2	207	−1	5.27	−0.03	6.99	1.20
14	18.87	−0.28	203	−2	90	−2	5.94	0.32	7.21	−0.33
15	22.34	−0.20	752	−1	214	−1	5.60	−0.13	11.01	0.13
16	18.08	0.45	698	−1	198	−2	5.80	−0.07	9.17	0.52
17	20.65	0.65	187	2	73	−1	8.5	−0.27	18.12	−0.86
18	22.46	0.21	798	1	209	−2	5.88	−0.21	8.64	−0.28
19	19.97	−0.14	581	−2	171	−2	4.01	−0.14	6.45	−0.91
20	18.56	−0.24	107	−1	38	−1	7.61	0.12	10.35	0.94
21	19.17	−0.19	203	−3	87	−2	6.08	0.23	6.18	−0.17
22	20.76	−0.09	767	−2	218	−3	5.84	−0.09	10.01	0.13
23	21.54	0.71	784	−1	205	−1	5.92	−0.15	9.67	0.62
24	18.71	0.63	194	3	48	−2	6.84	−0.20	16.32	−1.09
25	20.65	0.54	194	2	60	−2	6.59	−0.31	16.32	−1.71

结合多项式 $f_0(x) = a_0 + a_1x_0 + \cdots + a_kx^k + b_1(x - x_0)^k$ 的计算公式，罗拉脉冲信号 s 的拟合函数将形成一个 3 次多项式，如图 6－18 所示。

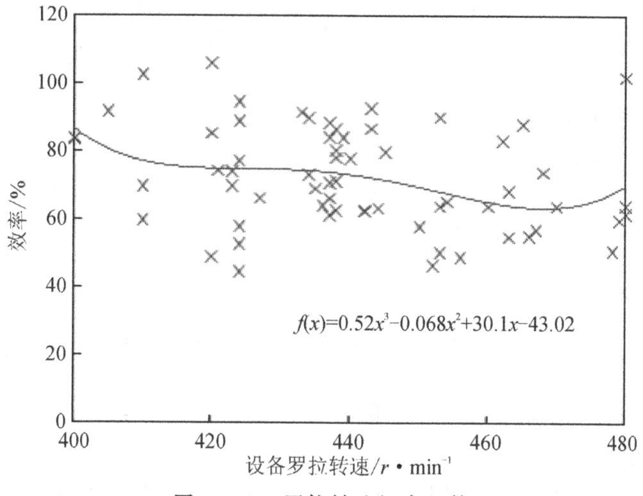

图 6－18 罗拉转速拟合函数

由图 6－18 可知，$f(x) = 0.52x^3 - 0.068x^2 + 30.1x - 43.02$，$x \in [0,2]$。这一拟合函数结果说明，即使每个数据采集点 x_i 都在区间进行拟合，但可能会出现一个数据采集点 $x_i(i = 1,2,\cdots,8)$ 对应多个 $f(x_i)$ 的情形。例如当 $x_i = 424$ r/min 时，$f(x_i)$ 会产生 91.31%、82.89%、87.56%、80.08%四个效率值，数据采集点 x_i 在区间[0,2]与 $f(x_i)$ 之间存在一对多关系。因此，为了同一棉纺设备的精确罗拉转速脉冲，还需将得到的棉纺数据拟合方法进行改进，即将数据采集点 x_i 在区间[0,2]分离出来，并按照先后逻辑顺序从小到大排列，使得 x_i 唯一对应 $f(x_i)$，同时可将 $f(x_i)$ 作为 x_i 对应的竖坐标。在图 6－19 中，对净用量、混棉和实耗数据而言，其每月的定额与实际数据之间的误差在理论上应小于 5%，但实际上所有数据误差均大于 10%。而且，回花数据量大意味着棉纺过程中成纱质量低劣，其实际与原棉、净用量、混棉和实耗之间在理论上呈负相关关系，比如 2 月、12 月的数据表现最为明显。但是，从表 6－11 的数据来看，在 4 月、8 月及 12 月，回花数据与原棉、净用量、混棉和实耗之间又呈一种正相关关系，这一结果在理论上还存在冲突。

从图 6－19 可知，同一品种的分月数据(比如混棉总量、净用棉量等)的波动误差超过了 10%，而且这种大于 10%的波动误差易引起净用棉实际数据的波动，即意味着纱线断头率增大，致使整个纺纱过程终端的概率增大。特别是，在细纱工序，其作为纺纱的最后一道工序，其工艺数据、纱耗棉量、布耗纱量等数据对纺纱质量特征值的精确性起着决定性作用。因此，需根据 Δ^0、E^0、∇^0 和 D^0 运算符的定义，对工艺数据、纱耗棉量、布耗纱量等数据进行多次光滑处理，方可得到高精度的罗拉转速拟合函数 $s(t)$。

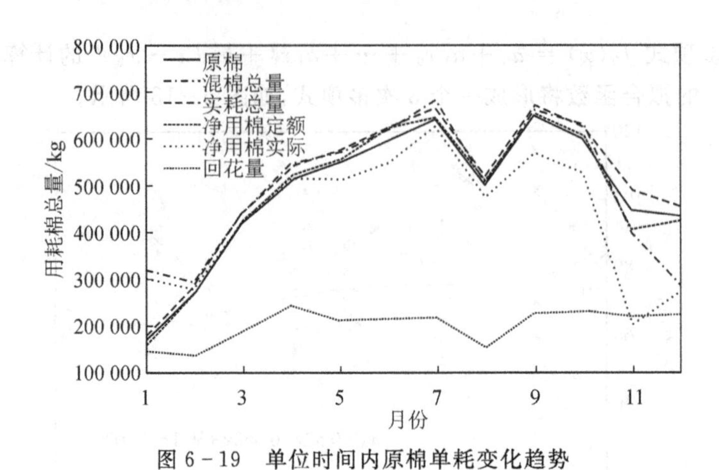

图 6－19　单位时间内原棉单耗变化趋势

(1)当纱耗棉量、布耗纱量等数据的计算精度过低时，应先将细纱机的牵伸倍数下调、后区隔距上调。

在图 6－19 的基础上，利用单位时间内的原棉 x_1、混棉总量 x_2、实耗总量 x_3、净用棉定额 x_4、净用棉实际 x_5 和回花 x_6 等 6 个指标的变化趋势，构建 $\Omega_{k-1}(x)$ 函数($k=1,2,\cdots,6$)及其约束函数 $r_i(x)$，$i=1,2,\cdots,6$，得到如下所示的具体函数形式：

$$\begin{cases}\Omega_0(x)=-543.8x^3-306.1x^2+84\,241x+18\,277\\ r_1(x)=16.234+0.006x_2x_5-0.002x_3x_5-92\\ r_2(x)=-16.234-0.006x_2x_5\\ r_3(x)=80.512+0.007x_2x_5+0.003x_1x_2+0.002x_3^2-12\\ r_4(x)=-80.512-0.007x_2x_5-0.003x_1x_2-0.002x_3^2+20\\ r_5(x)=9.300+0.005x_3x_5+0.001x_1x_3+0.002x_3x_4-25\\ r_6(x)=-9.300-0.005x_3x_5-0.001x_1x_3-0.002x_3x_4+20\end{cases}$$

式中：$l_i\leqslant x_i\leqslant u_i$，$i=1,2,\cdots,6$；$l=(78,33,27,27,27)$；$u=(102,45,45,45,45)$。

$$\begin{cases}\Omega_1(x)=-949.6x^3+7\,126x^2+56\,151x+22\,625\\ r_1(x)=-1+0.003(x_2+x_4)\\ r_2(x)=-1+0.003(x_3+x_5-x_2)\\ r_3(x)=-1+0.012(x_6-x_3)\\ r_4(x)=-x_1x_4+833.332x_2+100x_1-157\\ r_5(x)=-x_2x_5+1\,250x_3+x_2x_4-1\,250x_4\\ r_6(x)=-x_3x_6+1\,250\,000x_3x_5-2\,500x_5\end{cases}$$

式中：$l_i\leqslant x_i\leqslant u_i$，$i=1,2,\cdots,6$；$l=(100,1\,000,1\,000,10,10,10,10,10)$；$u=(10\,000,10\,000,10\,000,1\,000,1\,000,1\,000,1\,000,1\,000)$。

$$\begin{cases}\Omega_2(x) = 268.100x^3 - 15\,679x^2 + 18\,765x - 1\,352 \\ r_1(x) = -(x_1 - 10)^2 - (x_2 - 10)^2 + 50 \\ r_2(x) = (x_1 - 10)^2 + (x_2 - 10)^2 - 26.150\end{cases}$$

式中：$400 \leqslant x_1 \leqslant 480, 400 \leqslant x_2 \leqslant 480$。

$$\begin{cases}\Omega_3(x) = 258.310x^3 - 16\,320x^2 + 19\,473x - 3\,001 \\ r_1(x) = 2x_1 + 2x_2 + x_4 + x_5 - 10 \\ r_2(x) = 2x_1 + 2x_3 + x_4 + x_6 - 10 \\ r_3(x) = 2x_2 + 2x_3 + x_5 + x_6 - 10 \\ r_4(x) = -8x_1 + x_4 \\ r_5(x) = -8x_2 + x_5 \\ r_6(x) = -8x_3 + x_6\end{cases}$$

式中：$0 \leqslant x_i \leqslant 2, i=1,2,\cdots,6$。

$$\begin{cases}\Omega_4(x) = 212.200x^3 - 14492x^2 + 17911x - 3349 \\ r_1(x) = -105 + 4x_1 + 5x_2 - 3x_3 + 9x_4 \\ r_2(x) = 10x_1 - 8x_2 - 17x_3 + 2x_4 \\ r_3(x) = -8x_1 + 2x_2 + 5x_5 - 2x_6 - 12 \\ r_4(x) = -3\,(x_1 - 2)^2 + 4\,(x_2 - 3)^2 + 2x_3^2 - 7x_4 - 120 \\ r_5(x) = -5x_1^2 + 8x_2 + (x_3 - 6)^2 - 2x_4 - 40 \\ r_6(x) = -x_1^2 + 2\,(x_2 - 2)^2 - 2x_1x_2 + 14x_5 - 6x_6\end{cases}$$

式中：$0 \leqslant x_i \leqslant 2, i=1,2,\cdots,6$。

$$\begin{cases}\Omega_5(x) = 378.500x^3 - 8414x^2 + 59122x + 891 \\ r_1(x) = -110 + 2x_1 + 3x_2 - 12x_3 + 5x_4 \\ r_2(x) = 10x_1 - 8x_2 - 17x_3 + 2x_4 \\ r_3(x) = -20x_1 + x_2 + 5x_5 - 20x_6 - 13 \\ r_4(x) = 2x_3^2 - 7x_4 - 15 \\ r_5(x) = -2x_1^2 + (x_3 - 6)^2 - 10x_4 - 12 \\ r_6(x) = 4x_1^2 + (x_2 - 2)^2 - x_1x_2 + 13x_5 - 2x_6\end{cases}$$

式中：$0 \leqslant x_i \leqslant 2, i=1,2,\cdots,6$。

在区间[0,2]内，分别对构建的上述 6 个函数进行原棉 x_1、混棉总量 x_2、实耗总量 x_3、净用棉定额 x_4、净用棉实际 x_5 和回花量 x_6 等 6 个指标的标准差计算，如表6－12所示。

表 6－12　函数 $\Omega_0(x) \sim \Omega_5(x)$ 的平均值(标准差)对比结果

函数	对比	$r_1(x)$	$r_2(x)$	$r_3(x)$	$r_4(x)$	$r_5(x)$	$r_6(x)$
$\Omega_0(x)$	前	1.82e−13 (6.54e−14)	9.86e−13 (7.36e−15)	3.97e−165 (2.54e−164)	2.17e−212 (2.27e−211)	1.98e−231 (4.58e−229)	1.98e−231 (4.58e−229)
	后	1.35e−12 (4.89e−13)	2.31e−10 (9.43e−12)	1.50e−163 (2.26e−163)	6.78e−213 (5.67e−213)	3.84e−229 (7.01e−230)	3.84e−229 (7.01e−230)
$\Omega_1(x)$	前	3.14e−7 (6.01e−8)	6.62e−7 (2.35e−8)	6.21e−15 (1.87e−15)	7.26e−15 (6.26e−16)	5.67e−15 (9.01e−481)	5.67e−15 (9.01e−481)
	后	8.47e−7 (1.51e−7)	9.26e−8 (1.01e−7)	6.21e−15 (1.99e−14)	8.09e−14 (1.32e−15)	4.61e−15 (7.27e−402)	4.61e−15 (7.27e−402)
$\Omega_2(x)$	前	1.84e−13 (3.15e−13)	1.52e−16 (5.76e−15)	0(0)	0(0)	0(0)	0(0)
	后	3.36e−12 (7.41e−12)	3.64e−12 (4.36e−12)	0(0)	0(0)	0(0)	0(0)
$\Omega_3(x)$	前	4.09e+1 (1.87e+1)	5.87e+1 (1.68e+1)	2.67e+1 (2.26e−1)	3.01e+1 (2.01e−1)	1.95e+1 (1.32e−1)	1.95e+1 (1.32e−1)
	后	4.70e+1 (1.76e+1)	7.35(1.98)	2.67e+1 (3.11e−1)	3.31e+1 (2.17e−1)	2.09e+1 (1.81e−1)	2.09e+1 (1.81e−1)
$\Omega_4(x)$	前	3.82e−23 (3.06e−23)	4.67e−25 (5.12e−24)	0(0)	0(0)	0(0)	0(0)
	后	2.21e−21 (1.02e−21)	8.63e−23 (1.93e−24)	0(0)	0(0)	0(0)	0(0)
$\Omega_5(x)$	前	1.84e−7 (5.44e−8)	7.26e−7 (6.61e−8)	1.26e−83 (1.76e−83)	6.76e−88 (2.46e−90)	7.61e−119 (8.73e−116)	7.61e−119 (8.73e−116)
	后	6.27e−7 (1.10e−7)	8.91e−7 (1.99e−7)	2.73e−83 (3.96e−83)	3.68e−86 (3.65e−86)	5.96e−116 (6.72e−110)	5.96e−116 (6.72e−110)

在表 6－12 中，混棉总量、实耗总量之间的误差呈下降趋势，而且基本达到小于等于 5%的标准。同时，净用棉定额、净用棉实际之间的误差同样呈下降趋势，同样达到小于等于 5%的标准，这也说明在细纱工序中将细纱机牵伸倍数下调小于等于 5%是合理的。而且，回花数据与原棉、净用量、混棉和实耗数据之间的误差基本保持同步，相互之间呈一种正相关关系，意味着将细纱工序的后区隔距上调以保持数据误差的同步。同时，在表 6－12 的基础之上，得到函数 $\Omega_0(x) \sim \Omega_5(x)$ 的收敛曲线图，如图6－20所示。

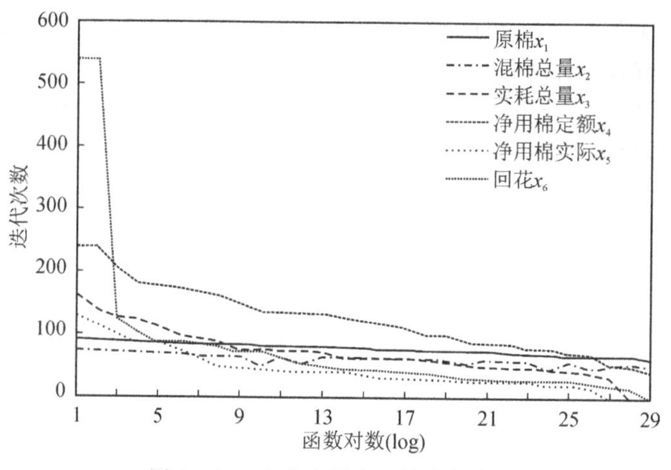

图 6-20 各个变量在函数中的表现

图 6-20 所示的结果表明，函数 $\Omega_0(x) \sim \Omega_5(x)$ 在数据未处理情形下的收敛效果较差，而且其数值与回花数值之间仍存在负相关性，原因在于纱耗棉量、布耗纱量数据精度过低时，细纱机牵伸倍数的下调已超出 5%的范围。相反，当数据处理后，各个函数与回花数值之间基本呈现出一种正相关关系，而且数据误差在 5%的可控范围。

(2)在棉纺过程中纱线表面形态会随着时间不断变化，不同时刻设备摩擦力对于纱线形态的影响程度是不同的。

在整个棉纺过程中，纱线始终处于一个高温、高湿、强电场的环境之中，当相对湿度过高时，极易导致纤维与钢丝圈、钢领的摩擦力加大，纱线断头和回花增多，致使胶辊、胶圈与纤维之间产生卷绕，严重影响整个纱线的表面形态。尤其是，在细纱机高速运转状态下形成的纱线运动轮廓曲线，可以有效地减少和消除影响罗拉脉冲信号的混合干扰因素，有效地保证了采集到的脉冲系统的可用性，而且拟合函数的精度高达 97.92%，数据的正确率提高了 5.301%。更是因为纱线表面形态的突变，导致纱线形态难以在理论上通过 S 曲线(或 S 曲线的一部分) 进行描述，而且传统的直接拟合参数同样难以精确表达纱线的原始轮廓。为此，通过海量的棉纺数据，在函数 $\Omega_0(x) \sim \Omega_5(x)$ 的基础上构建了适合棉纺设备转速拟合的 B 样条曲线函数 $s(t)$，并开展以下的数据拟合验证。

综上所述，从解决棉纺过程棉纱质量难以精准控制的问题入手，根据棉纺过程各工序业务流程的复杂性，构建了一个基于多 Agent 的棉纺过程协同控制模型。同时，在此系统模型下，提出了一种面向棉纺过程的数据拟合方法，利用差微分算子来获得基本样条函数和 B 样条曲线，使不同的算子 D 运用高次近似的方法来获得精确样条拟合函数。进而，通过多 Agent 间的协作机制，构建了面向棉纺过程的质量协同控制方法，使得每个 Agent 既相互独立又相互联系，有效集成了棉纺各个工序间的数据资源。通过生产现场的测试，结果表明设计的模型与数据拟合方法优化了棉纺业务流程，整合了棉纺各工序之间的质量数据，做到了数据的实时拟合与处理，有利于实现棉纺过程质量的在线精准控制，解决了棉纺数据资源孤立，以及生产工艺复杂和个性化服务低效的问题，使得棉纺过程质量的控制更加智能化。

第7章 总结与展望

7.1 研究总结

本书以棉纺生产工艺流程为主线，研究基于数据驱动的棉纺过程质量智能控制技术。具体的主要研究工作可以归纳为以下几方面。

(1)借助多色集合理论对棉纺制造过程中产生的海量数据进行了统一形式化表达，实现了棉纺生产过程数据的形式化表示。针对棉纺生产过程数据难以有效集成的问题，借助多 Agent 理论，构建了纺纱生产过程系统集成模型，并在该模型下实现了各子系统功能的协同。然后，在系统功能集成与协同的基础之上，分析并研究了异构数据间的冲突问题，建立了棉纺数字化车间数据集成分析模型。

(2)利用 D-S 证据提出了一种采用两级传感器信息融合的方法，实现了棉纺生产过程中多工序数据间的有效融合。针对棉纺生产过程中，异构监测系统数据库间难以融合的问题，在对棉纺过程数据分析的基础之上，利用 D-S 证据提出了一种采用两级传感器信息融合的方法。该方法通过对制造过程数据的统一描述，有效解决了海量棉纺数据的融合问题，实现了计划层与制造层之间信息的有效衔接，为棉纺智能制造系统提供了可靠的数据来源。

(3)研究了基于棉纺设备互联的多机通信技术，提出了一种基于设备互联的多机通信技术，实现了棉纺生产设备的数据的有效集成。围绕整个棉纺生产工艺流程，针对棉纺生产各个工序中的设备类型，设计了普适通信协议，研发了面向棉纺设备的无线数据采集装置，实现了棉纺过程海量数据的采集、存储及处理。

(4)提出了一种基于烟花算法改进 BP 神经网络的纺纱质量预测模型，实现了纺纱质量的有效预测。将烟花算法引入到 BP 神经网络模型中通过对 BP 神经网络的权重和阈值进行优化，提出一种基于 FWA-BP 神经网络的纺纱质量预测方法，实验结果表明该模型对纺纱质量预测的精度达到 97.88%，实现了对纺纱质量的有效预测。

(5)提出了一种基于数据驱动的纺纱质量控制模型，实现了基于棉纺工艺优化的纺纱质量控制。从多工序知识关联的视角出发构建了纺纱质量损失函数，并以质量损失函数为目标函数，建立基于多工序知识关联的纺纱质量控制模型。实验结果表明，提出质量控制模型与未考虑多工序知识关联的纺纱质量控制模型相比纱线断裂强度值提升了1.27%,因纱线断裂强力而导致纱线不合格率降低了23.48%。

7.2 研究展望

棉纺生产是一个具有连续化、多工序流程生产特点的典型传统劳动密集型行业,随着棉纺生产过程中设备自动化水平的不断提高以及信息化、自动化等技术在棉纺生产过程中的实施与应用,使得棉纺生产过程中积累了大量的生产过程数据。因而,如何从大量的数据中获取信息并加以利用,依托大量的数据来支持决策,并围绕提升棉纺产品质量为目标,探讨如何运用智能优化与控制等技术实现棉纺质量的智能控制,探索棉纺质量智能控制的发展趋势和方向,对于推进棉纺行业的智能制造水平,提升棉纺产品的质量具有重要的意义。

(1)单一质量指标控制向全面质量指标控制发展。

对于棉纺生产过程质量智能控制,在过去一段时间内还主要局限在单一质量指标的控制。以纺纱质量控制为例,传统的纺纱质量控制过度重视CV值,对质量的意识发生偏差,把CVb%误认为是影响质量不稳定的死结。众所周知,棉纺生产过程是一个多工序、多流程的复杂生产过程,纱线的质量不仅要看条干CV值,还要参考粗节、细节等综合质量指标。为此,随着监测和控制技术的不断成熟与发展,棉纺质量的控制将从单一质量指标控制向全面质量指标控制发展。

(2)研究棉纺生产过程中产品质量的在线反馈控制问题。

由于棉纺生产设备自动化水平较低,传统的离线质量控制仍然在棉纺质量控制中占据主导地位。然而,由于离散控制无法对棉纺设备器材以及棉纺工艺原料等做到全面监测,会造成棉纺产品偶发疵点和常发疵点,进而影响棉纺产品的质量控制的结果。与此同时,由于离散控制数据凌乱、连续性差,所以应用离散质量控制技术对延续生产产品质量统计分析会发生一定程度的偏移,也会影响质量控制的结果。为此,随着棉纺设备自动化水平的提升,如何实现棉纺生产过程中产品质量的在线反馈控制,是未来需要进一步研究的内容。

参考文献

[1] BISWAS D, CHAKRABARTI S K, SAHA S G, et al. Durable fragrance finishing on jute blended home-textiles by microencapsulated aroma oil[J]. Fibers and Polymers, 2015,16(9):1882－1889.

[2] BOONROENG S, SRIKULKIT K, XIN J H, et al. Preparation of a novel cationic curcumin and its properties evaluation on cotton fabric[J]. Fibers and Polymers,2015,16(11):2426－2431.

[3] LAMNII A, LAMNII M, OUMELLAL F. Computation of Hermite interpolation in terms of B-spline basis using polar forms[J]. Mathematics And Computers In Simulation,2017,134(4),17－27.

[4] LIANG X, DING Y S, WANG Z D, et al. Bidirectional optimization of the melting spinning process [J]. IEEE Transactions on Cybernetics, 2014,44(2):240－251.

[5] VAN DER SLUIJS MARINUS H J. Impact of the ginning method on fiber quality and textile processing performance of Long Staple Upland cotton[J]. Textile Research Journal,2015,85(15):1579－1589.

[6] QIAO J F, ZHOU H B. Prediction of effluent total phosphorus based on self-organizing fuzzy neural network[J]. Control Theory & Applications, 2017(2):224－232.

[7] STANI M, GRUJI D, KAIKOVI N, et al. Influence of the washing process and the perspiration effects on the qualities of printed textile substrates[J]. Tekstilec,2015,58(2):135－142.

[8] KHATAEE A, AREFI-OSKOUI S, ABDOLLAHI B. Synthesis and characterization of PrxZn1-xSe nanoparticles for photocatalysis of four textile dyes with different molecular structures[J]. Research on Chemical Intermediates, 2015,41(11):8425－8439.

[9] PATEL D R, PATEL K C. Synthesis of some new thermally stable reactive dyes having 4(3H)-quinazolinone molecule for the dyeing of silk, wool, and cotton fibers[J]. Fibers and Polymers,2011,12(6):741－752.

[10] SHAO J F, LI Y G. Multi-agent Production Monitoring and Management

System for Textile Materials and Its Applications[J]. Journal of Industrial Textile, 2011, 40(4): 380 - 399.

[11] SHAO J F, WANG J F, LIU S. The"Purification" and Modeling of Multi-agent Monitoring System for Industrial Textiles[J]. Journal of Industrial Textile, 2013,43(1):132 - 152.

[12] FRYDRYSIAK M, KORZENIEWSKA E, TESIOROWSKI L. The textile resistive humidity sensor manufacturing via (PVD) sputtering method[J]. Sensor Letters,2015,13(11):998 - 1001.

[13] CHOI J Y, OHT S. Contact resistance comparison of flip-chip joints produced with anisotropic conductive adhesive and nonconductive adhesive for smart textile applications[J]. Materials Transactions,2015,56(10):1711 - 1718.

[14] ARNOLD S E, SUTCLIFFE M P F, ORAM W L A. Experimental measurement of wrinkle formation during draping of non-crimp fabric[J]. Composites Part A: Applied Science and Manufacturing,2017,82(3):159 - 169.

[15] MEMON H, YASIN S, KHOSO N A, et al. Study of wrinkle resistant, breathable, anti-uv nanocoated woven polyester fabric[J]. Surface Review and Letters, 2017,23(2): 187 - 196.

[16] SHAO J F, LIU S, WANG J F, et al. The "purification" for multi agent textile production manufacturing and management system and its optimization design[J]. Human Factors and Ergonomics In Manufacturing,2014,24(6):616 - 626.

[17] NURWAHA D, WANG X H. Using Intelligent Control Systems to Predict Textile Yarn Quality[J]. Fibres & Textiles in Eastern Europe, 2012, 90(1):23 - 27.

[18] 王小巧,刘明周,葛茂根,等.基于混合粒子群算法的复杂机械产品装配质量控制阈优化方法[J]. 机械工程学报, 2016, 52(1):130 - 138.

[19] LV Z J, XIANG Q, YANG J G. A Novel Data Mining Method on Quality Control within Spinning Process [J]. Applied Mechanics & Materials, 2012, 224:87 - 92.

[20] ELASHMAWY I. Comparison Between Traditional and Fuzzy Statistical Quality Control Charts and an Application on Damietta Spinning and Weaving Company[J]. Damietta University Publication, 2014, 1(1).

[21] WEI Y M, ZHU Y F, WANG D. The elec-trified renovation of carding

machine to improve the quality of spinning [J]. Wool Textile Journal, 2013, 41(12):34 - 42.

[22] 王军. 面向纺织智能制造的信息物理融合系统研究[D]. 上海:东华大学,2017.

[23] ALAKENT B, KUNDURACLOLU ISSEVER R. Exploratory and predictive logistic modeling of a ring spinning process using historical data[J]. Textile Research Journal, 2017, 87(13): 1643 - 1654.

[24] 郭雷风. 面向农业领域的大数据关键技术研究[D]. 北京:中国农业科学院,2016.

[25] 邵景峰,贺兴时,王进富,等. 大数据下纺织制造执行系统关键问题研究[J]. 计算机研究与发展,2014,51(S2):152 - 159.

[26] ENGIN A B. The effect of inappropriate dead time settings on the regulation of unevenness of material implemented by the automatic control: an application in the textile spinning industry[J]. Journal of the Textile Institute, 2016,107(11): 1442 - 1449.

[27] 孙林. 基于 WLS-SVM 标准差 σ 预测的产品过程质量控制方法研究[J]. 合肥工业大学学报自然科学版, 2013, 36(2):231 - 235.

[28] 邵景峰, 贺兴时, 王进富,等. 纺纱过程质量波动预测新方法[J]. 纺织学报, 2015, 36(4):37 - 43.

[29] 邵景峰,贺兴时,王进富,等. 基于海量数据的纺纱质量异常因素识别方法[J]. 计算机集成制造系统,2015,21(10):2644 - 2652.

[30] 王小巧, 刘明周, 葛茂根,等. 基于混合粒子群算法的复杂机械产品装配质量控制阈优化方法[J]. 机械工程学报, 2016, 52(1):130 - 138.

[31] LIU M, LIU C, XING L, et al. Assembly process control method for remanufactured parts with variable quality grades[J]. The International Journal of Advanced Manufacturing Technology, 2016, 85(5 - 8): 1471 - 1481.

[32] 刘明周, 王小巧, 马靖,等. 基于互信息和博弈论的复杂机械产品装配质量控制阈在线优化方法及应用[J]. 计算机集成制造系统, 2014, 20(11): 2798 -2807.

[33] GHANMI H, GHITH A, BENAMEUR T. Ring yarn quality prediction using hybrid artificial neural network[J]. International Journal of Clothing Science & Technology, 2015, 27(6):940 - 956.

[34] PULIDO M, MELIN P, CASTILLO O. Particle swarm optimization of ensemble neural networks with fuzzy aggregation for time series prediction of

the Mexican Stock Exchange[J]. Information Sciences, 2014, 280:188 - 204.

[35] JADDI N S, ABDULLAH S, HAMDAN A R. Multi populati-on cooperative bat algorithm based optimization of artificial neural network model[J]. Information Sciences, 2015, 294:628 - 644.

[36] BULLINARIA J A, ALYAHYA K. Artificial bee colony training of neural networks: comparison with back propagation [J]. Memetic Computing, 2014, 6(3):171 - 182.

[37] 张立仿，张喜平. 量子遗传算法优化BP神经网络的网络流量预测[J]. 计算机工程与科学，2016，38(1):114 - 119.

[38] 周爱武，翟增辉，刘慧婷. 基于模拟退火算法改进的BP神经网络算法[J]. 微电子学与计算机，2016，33(4):144 - 147.

[39] YANG S, GORDON S. Accurate prediction of cotton ring-spun yarn quality from high-volume instrument and mill processing data[J]. Textile Research Journal, 2017, 87(9): 1025 - 1039.

[40] 许少华，何新贵. 一种基于混沌遗传与粒子群混合优化的过程神经网络训练算法[J]. 控制与决策，2013,28(9):1393 - 1398.

[41] 黄文明，徐双双，邓珍荣，等. 改进人工蜂群算法优化RBF神经网络的短时交通流预测[J]. 计算机工程与科学，2016，38(4):713 - 719.

[42] 张以文，吴金涛，赵姝，等. 基于改进烟花算法的Web服务组合优化[J]. 计算机集成制造系统，2016，22(2):422 - 432.

[43] TAN Y. Fireworks Algorithm: A Novel Swarm Intelligence Optimization Method[M]. Springer Publishing Company, Incorporated, 2015.

[44] ZHANG N M, WU W, ZHENG G F. Convergence of gradient method with momentum for two-layer feedforward neural networks [J]. IEEE Transactions on Neural Networks, 2006, 17(2): 522 - 525.

[45] ZHU X D, LIU C, GUO Y M, et al. A novel approach to construct fuzzy systems based on fireworks optimization algorithm[J]. Journal of Intelligent Systems, 2016, 25(2):185 - 195.

[46] MAJDOULI M A E, RBOUH I, BOUGRINE S, et al. Fireworks algorithm framework for Big Data optimization[J]. Memetic Computing, 2016, 8(6):1 - 15.

[47] 朱启兵，王震宇，黄敏. 带有引力搜索算子的烟花算法[J]. 控制与决策，2016，31(10):1853 - 1859.

[48] 刘彬，项前，杨建国，等. 基于遗传神经网络的纱线质量预测[J]. 东华大学

学报(自然科学版),2013,39(4):504-508.
[49] 杨建国,熊经纬,徐兰,等.基于改进极限学习机的纱线质量预测[J].东华大学学报(自然科学版),2015,41(4):494-497.
[50] SHAO J F, WANG J F, BAI X B, et al. Study on prediction method of quality uncertainty in the textile processing based on data [J]. Lecture Notes in Computer Science, 2015, 9243:107-115.
[51] KUANG X Q, HU Y B, YU C W. The theoretical yarn unevenness of cotton considering the joint influence of fiber length distribution and fiber fineness[J]. Textile Research Journal,2017,86(2):138-144.
[52] ERBIL Y, BABAARSLAN O, IHAN I. Predicting the unevenness of polyester/viscose/acrylic-blended open-end rotor spun yarns[J]. Journal of the Textile Institute,2015,106(7):699-705.
[53] TESTEX:采用最新测试设备进一步提高纱线检测水平[J].国际纺织导报2014,44(5):60.
[54] NEUMANN F, HEHL A, HARBERS T, et al. 陈杰 译.使用分段经轴改善经纱张力不匀[J].国际纺织导报,2012,42(8):44-46.
[55] FATTAHI S, HOSEINI R S A. Prediction and quantitative analysis of yarn properties from fiber properties using robust regression and extra sum squares[J]. Fibers and Textiles in Eastern Europe, 2013,100(4):48-54.
[56] 邵景峰,崔尊民,王进富,等.基于经验模态分解的织造过程数据拟合方法的应用[J].纺织学报,2013,33(10):152-157,164.
[57] LI Q, LI L, SHAO J F. Influence of Low-temperature Dyeing Process on Physical Properties and Surface Morphology of Cashmere Fibers[J]. Journal of Engineered Fibers and Fabrics,2012,7(1):58-61.
[58] BADEHNOUSH A, ALAMDAR YAZDI A. Real-time yarn evenness investigation via evaluating spinning triangle area changes [J]. Journal of the Textile Institute, 2012,103(8):850-861.
[59] MESSAOUD M, VAESKEN A, ANEJA A, et al. Physical and mechanical characterizations of recyclable insole product based on new 3D textile structure developed by the use of a patented vertical-lapping process[J]. Journal of Industrial Textiles,2015,44(4):497-512.
[60] LIU X J, ZHANG H, SU X Z. Research on evenness of section-color yarn [J]. Journal of the Textile Institute,2014,105(12):1272-1278.
[61] JEFFREY KUO C F, SU T L, HUANG C C, et al. Application of a fuzzy

neural network to control the diameter and evenness of melt-spun yarns[J]. Textile Research Journal, 2015,85(5):458 - 468.

[62] ZHAO B. Prediction of cotton ring yarn evenness properties from process parameters by using artificial neural network and multiple regression analysis [J]. Advanced Materials Research,2012,366:103 - 107.

[63] ZHONG P, KANG Z, HAN S,et al. Evaluation method for yarn diameter unevenness based on image sequence processing[J]. Textile Research Journal,2015,85(4):369 - 379.

[64] KHUNGURN P, SCHROEDER D, ZHAO S, et al. Matching real fabrics with micro-appearance models[J]. ACM Transactions on Graphics, 2015,35(1): 1 - 26.

[65] TAKAHASHI K, NISHIMATSU T, KANAI H, et al. Influence of physical properties of wool fabrics on the poor appearance of jacket[J]. Journal of Textile Engineering,2015,61(2):17 - 21.

[66] LEONARDO U S, VICTOR L. Instrumentation system for objective evaluation of wrinkle appearance in fabrics using a standardized inspection booth [J]. Textile Research Journal,2014,84(4): 368 - 387.

[67] ASHRAF W, NAWAB Y, MAQSOOD M, et al. Development of seersucker knitted fabric for better comfort properties and aesthetic appearance [J]. Fibers and Polymers,2015,16(3):699 - 701.

[68] CHEN T L, MA J, DENG Z M. Attributes of color represented by a spherical model[J]. Journal of Electronic Imaging,2013,22(4):6931 - 6946.

[69] HUA T, TAO X M, CHENG K P S. Comparative study on appearance and performance of garments made from low-torque ring, conventional ring and open-end spun yarn fabrics using subjective and objective evaluation methods[J]. Textile Research Journal,2014,84(13):1345 - 1360.

[70] 孙哲,吴震宇,武传宇,等. 织机经纱张力自适应滑模控制器的设计与仿真[J]. 机电工程,2015,32(8):1124 - 1127.

[71] MALM V, STRAT M, WALKENSTRM P. Effects of surface structure and substrate color on color differences in textile coatings containing effect pigments[J]. Textile Research Journal,2014,84(2):125 - 139.

[72] SOHYUN P, JOOYOUN K, CHUNG H P. Super hydrophobic Textiles: Review of theoretical definitions, fabrication and functional evaluation[J]. Journal of Engineered Fibers and Fabrics,2015,10(4):1 - 18.

[73] GOZDE E, NIDA O, ARZU M, et al. Thermal transmission attributes of knitted structures produced by using engineered yarns[J]. Journal of Engineered Fibers and Fabrics,2015,10(4):72-78.

[74] SINGH A, HUGALL JAMES T, CALBRIS G,et al. Fiber-based optical nanoantennas for single-molecule imaging and sensing[J]. Journal of Lightwave Technology, 2015,33(12):2371-2377.

[75] GRETHE T, HAASE H, NATARAJAN H, et al. Coating process for antimicrobial textile surfaces derived from a polyester dyeing process[J]. Journal of Coatings Technology Research,2015,12(6):1133-1141.

[76] TERINTE N, MANDA B M K, TAYLOR J, et al. Environmental assessment of coloured fabrics and opportunities for value creation: Spin-dyeing versus conventional dyeing of modal fabrics[J]. Journal of Cleaner Production,2014,72(6):127-138.

[77] CHOWDHURY M A, BUTOLA B S, JOSHI M. Application of thermochromic colorants on textiles: Temperature dependence of colorimetric properties[J]. Coloration Technology,2013,129(3):232-237.

[78] SUMNER R M W, CUTHBERTSON I M, UPSDELL M P. Evaluation of the relative significance of fiber diameter and fiber curvature when processing New Zealand Romcross type wool[J]. Journal of the Textile Institute, 2013,104(11):1195-1205.

[79] ZOU Z Y. Effect of process variables on properties of viscose vortex coloured spun yarn[J]. Indian Journal of Fibre and Textile Research,2014,39(3):296-302.

[80] 胡昌华，施权，司小胜，等. 数据驱动的寿命预测和健康管理技术研究进展[J]. 信息与控制，2017，46(1):72-82.

[73] CÖZDE E, NIDA O, ARZU M, et al. Thermal transmission attributes of knitted structures produced by using engineered yarns[J]. Journal of Engineered Fibers and Fabrics, 2015, 10(4): 72－78.
[74] SINGH A, HUGALL J, JAMES T, CALBRIS G, et al. Fiber based optical nanoantennas for single molecule imaging and sensing[J]. Journal of Lightwave Technology, 2015, 33(12): 2371－2377.
[75] GRETHE T, HAASE H, NATARAJAN H, et al. Coating process for antimicrobial textile surfaces derived from a polyester dyeing process[J]. Journal of Coatings Technology Research, 2015, 12(6): 1133－1141.
[76] TERINTE N, MANDA B M K, TAYLOR J, et al. Environmental assessment of coloured fabrics and opportunities for value creation: Spin-dyeing versus conventional dyeing of modal fabrics[J]. Journal of Cleaner Production, 2014, 72(6): [illegible]－138.
[77] CHOWDHURY M A, JOSHI M, BUTOLA B S. Application of thermochromic colorants on textiles: Temperature dependence of colorimetric properties[J]. Coloration Technology, 2013, 129(3): 232－237.
[78] SUMNER R M W, CUTHBERTSON M, UPSDELL M P. Evaluation of the relative importance of fibre diameter and fibre curvature when processing New Zealand Romney-type wool[J]. Journal of the Textile Institute, 2013, 104(11): 1195－1203.
[79] ZOU Z Y. Effect of process variables on properties of viscose vortex coloured spun yarn[J]. Indian Journal of Fibre and Textile Research, 2014, 39(3): 296－302.
[80] [illegible][J]. [illegible], 2017, 4(1): 72－82.